よくもわるくも、新型車

福野礼一郎のクルマ論評 6

福野礼一郎著

目次

クルマ選び鉄則

STORY : 01

駄作Aクラスより
遥かに出来いいワールドカー

MERCEDES-BENZ **GLA/GLB** | メルセデス・ベンツ・GLA/GLB

メルセデス・ベンツ・GLA/GLB
□https://motor-fan.jp/article/17796

2020年8月19日

［GLA 200d 4MATIC］　個体VIN：W1N2477132J090190
車検証記載車重：1710kg（前軸1020kg／後軸690kg）　試乗車装着タイヤ：コンチネンタル Eco Contact 6　235/55-18
［GLB 250 4MATIC Sports］　個体VIN：W1N2476472W038195
車検証記載車重：1760kg（前軸1000kg／後軸760kg）　試乗車装着タイヤ：ブリヂストン ALENZA　235/45-20

試乗コース　東品川のメルセデス・ベンツ日本が拠点。１台目は都道316号線を南下して首都高速道路・勝島ICから入線。１号羽田線、神奈川１号線、神奈川５号線を走行して大黒PAへ向かい、運転を交代。その後、湾岸線を走行して大井南ICで降線、下道を走行して拠点へ戻った。２台目は拠点から下道を走行、大井南ICから入線して湾岸線を走行、空港中央ICで降線。同じ道を走行して拠点へ戻った。

Ａクラスをあれだけボロカスにけなしたのに、またＧＬＡなんか借りてきて乗るのかと萬ちゃんはいささか呆れ気味だったが、ＡクラスがへんだったからといってＧＬＡもまたダメグルマだと決め付けるのもブランド信仰論の一種（→アンチブランド先入観あるある）だ。事実はそういうもんとは限らない。先代だってＧＬＡはＡクラスよりずっとマトモだったからクルマは乗ってみなきゃわからない。

その前にまず観察だ。

ラスタット（独）、中国、インド、タイ、ブラジルで生産する世界戦略車

20世紀ＥＶ幻想の産物だった二階建てシャシ構造を「衝突安全設計だ」と言い張った失敗コンセプトの初代・2代目Ａクラス、この反省からコペルニクス的転換をへてスポーティなパッケージ＋スタイリングに転身したのが3代目ＡクラスＷ１７６だったわけだが、クルマばかり見ているとうっかり見落としがちなのは巨顔ドップラー効果の迫力の影にかくれたＡクラスの裏ドラが、フランス国境近くにあるラスタット工場だけでなくハンガリー、フィンランド、メキシコの各工場でも生産するワールドカーだったことである。ホイルベースそのまま（２７００㎜）全高を70㎜高くしてＳＵＶシルエットにしたクロスオーバーカーのＧＬＡ＝Ｘ１５６（２０１３〜２０２０）もまた、ベイジンベンツ（北京奔馳）、インドのプーネ、タイのＴＡＡＰ、ブラジルのアイラセマポリスで生産する世界戦略車として登場した車種である。

ようするにベンツにとって横置きＦＦプラットフォームというのは「対外戦略車」という位置づけ。自動車ビギナー市場向けに作った先代ＡクラスとＦ初代ＧＬＡが思わずバカ売れしてしまったというのは、自動車文化成熟国家のはずだった日本としてはかなり恥ずかしい事実に他ならないのだが、国土も道も狭いのだから仕方がない。

２０１９年12月に本国で発表、６月25日に日本仕様がローンチしたＨ２４７はそのＧＬＡ２代目だ。ラスタットに続いて北京、ＴＡＡＰで生産が立ち上がり、その他も順次追従するはずである。

設計基盤はＷ１７７・Ａクラスや一足先に日本導入したＷ２４７＝ＧＬＢクラスと同じＭＦＡ２。ホイルベースはＡクラスと同様２７２９㎜（国交相届出値２７３０㎜）で、旧型＋30㎜。全幅も30㎜広い１８３４㎜。モデルチェンジでボディサイズが20～30㎜大きくなるというのは「なにも考えていない証拠」のようなものだが、全高は１４９４㎜から１６１１㎜へとなんと１１７㎜も高くなっている。さすがにこれはなにか考えた証拠だ（笑）。ライバルのＢＭＷＸ２でさえ全高１５２６㎜。クロスオーバーカー的なポジションからあえて逃れ、ＧＬＢとともにＳＵＶ的パッケージに徹したのだろう。背が低くてカッコよかったから大いに売れた日本を捨て、北米と中国、インド、東南アジアに目を向けた作戦なのかも。

背高となるとまず気になるのが車重だが、本国カタログにはなんと車重が載ってない。しかし表示義務がある日本仕様ではしっかりバレており、２ℓディーゼルターボ＝ＧＬＡ２００ｄの届出値でなんと１７１０㎏。先代は同じ４ＷＤ仕様の２ℓガソリンで１５７０～１６００㎏、ガソリン↔ディーゼルの重量差はＡセダンの例で50kgだから、新型は正味50〜60kgくらい重くなっている。これではカタログに書けないか。

世界展開においてはルノー・日産・三菱アライアンスと共同開発の1・3ℓ直4M287型（＝日産HR13DDT／ルノーH5Ht）、M260型2ℓターボ、OM654型2ℓディーゼルターボ、AMGの2ℓターボM139型なども搭載するが、日本仕様はディーゼルターボのみ。日産エンジンのベンツを買う人は日本では極超少数派だろうからこれで正解だろう。

150PSディーゼルターボ＋8速DCT＋4WDで、先代GLA200と250の中間の502万円。割安感がある。

「デカい重い安い」が新型のキーワードだ。

運転してみる

試乗車はGLA200d 4MATICの個体W1N2477132J090190、走行距離2394km、車検証記載重量1710kg（前軸1020kg／後軸690kg）。コンチネンタルEcoContact6の235／55-18、指定空気圧はフロント260kPa／リヤ230kPaのところリヤはぴったり、フロント255kPaだった。ベンツの広報車の空気圧管理は毎回正確である。
大柄なボディの巨大なドアを開けると、ここんちの広報車にしては珍しく艶やかなホフホワイトの本革シート

（26・3万円）がついていた。おかげで室内が明るい。我が萬福試乗班の潜在意識には広報車のインテリア趣味のせいで「ベンツ＝陰気な穴蔵」という印象が刷り込まれているから、少し明るいだけで俄然やる気が出てくる。

乗り込んでみるとシート位置が妙に遠い。

ステップ高は地上４４０㎜（以下ラフな実測値）、ヒップポイントは地上からざっと５９０～６６０㎜（本国公称６５９㎜）、フロアから測っても前端部で２９５～３２０㎜と平均的乗用車より50～60㎜高いが、乗り込みにくいのはステップ外側から座面幅５００㎜のシートのセンターまでの距離が水平距離で４５０㎜もあるからだ。

座ってドアを閉じてみると内張とシート側端の間に60㎜も隙間が空いている。

世界でもっとも使いにくいドアマウント式シート調整スイッチ（＠ベンツ特許）をあえて採用するメリットとは、シート幅を拡大するか、あるいは左右席を離して配置し右ハンドルのペダルオフセットを改善してセンターコンソールを広くできることだ。サイドガラスの倒し込みは片側１３５㎜程度で直立しているから、このメリットをいかせば左右席ディスタンスをあと40㎜は楽に拡大できたはずだが、現状センターコンソール幅は１５０㎜しかなく、せっかくの車幅が無駄になっているばかりか、ドアとシートに空いた大きな隙間に落ちそうな不安感がある。うーん、なにを考えていたのかなにも考えてなかったか。

高く座るとボンネットが見える気持ちのいいキャプテンポジションが出た。

写真で見て感じていたほどインパネは下品ではなく、50年代のアメ車のようなジェット噴射口のエアアウトレットも案外気にならない。しかしその下のヒーコンパネルが異常に小さいのは「見るな」「触るな」「使うな」「文句いうな」というデザイナーのメッセージのようだ。

エンジンはＯＭ６５４、エンジンルームを開けてエンジンを回しているとオールウレタンの防音カバーが高周波ノイズを減衰している程度で騒音は全体に結構大きいが、室内では見事にアイドル騒音／振動を封じていて、回っているかアイドルストップしているか区別がつかないくらいだ。

走り始めからハンドルにしっかり手応えがある。ゴムブッシュを微低速域に最適化してないので、パーキングスピードで車体が左右にゆらゆら揺れるのはベンツのいつもだが、30㎞／ｈも出れば落ち着く。

二人乗車満タン１・８トンあるだけあってずっしりとした走行感である。転がり抵抗がいかにも大きく、アスファルトを制圧しながら進撃する戦車的印象の走行感だが、減速時のフロント・アンチダイブ／リヤ・アンチリフトがともに非常によく効いて非常に車体姿勢がフラットだから、高い着座位置の不理性はまったく気にならない。

ロードノイズの低さも印象的だ。乗り心地やＮＶの感度が低く、路面によって変化が少ないところがとくにいい。ベンツはいつもこうだ。

車重に対してややばねがソフトで路面のうねりにそってふわふわあおられる傾向があるが、ダンピングが適切でそれとなく揺れを止めてくれるし、突き上げの衝撃は一瞬で減衰している。ボディの剛性感は極上、上屋もフロアもともに非常に強い。やっぱ車体はいまも一流である。

ただし後席の萬澤さんは例によって乗り心地に不満なようで「常にゆらゆら横揺れしている」という。フロントは全然ＯＫだ。

驚いたのがＤＣＴ。まったくショックレスにすっ、ぬらっと変速、減速時のあしらいもクラッチ制御とは思えないなめらかさである。一部以外はＺＦ８ＨＰと勝負できるくらいの変速感で、こんなＤＣＴにはこれまで乗ったことがない。

エンジンも非常に静かでなめらか。

室内は広いし天井は高いし視界は広くて遠いし乗り味は極上、タウンスピード極上である。Ｃクラスよりぜんぜんいい。

勝島料金所から首都高速1号線下り線へ乗る。このランプにくるとアクセルを一切踏まずに1速アイドリングのまま登り切ったＶＷポロＧＴＩの怪力を思い出す。平坦路は6速アイドリングで悠々走った。伝説だ。

ＧＬＡのＤＣＴは瞬時に的確にギヤを選ぶが、ボディが重いのでさすがに踏み込んだ瞬間の蹴飛ばされるようなキックは皆無だ。回転の上昇とともにプログレッシブにパワーが上昇していく感じで「ガソリンライクなフィーリング」といえば聞こえはいいが、アクセル開度を大きくしても加速感は大きく改善しないし、シフトダウンして回転を上げてもパワーバンドが狭いという特性はディーゼルのままである。それでもじれったくないのは優秀なＤＣＴ制御ゆえだ。

この10年間世界を圧倒し席巻したヨーロッパ車ディーゼルターボの驚異的ドライバビリティは、ディーゼルゲートとともに消滅した。ヨーロッパ各社ディーゼルターボには、もはや「ドライバビリティにおける怪力レスポンス」という圧倒的メリットはほとんどないと考えていい。最初からすべて見透かしていたクルマの教室の講師Cに言わせれば「そんなものは最初からなかった」ということなのだろうが。

2500rpmを超えるあたりからエンジン音も相応に高まってゴロゴロというノックが主にペダルを伝わって入ってくる。「コンフォート」から「スポーツ」にすると踏んだ瞬間のアクセルレスポンスはかなり改善するが、DCT制御も各速ホールドするダウンヒル的モードになってしまうので、これは使えない。

高速巡航も快適だ。

視界は広く遠く、アシはソフトだが走行感はフラット、直進性は文句なしである（＝4WD）。走行フィーリングがとりわけいいのはステアリングが正確でずっしり締まっているから。「コンフォート」では切るとそれなりに自然なロールが生じるが、サスのアンチロール率は高くなく、スタビとダンパーで抑えているから、突っ張る感じもぐらり崩れる感じもない。「スポーツ」ではロール剛性が上がった感じがするが、操舵力が極端に重くなるためで実際にはサスは可変していない。ここが面白い。

首都高1号線は路面の目地の段差が大きい悪路だが、目地でも痛い突き上げ感はほとんど上がってこなかった。

いやーこれはなかなかだ。

「本当ですか。リヤの乗り心地は厳しいです。走り出してからずっと左右に振り回されています」

大黒ＰＡのカーブ進入ではロール速度もロール角もよく抑えられ、操舵反力が中立からしっかり返ってきて大変コントロールしやすかった。コーナリングしながらの段差＋うねりでの横飛びも気にならない。前後のバランスが良くとれたサスセッティングだ。Ａクラスとはえらい違い。

リヤに乗ってみる

ということで帰路はリヤに乗る。

なかなか広い。

全高を上げた成果でフロアからガラスルーフまで室内高は１１６０㎜もあるが、後席ヒップポイントは前席から20㎜程度しか上がっていないため、座面↔天井は９３５㎜もある。オプションの革はドイツ車の廉価車の常で軟化処理不足のごわついて硬い安革で、座面の張りも硬くお尻が沈まないが、あともう20㎜着座位置を上げれば前方見晴らし感はもっと向上するのに惜しい。

前後に座って後席膝から前席背もたれまでは約20㎝、前席下には靴先が深々と入った。

オフホワイトの革の明度効果は大きく、ベンツとは思えないくらい後席の空気は爽やかだ。

「うわー、フロントは別世界なんですね。フラットで乗り心地いいです」

いつものように萬ちゃんがいうほどリヤは地獄ではない、とメモしようと思ったら横揺れでペンが踊って字が上手くかけなかった。うーむ。やっぱ萬ちゃんの感想が正しいのか。

「ステアリングがじわーっとしてます。のんきに安心して運転できるハンドルです」

後席ではちょっとハンドルを切るたびにぐらっと反応する。ステアリングの正確さとフラットな走り味、ロール感の制御のよさに自信をつけたパパが気持ちよーくワインディングを駆け抜け、目的地についてみたら後席の家族は全員クルマ酔いでグロッキー、そういうパターンになりやすいクルマである。「うちの子はクルマに酔いやすいから」って、そうじゃねえだろという（笑）。

それにしてもテールゲート周りからの騒音侵入の低さ、ロードノイズの低さにはなかなか感心した。後席の剛性感とNVはCセグ通り越してEセグレベルといってもいいくらいだ。

兄弟分のAクラスはいいところがほとんどなにもない駄作だったが、GLAはパッケージもいいし完成度／熟成度も高い。同じメカでも作った人間のレベルが違うとここまで別のクルマになる。

ただし毎度毎度のことで申し訳ないが、まったく評価できないのがインテリアの機能性だ。

位置も角度も機能も地図デザインも音声ガイダンスもすべてがダメな「ぜんぶダメナビ」、調整するとスイッチ位置が近くなったり遠くなったりする「特許ダメシートスイッチ」、ウインカーと間違って操作すると走行中にニュートラに入ってしまう「欠陥ATセレクター」など、ベンツの非人間工学はプジョー同様、笑い出したら止まらなくなるくらいマヌケているが、これはGLAのせいではないし、たぶんエンジニアのせいでもないだろう。ポルシェの劣悪設計ステアリングパドルが「社長の趣味」だったという笑えない話もあった（社長交代後、速攻正常化）。

48㎞走って平均36㎞／hで15・6㎞／ℓ。車重を考えれば悪くない。

GLB250にちょい乗りする

せっかくのチャンスなので兄弟分のGLBも借用することにした。

同じMAF2母体だがホイルベースが100㎜長く（本国値比較）、前席の着座位置は同じだが後席ヒップポイントが37㎜高く、さらにリヤオーバーハングを776㎜から900㎜へ124㎜も延長して折りたたみ式3列シートを備える7人乗り。

BMWでいう2シリーズグランツアラーの位置づけだが、ひとまわり大きく重い。

ターゲットは北米と中国。ルノー・日産・三菱アライアンスとの合弁CONPASのメキシコのアグアスカリエンテス工場と、北京奔馳で生産する。

借用したのはM260型2ℓガソリンターボ＋8速DCTのGLA250 4Matic（696万円）。数字からお分かりの通り出力224PSの高性能仕様だ。

個体はW1N2476472W038195。車検証記載重量は1760㎏（前軸1000㎏／後軸

760kg）で、GLA200dに対してリヤが70kg重くなっている程度。タイヤはブリヂストンのSUV用タイヤALENZAのポーランド製、235／45-20なんていうサイズを履いている。空気圧はフロント260kPa／リヤ230kPa指定のところリヤは240kPa入っていた。走行距離2485km。

まず3列目に座ってみるが、乗り込むだけで曲芸がいる。

なんとか座ってしまえば座面↕天井855mm、シート座面幅470mm、座面奥行き460mmと大人サイズだが、足がどうにもきつい。

2列目は180mmスライドするのでこれを前端まで持っていけばなんとか座れる程度。

この種の3列7人の常識で、7人乗りというよりは「5＋2」である。

運転席に座った眺めはGLAとまったく同じで天井が35〜42mm高いだけ、なぜかこちらはステアリングが横幅365mm、縦355mmの極太D型だった。

GLA200dがやたら静かだったので、騒音面に関してはガソリンのメリットを感じない。ディーゼルはあれでもやっぱり力があったようで、50kg重い車体を牽引するのにこちらはギヤ比を下げて回転を上げ（ギヤリングは本国未公表）、DCTも各速ホールド気味の苦しい制御である。当然騒音も変速ショックも大きい。

高速にのって4000rpmも超えるころから攻守はディーゼルと逆転するが、こちらは「コンフォート」と「スポーツ」の差がさらに大きく、エンジンは「スポーツ」でないとレスポンスが物足りないし、DCT

は「スポーツ」では引っ張るだけで変速しなくなってしまう（アシは不変）。当然のことだが、トルクが低く（３５０Nm）車重が重いと、制御の幅も狭くなるということだ。ＧＬＡはＤＣＴの制御がエンジンを助けていたのではなく、むしろ逆にエンジンの余裕がＤＣＴの制御自在性を生んでいたのだということがガソリンに乗ってよーくわかった。

乗り心地はＧＬＡに比べて前席では上下動が大きく落ち着きがないのに対し、２列目は逆に横揺れが少なくどっしり安定していた。リヤが重くなっているのでこれもまた当然の結果だ。

着座位置がＧＬＡより高いので見晴らし性もいい。３列目の有用性は？だが、２列目重視ならＧＬＢである。

高速を多用ならガソリンにもドライバビリティのメリットは若干あるが、平均車速21km／ｈで燃費８・１km／ℓという惨状。ディーゼル＋８速ＤＣＴのＧＬＢ２００ｄは２ＷＤのみで、４ＷＤ＋ガソリンより１８６万円も安い５１２万円。車重も１５５５kgまで軽くなる（本国値）。

どう考えてもＧＬＢのお勧めはＦＦディーゼルだろう。

STORY : 02

全自動車EV化とはドイツ慢心傲慢の産物である

☑ Honda e | ホンダe

ホンダe
□https://motor-fan.jp/article/17906

2020年9月29日

［Honda e］ 個体VIN：ZC7-1000048 車検証記載車重：1510kg（前軸750kg／後軸760kg）
試乗車装着タイヤ：ヨコハマ BluEarth-A 前185/60-16／後205/55-16
［Honda e Advance］ 個体VIN：ZC7-1000049 車検証記載車重：1540kg（前軸770kg／後軸770kg）
試乗車装着タイヤ：ミシュラン Pilot Sport 4 前205/45-17／後225/45-17

試乗コース 横浜市の横浜ハンマーヘッドが試乗拠点。1台目は横浜大さん橋までの往復で拠点へ戻る。2台目は山下公園通りから首都高速道路へ新山下ICから入線、湾岸線を走行して大黒PAまで行きUターン、幸浦ICで降線。Uターンして再び湾岸線を北上、大黒PAまで走りUターンし新山下ICで降線、拠点へ戻った。

車重1540kgに定格60kWのモーター、35・5kWhのバッテリー容量でWLTCモード航続距離259km、これで車両本体価格495万円と聞いたときは、アタマの中が「なに考えてんだ」で満タンになった。

それでも報道試乗会のお誘いにのこのこ出かけていったのは、ホイルベース2530mm、トレッド1520／1515mm、タイヤが前205／後225なのに「最小回転半径4・3m」と萬澤さんから聞いたからだ。

ホイルベース2450～2560mm台の軽でもこれより公称値が小さいのはアルトの4・2mくらい、2520mmのN-BOX／N-ONEは4・5mだ。

ホンダeの前輪切れ角はなんと内側30°／外側40°だという。これだけでもプラットフォーム新設してRRにした道理が通る。ドアミラーをLCD式バックモニターに変えた意味もそこにあるのか。

素仕様に乗る

横浜・新港の赤レンガ倉庫2号館の北側から横浜港を見渡すと、すぐそばの桟橋に純白の船体に斜めに紺色のS字マークを配した巡視船が停泊している。

海上保安庁・第三管区海上保安本部の施設だ。

2001年12月18日に勃発した「九州南西海域工作船事件」において、第七管区海上保安部・長崎海上保安部所属の巡視船「いなさ」の遠隔操作式自動追尾型20mm機関砲の精密威嚇射撃に屈し自爆・自沈、半年後に海底から遺留品とともに引き上げられた北朝鮮の工作船がここに展示してある。いわゆるひとつの「鬼の首」である。

大正時代に作られ近代化産業遺産に指定されている巨大な50tカンチレバークレーンがあるお隣の8号・9号岸壁は長らく駐車場として使われてきたが、そこに複合施設「横浜ハンマーヘッド」ができたのは2019年10月。名称の由来はそのクレーンの愛称だ。今日の試乗会場はここである。

ホンダeの日本仕様の供給は当面年間1000台。これを何期かに分けて予約販売する。「売り切れ」とさかんに喧伝されてたのはその第1期分の話である。

100PS相当で451万円のベーシック版と、113PS相当で495万円の「アドバンス」の2車を設定するが、試乗用に準備された各色5台はアドバンスだけ。しかし一台だけあるベーシックにも15分間だけ乗れるという。「安いのから乗る」というのが我らの鉄則だから、8時30分の試乗開始前にまずベーシックにちょい乗りした。

個体はZC7-1000048、車検証記載重量1510kg（前軸750kg／後軸760kg）、ヨコハマBluEarth-Aの185／60-16と205／55-16。規定空気圧は前後230kPaだが、測っている暇がなかったので信じてこのまま乗ることにした。

ドアを開けたステップは実測で地上から360㎜、運転席フロアはそこから面一に車内まで続いている。床下には1モジュール16セルのケースを直列に6つ連結、これを左右に並べた厚さ180㎜のバッテリーケースが収まっている。

手動式のシートハイトアジャスターはアップが31段もあって、必死でこきこき上げる。ヒップポイントが地上50センチくらいになるまで上げるとボンネットが一文字に見えていい感じの視野に開けた。

12・3インチ（約110㎜×300㎜）のTFTを横3枚並べ、左右にバックモニターを配置したインパネは、2019年の東京モーターショーで発表されたときのまま。i3風のトレイは樹脂にフィルムを印刷したものだというが、ウォルナットの柾の突き板を導管の奥行き感まで再現していて、色も艶も本物にしか見えない。素晴らしい出来栄えだ。

S／Eクラス同様、横並び液晶は真正面を向いたままで、キャプテンポジションからはそっぽを向いている。バックモニターも角度調整はできない。LCDは斜めからでもよく見えるが、どうも斜め見は運転への心の姿勢として気色悪い。

パワーボタンを押して電源ON、センターコンソールの「D」スイッチを押して発進。

操舵力が死ぬほど軽いが、前輪の自重センタリングとタイヤSATのおかげか比較的反力が出ているので、低速接地感は悪くない。静かなのは当然としてもロードノイズもなかなかよく抑えてある。

ほんのり踏むといい感じでふえーっとワープした。eゴルフよりもピックアップは上だ。

静的荷重配分はほぼ50：50、床下バッテリーで重心高が低いから荷重移動量は少ないはずだが、FFよりはもちろんトラクションで有利。物理的優位性がこのダイレクトな加速感に現れている。

山下公園まで走ったらもう7分。あわてて戻った。入り口で道を間違えてUターンしたらものすごく小さく回ったのでびっくりした。うーんさすが。

アドバンスに乗る

2台目の「アドバンス」は個体：ZC7－1000049、車検証記載重量1540kg（前軸770kg／後軸770kg）。なんとミシュランPILOT SPORT 4（スペイン製）を履いている。フロント205／45-17、リヤ225／45-17。つまり先ほどの設定に対して前輪の外径がなぜか一回り小さい。フロントの地上高を下げたかったのか。

サスを覗くと、フロントストラットのロワLアームにアルミ鍛造製を奢っている。ラックはサスよりも前方配置（＝前引き）なので、タイヤロッドの位置が高かったり短かかったりするとタイヤ前方を引き込んでバンプトーインになり挙動が不安定化するが、本車ではコラムEPSにすることでラック搭載位置を下げ、タイロッド長をロワアームよりも長くしてトー変化を相殺している。

フロントサブフレームはガッチリしたH型。車両側のサイドメンバーの一部を縦方向の筒型状にしてマウントしている。このままスポーツカーにもSUVにも流用できそうな設計だ。

車体側のサイドメンバーはまっすぐバルクヘッドまで通さず、サス後方でボディ側に大きく絞り込んでいる。

これで前輪の切れ角を稼いでいるのだろう。

ボンネットを開けるとサブフレーム上にダイレクトマウントした高圧制御ユニットや12Ｖバッテリー、充・給電ポートなどでめいっぱいで、ＦＦ車のエンジンルームの眺めとほとんど変わらない。

リヤサスは懐かしいパラレルリンク＋ラジアスロッドのストラット。各リンクは鋼管製。こちらも非常に頑強なサブフレームを組んで、そこに油冷式の交流同期モーター＋ギヤトレーン＋ＰＣＵ一体パワーユニットを３点ラバーマウント搭載する。

リヤトランク床面地上高は実測７３０㎜しかなく、床板下段にはスチロールのケースにＴｙｐｅ１単層通常充電ケーブルと三角表示版がしっかり収まっていて、一見通常のＦＦ車とさほど変わりない使い勝手だ。パワーユニットはいったいどこにいった。

ベアシャシを見たら、パワーユニットはデフ＋燃料タンクくらいの容積しかなく、テスラ並みにコンパクトだった。ようするにリーフのようなＦＦ方式から駆動ユニットとＰＣＵだけ切り離しリヤに持ってきたというＲＲ方式であって、これが重量配分50：50の理由だ。フロント周りの衝撃吸収設計やサブフレーム設計、メカレイアウトなどにＦＦの設計がそのまま応用できるし、お客さんの使い勝手としてもＦＦ車と変わらない。ＲＲなのにフロントのトランクがないと怒るのはマニアだけだから、これでいいのだろう。

空気圧は冷間で２１０ｋPaづつしか入ってなかった。規定空気圧は前後２３０ｋPaだ。エアポンプを持参してないので、仕方ないからこのまま行く。先ほどの「素仕様」に対してフロントタイヤで6ポイント、リヤで5

ポイントも上がっているから危惧するのはNVへの影響だが、驚いたことにロードノイズも路面の当たり感も段差乗り越えのショックもほとんど16インチのブルーアースと変わりなかった。

パイロットスポーツのOE版はどのクルマに履いていてもこれまで乗り心地が悪かったことが一度もないタイヤだし、加えて低いエア圧も効いているのかも。

新山下から湾岸線に入る。

本牧に向かわず、うっかりそのまま上りに入ってしまった。まだ午前8時半だから、上りは渋滞。あせって大黒PAに降りてUターンする。

ここのランプはカーブの曲率がきつくなったり緩くなったりするクロソイド曲線の複合コーナー、最小ターンは半径約120mだ。湾岸線下りに乗るためにこのコーナーを往復することになったが、コーナリングでの挙動は実に素晴らしかった。

重心高が低いのでほとんどロールが生じない。アンダーステアは弱めだが、操舵するとぐっとリヤがグリップするのが操舵反力として伝わってくるから自信が持てる。

当然ながらトラクション感はよく、舵角一定を保持しながら少し踏み増し加速してもそのままぐいぐい伸びる。操舵の微修正に対してもロールがまったくともなわないのがいい。

重心低くリヤがしっかり固まってトラクション感高いこの感じ、車重がまだ軽くてクルマの挙動がよくわかった時代のポルシェ911のようだ。

ストラット式リヤサスの場合、ロワを並行配置のパラレルリンク＋ラジアスロッドにするとバウンド・リバウンドによるリヤサスのトー変化はほとんど生じなくなる（タイヤが前後に平行移動するから）。横力によるトー変化はほぼゴムブッシュの追従たわみに起因するコンプライアンス変化、前後力（加速と制動）についてはコンプライアンス変化とジオメトリー変化が合体したトー変化になるが、フロントアームを短くしておけば前側アームの作動軌跡が小さくなるので、横力でも前後力でもトーインに引き込む。このリヤ安定化設計に加え、重いパワートレーンを載せたサブフレームが非常に頑強にできているため、サスの取り付け部局部剛性が高く、サスが理屈通りに動いてダンピングも効くのだろう。これがスポーツカーのようなハンドリングの秘密だと思う。

湾岸下り線はいつものようにがら空きだ。

道が良すぎて横風安定性以外あまりインプレにならないが、前席はロードノイズが低く上下動も低く、どっしり腰が座ってなかなか直進感もいい。重心高が徹底的に低いとリヤ荷重が大きくても不安定にはならないのだ。横風安定も申し分ない。

ただしリヤに乗ってる萬澤さんはいつものように乗り心地にかなり不満があるらしい。

後席に乗る

幸浦で降りて運転を交代しリヤに乗る。視野の片隅にチラッと見えたバッテリー残量数値は「85％」だった。

後席も地上高370㎜のステップからそのまま室内フロアが広がっていて床が高い。室内中央部で床からサンルーフのガラス面まで実測1080㎜。ヒップポイントは地上580㎜ほどでフロントより30㎜ほど高いが、前席ヘッドレストが大きく視界を遮っている。背もたれをやや倒して天井を持ち上げヘッドスペースを稼いでおり、座面↕天井は実測900㎜とデッドラインぎりぎりだ。

サイドガラスの見切りはフロアから690㎜と低めでいいが、ガラスのティンテッドもやたら濃いから、リヤ席の解放感は期待ほどではない。

走り始めると確かにフロントとは別世界だった。

鏡のようなこの路面でも上下揺れとそれにともなう横揺れが生じてメモが書けない。

ロードノイズの路面感度も高く、舗装の状況によってざー、ごー、こー、と大きく音が変化する。モーターの高周波音はよく封じてあるが、この揺れとロードノイズ攻撃のせいでリヤ席に乗ると確かに「EVに乗っている」という特別感がない。

なんとか返却時間に間に合った。腕のアップルウォッチはまだ残量100％だが、ホンダeは55・2㎞走っただけで残量はもう68％しかなかった。

4・86㎞／kWhしか走っていない。

今日のお楽しみはハンマーヘッドの屋内にホンダが特設してくれた小回り試乗コース体験。

EVだからこそ可能な趣向である。

教習所方式のコースはウルトラ狭い。フィットだとほとんどの角は切り返さないと曲がれない。さらに最小回転半径4・3mのホンダeでもぎりぎりというトラップが何箇所か設定されていてめちゃめちゃ面白い。白い壁面は段ボール箱を積んで作ったものだから、ぶつかることを恐れずギリギリまで攻められる。ドアミラーが突き出してないのでクルマを壁ぎりまで思い切って寄せられること、大きなLCD式バックモニターが内輪差をねらって角をかすめるのに大いに有効なことがよくわかった。

ただしフロントのオーバーハングが長いのでハナが回らない。

ホイルベース2490mm、トレッド1430／1445mm、タイヤ185／205のRR車ルノー・トゥインゴはホンダeと同値の最小回転半径4・3mだが、フロントのオーバーハングが死ぬほど短いので実質のウォールｔｏウォールではるかにこれより回る。「曲がれない」と思っても外に出て見てみると恥ずかしいくらい余ってる。WB2495mm、トレッド1465／1430mm、165／185の兄弟分スマートフォーフォーの最小回転半径はさらに4・1m。上には上がいるということだ。

ホンダeはネクタイだ

私は駆動力を発生する機械が内燃機だろうとモーターだろうと、V12だろうと直列3気筒だろうと、乗って走って低アクセル開度＋低速度域からピックアップよく加速感よく静かで振動が低く回転感がいいなら、なんでもいいタイプである。パワートレーンの種別や材質にはまったくこだわらない。したがってガソリンもディーゼルもディーゼルゲートで総骨ヌキになったいま当然ながらＥＶの評価は高くなる。

しかしこの電費はひどすぎる。

私がこれまで所有したクルマの中で一番燃費が悪かったのは72年型の7・6ℓV8のリンカーン・コンチネンタルＭｋⅣで、市街地は掛け値なしのリッター2㎞台、高速道路でもリッター4㎞台しか走らなかった。高速道路を80㎞／ｈ巡航するとハイオク満タン85ℓの燃料計の針が減っていくのが目に見えるくらいだったが、それでも高速を50分間／55・2㎞走ったら燃料は計算上84％残ってたはずだ。減ったのは燃料計1目盛り分くらいだろう。ホンダｅのバッテリー残量がもしアナログ表示だったら、今日の試乗で2目盛りは減っていたはずだ。

感覚的にいえばホンダｅの燃費・電費は史上最低クラスの自動車より悪い。

ホンダｅが見据えているのはもちろんＥＶ化に急速に舵を切っているＥＵ市場だ。年間生産計画の90％＝1万台はＥＵへ行く。

日本はＥＶ開発で欧米に遅れをとっていると主張している人がいるが、少し言っときたい。

「お前がいま首からぶら下げているのはなんだ。それはネクタイじゃないのか。お前らがネクタイをぶら下げてここにやってきたというのはヨーロッパが世界の中心だという証拠だ。もし日本が世界の中心なら、オレたちは全員和服を着て床に寝ているはずだ。ちがうか？」

28年前、人差し指を突きつけながら私にこう言ったのは欧州自動車工業会の副会長だった。バブル期の対日貿易摩擦がまだ尾を引いていた時代の話だが、あれこそうっかり口を滑らせたヨーロッパのエスタブリッシュメントの本音であるといまでも信じている。

ＥＵ統合で１００年ぶりに戻ってきた繁栄に驕り高ぶり、解放された市場でシェア競争にうつつをぬかし、車種数の拡大と商品力アップばかりにカネを使って技術開発を怠った結果ハイブリッドでまんまと日本にしてやられた。そのくやしさに無理やりディーゼルにシフトした結果、自明の理として排ガス不正スキャンダルを起こす。ドイツ自動車工業会の怠慢の代償は大きく、燃料電池開発競争でもまたまた日本に完敗した。

それで飛び付いたのがＥＶだ。しかもバッテリー開発で日本に勝つつもりでいる。

世界はＥＶの開発に一度失敗している。

「アシとして電気自動車を使うには一晩の充電で最低４００㎞は走れないと話にならない。そこがまず出発点でしょう。いつ実現できますか」

１９９５年の東京モーターショーでこう聞いたとき、電気メーカーと共同でリチウムイオン電池式ＥＶの開発をしていた某メーカーのエンジニアはこう答えた。

「あと5年待ってください。２０００年、いや２００1年までにはにはなんとかなるでしょう」

25年待って出来上がったのはスマホとモバイルバッテリーと実用航続距離４００㎞にも満たないＥＶだけだ。

これが「失敗」でなくてなんなのか。

リチウムイオン電池なんて待っていられないから、とりあえず出来合いのニッケル水素電池で蓄電すりゃいいやと割り切ったのがトヨタとホンダのハイブリッド実用化への英断で、これで鬼の首を取った。15年後その思考そっくり学んで出来合いの電池を床に並べ、強引にEVを実用化したのがイーロン・マスクである。あそこまで徹底的に楽観的なら誰だってうっかり信じてついて行くから、優れた人材がどんどん集まり、ただ社長を喜ばせたい一心で頑張る結果、やることなすこと本当に実現してしまう。かつてソニーやホンダもまさにそういう会社だった。

ヨーロッパはただそれに便乗しただけ。連中を突き動かしているのは正義でも技術でも論理でもなく、カネと政治と「自分がこの世の中心だ」という意地だけだ。

私が言いたいのは、ホンダｅの出来がどうだろうと、このクルマは我々がどうしても首からぶら下げなくてはいけないネクタイなのだということだ。日本が世界の中心ならベンツとBMWはだまってトヨタとホンダから燃料電池を買うだろう。どいつもこいつもヨーロッパ文化なんかにへつらいやがって、誰もこれを言わないのがくやしい。日本頑張れ。バッテリー競争でもヨーロッパを叩き潰せ。

STORY : 03

軽量こそ神。
あなたがCセグに見切りをつける日

☑ Renault **Lutecia** | ルノー・ルーテシア

ルノー・ルーテシア
□https://motor-fan.jp/article/17983

2020年10月30日

[Lutecia Intens Tech Pack]　個体VIN：VF1RJA005L0814108
車検証記載車重：1200kg（前軸770kg／後軸430kg）
試乗車装着タイヤ：コンチネンタル Eco Contact 6　205/45-17

試乗コース　千代田区の北の丸公園から試乗開始。一般道を走行して首都高速道路・霞が関ICから入線。都心環状線～東京高速道路～都心環状線を走行して２号目黒線を往復、都心環状線・代官町ICで降線して北の丸公園へ戻った。再び霞が関ICから入線、２号目黒線を往復して北の丸公園へ戻った。

「新型ルノー・ルーテシア ゼン：4気筒1・33ℓターボ131ps／240Nmで236・9万円」と聞いたときは「新型フルサイズミラーレス一眼：4500万画素＋8K／30Pで29万8000円」と言われたように聞こえた。

VWポロTSIコンフォートライン：3気筒1ℓターボ95ps／175Nm↓265・3万円、これがいわゆるひとつの世の中の相場っちゅうもんである。だからこそシトロエンC3シャイン：3気筒1・2ℓターボ110ps／205Nmは254・0万円で、ミニワン5ドア：3気筒1・5ℓターボ102ps／190Nmは284・0万円、プジョー208アリュール：3気筒1・2ℓターボ100ps／205Nmは259・9万円なのである。VWポロTSI Rラインが4気筒1・5ℓターボで150ps／250Nmなら334万円ということだし、ミニクーパーの5ドアが3気筒1・5ℓターボ136ps／220Nmであれば340万円と貼るのが当たり前と言うことだ。「4気筒1・33ℓターボ131ps／240Nm」に「236・9万円」の値札を吊るのはつまりヒエラルキーの破壊である。（価格とグレードはすべて2020年10月当時）

もちろんカメラの価値が画素数で決まらないのと同様、クルマの価値もウエイトパワーレシオでは決まらない。だとしても新型ルーテシアは日本の輸入車価格ヒエラルキーに投げ込まれた爆竹だ。もし「乗って良かった」ら、えらいこった。

新型ルーテシアを見る

本書の発行元の（株）三栄のニューモデル速報インポートの最新刊「ルノー・ルーテシアのすべて」でルーテシア新旧2台並べる「新旧比較」という記事を書いたから、ルーテシアの新旧進化についてはちょっと詳しい（笑）。

旧型4代目ルーテシア＝クリオⅣの設計基盤は日産ジュークやノートと同じBプラットフォーム、対して新型クリオⅤはルノー－日産－三菱アライアンス共同開発、2代目ジュークでデビューしたCMF－Bだ。

しかし新旧2台を並べ比べるとスタイリングだけでなく基本パッケージも兄弟のように似ている。

歩行者保護に関係のあるフロントセクションは

新旧比較　上が新型

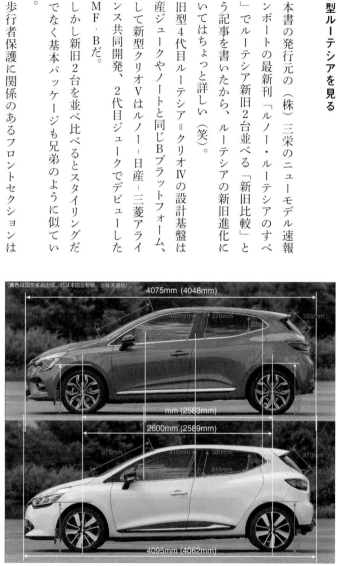

同じ位置から同じレンズで撮影した写真がぴたり重なる。オーバーハング長さ、ボンネットの位置と高さと角度、フロントガラスの角度などが新旧でほとんど同じ。前軸中心基準で見るとステアリング前後位置、前ドア後端位置、後ドア後端位置もほぼ同じで、クルマと前後乗員との位置関係もほとんど変わっていない。

日本仕様届出値の全高は旧型１４４５㎜に対し新型１４７０㎜と25㎜高くなっているが、写真計測してみたら新型の届出値は大型化したルーフアンテナ（オプション）を含んでおり、実際のルーフ地上高は本国公称値の通り旧型＝１４４８㎜：新型１４４０㎜で新型の方が低かった。

新旧パッケージ／スタイリングの最大の相違点は、前後とサイド、すべてのガラスの面積が小さくなっていること、そしてホイルハウスがフロントで10㎜、リヤでは25㎜も大きくなっていることだ。前者は軽量化対策だが、後者はおそらく将来のタイヤ大径化に備えた対策と思われる。どちらも新型のヨーロッパ車に特徴的な傾向だ。

ドアを開けるとインテリアはＣ３からポロに宗旨替えしたような趣。

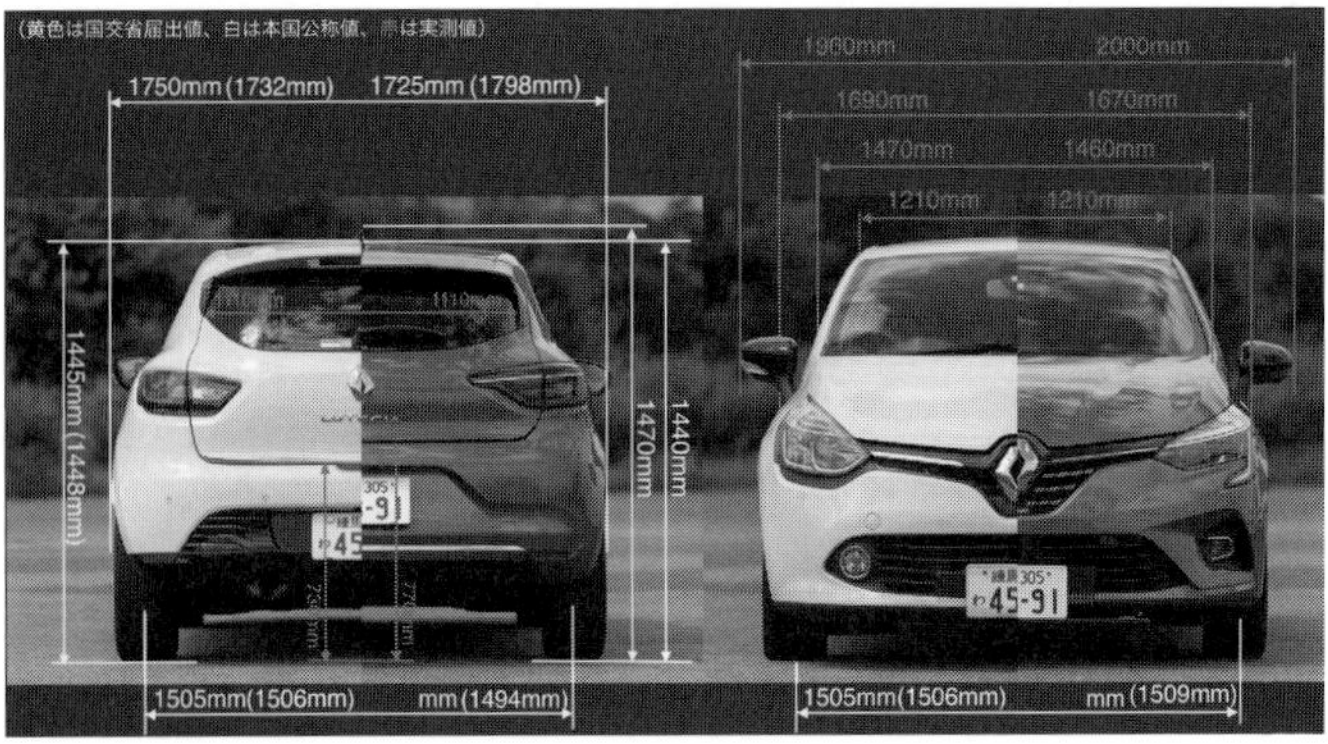

新旧比較　右が新型

ＶＷ風のスポーツ風シートのヒップポイントは最近珍しく旧型より10㎜ほど高くなっているようで（簡易計測）、それに合わせるようにインパネ上面にも平らなひさしをつけ、エアアウトレット＋ガーニッシュを横一線に置いてインパネの視覚的重心位置を上げた。これもＶＷ得意の高速巡航時囲まれ感演出デザインだ。

ルーフを下げて着座位置をあげているのに、測ってみると前後席のヘッドルームは5〜10㎜広くなっていた。天井材の断面形で得たマジックだろう。

もうひとつのマジックがトランクルーム。

公称容積は「ＶＤＡ３９１ℓ」で旧型より91ℓもデカくなっているが、テールゲートを開けるとどう見ても旧型より広いようには見えない。５人乗り状態であちこち測り比べると、床の奥行きと左右幅は同等レベルだが、フロア↕トノカバー高さが５６０㎜→５１０㎜、フロア↕天井高さで６５０㎜→５９０㎜と、高さ方向で大幅に狭くなっていた。後方に向かって低くなっていっているルーフラインの反映だ。

フロア下を見ると吊り下げ式だったスペアタイヤを廃して、その分の床下を下げて深い物入れにしており、どうやら「３９１ℓ」は床下のその容積を合算した数字らしい。

かつては各社「フロアより上、トノカバーより下」でＶＤＡ測定して公称していたが、いまやヨーロッパ車のトランク容量はなんでもありの言ったもん勝ちという様相で、公称数値はまったく実際の使い勝手のアテにならない。トランク容量値なんて書くだけ無駄だ。

報道試乗会は1泊2日の個別貸出方式、前日に萬澤さんが横浜のルノー・ジャポンで引き取って翌朝自宅まで持ってきてくれた。返却期限は午後2時だから、今回は大黒PAには行かずに都内一般路と首都高中心に試乗することにした。

試乗車個体は最上級グレードの「インテンステックパック（276・9万円）」、個体はVF1RJA005L0814108、車検証記載車重1200kg（前軸770kg／後軸430kg）、タイヤはコンチネンタルEcoContact6の205／45-17である。

問題は空気圧で、フロント250kPa／リヤ220kPa指定のところ温間で230kPa／210kPaにしか上がっておらず、明らかにエアが足りない。どうしようか迷ったが、エアポンプを持参してないし時間もないので、このままとりあえず乗ってみることにした。

事前プレゼンでは「前席のシート座面を大型化した」と紹介したらしいが、実測値自体は490㎜→500㎜の10㎜差。

ただし新型は座面先端部の面圧を上げて膝裏が接地するようにしており、着座感は数値以上に長く感じる。日本人の平均的体格からすると少し長すぎかも。また後席ニールーム拡大のため薄肉化したバックレストは、腰下の面圧が逆に旧型より少し下がってしまった。旧型のシートは非常にいい出来だったからここはちょっと残念だ。

370㎜／360㎜のD型ステアリングはグリップ断面が楕円形でやたらぶっとく、いきなりのタッチが少しソフトで、すなわち操舵馬力が上がる設計。さらにステアリングギヤ比も速くしたそうだが、操舵力は据え切り＋微低速でかなり軽い。BMWのアホが乗り移ったかのようだ。

Aペダル踏力も軽いが、発進の瞬間に湿式7速DCTのクラッチミートが遅れてつんのめる。アイドルストップからの再始動と重なるとさらにもたつく。ハードの調整次第で影響を受ける部分だから個体差もでやすいが、これほど発進時に調子の悪いDCTも10年ぶりだ。

萬澤さんは、昨日の1号線の大渋滞でクルコン入れて前車追従走行してるとき、前車発進→追従するが発進もたつき→やっとスタートしたときには前車はすでに停車→あわてて急減速、というその繰り返しだったらしい。

ブレーキもペダルストロークが短く踏力でコントロールさせるタイプなのに踏力が軽すぎるから、踏んだ瞬間に制動力がジャンプしてかっくんになる。

パーキングスピード〜30㎞／h以下でのドライバビリティがよくないというのはちょっとまずい。こういうクルマに毎日乗ってると私ならいつかコンビニに飛び込むかもしれない。

いいのは静粛性。

アイドル〜低速走行ではパワートレーン／ドライブトレーンから音らしき音はほとんど上がってこないし、外部騒音の遮断性もいい。タイヤ起因のロードノイズも低い。いずれもCセグメントに迫るか超えるレベルだ。

@二番搾り乗り心地評価試験路＝麹町警察通りを走ってみると、車重のわりにばねが硬めで段差やうねりに突き上げられる。これを恐れてエアを抜き、空気圧も測らない評論家をダマそうとしたのか。ただしボデイの剛性感が高く、局部剛性も高いので、アシが素直によく動いて（＝つまりダンパーもよく働いて）上下動を一発減衰していた。硬めだが車体姿勢をフラットに維持する感じはなかなか気持ちがいい。

気になったのは段差などを乗り越えるたびにボコーン、ポコーンと太鼓のような異音がすることだ。車内が静かなだけに、いちいち盛大に鳴り響いてうるさい。タイヤが励起しているのだからこれも空気圧に関係あるだろうが、車体フロア周りの制振も物足りない感じがする。

「なにせ1200kgですから（萬）」

その通り。前出ライバル各3気筒車よりは40kg重いが、4気筒のポロTSI Rラインよりは10kg軽い1200kgでこの室内静粛性とこの剛性感／局部剛性感が出せたら、なにはともあれ最新レベルだ。新型プラットフォームの実力は遺憾なく発揮している。

新型ルーテシア／高速

低速ドライバビリティは？・？・？だが、いったん走り出すと印象が好転した。

まずDCTの変速制御がいい。走り出してしまえば走行中のアップシフト／ダウンシフトはほとんどショックレスでトルコンATと違いがわからない。変速時間をかけてエンジンと協調制御しショック吸収しているシーンもあるが、その場合もタコメーター・チューンでメリハリ感を装っているのがえらい。嘘でもいいからタコメーターの針をパキパキ動かせば変速制御が切れ味よく感じるという極意を発見したのはたぶんBMWで、真正直な日本人にはとても真似できないインチキだが、気持ち良ければそれでいいんだという考え方もインプレにおいては否定できない。

霞ヶ関ランプから首都高速内回り、谷町→一の橋→浜崎橋JCTを通って今日は会社線に乗ってみた。汐留JCTから銀座を跨いで西銀座JCTまで連結する全長2・0㎞のこの道路は、首都高の建設に先立って作られた銀座バイパス用の古い一般路で、1959年に一部開通、66年に全線開通した。汐先橋オーバーパスでの連続段差攻撃、続く会社線の路面荒れではベントレーだろうがロールスだろうが泣いてわめいてボロを出す。世界に冠たる神様クラスの悪舗装路である。

ここでもパコーン、ポコーンの太鼓鳴り、路面に応じてざー、ごー、こー、どー、と猫の目のように変わるロードノイズが盛大だったが、他の騒音が静かすぎて目立っているということもある。西銀座JCTから八重洲トンネルに入ると、透過してくる外部騒音が一気に高まって太鼓もロードノイズもあんまり気にならなくなったのがその証拠だ。

4号線流入の渋滞を抜け、霞ヶ関トンネルから内回り2周目は2号線へ。

エンジンはチューリンゲンのMDCパワーGmbHが開発と生産を行うルノー－日産－三菱共同開発の直列4

気筒M282系72・2×81・4㎜＝1332cc、Aクラスと同じユニットである。ただし日本仕様A180用136ps／200Nmよりチューニングは一段上の131ps／240Nm、低回転域の性能は本国仕様A200（163ps／250Nm）に迫る。

さらにAクラスとは車重が違う。CセグのA180が1360kgに対し、Bセグのこちらは1200kg。13・4％も軽い。

Aクラスでは操縦性セッティングのひどさもあってエンジンの印象が希薄だったが、こちらは別物のような強力な存在感を放っていた。2000rpm／アクセル開度50％からの踏み込みに即応して明快な加速レスポンスを発揮、4000rpmまでぐいぐい力強く牽引する。ディーゼルゲート以来ヨーロッパ車は総員骨抜きになったが、ひさしぶりに低アクセル開度／低回転域からパンチがある小排気量車に乗った。エンジンが排ガスでいくらタコになっても、車体が軽けりゃ加速は気持ちよくなるのだ。

ギヤリングは1000rpmあたり速度で①6・2km／h、②10・5km／h、③17・1km／h、④25・1km／h、⑤32・5km／h、⑥40・7km／h、⑦50・8km／h。1／2速がやや低く①→②速1・69、②→③速1・84のステップ比でつなぎ、④速以上は1・47〜1・11で刻む。レシオカバレッジは7速としては最大級の8・16だ。

こんなギヤリングができるのも車重が軽くてパワーに余裕があるからで、逆にいえば「同じ速度で同じ加速を得るための回転数が常に一段低い→クルマが静か」ということだ。

④速60㎞／h走行時回転数は計算上2390rpm、⑦速120㎞／h巡航時の回転数は2360rpm。ギヤリングの狙いもきっちり定まっている。
高速域の変速制御もなかなかだ。
④速70㎞／hでアクセルを100％オフると⑤速→⑥速とシフトアップするが、アクセルを10％でも踏み残していると「こりゃ再加速くるな」と判断して一瞬④速をキープしてスタンバイするから、アクセルオンと同時に瞬発力が得られる。8HPに迫るアタマの良さだ（ただし8HPは低速でもこういう神制御をする）。
ところで例のデルタヘッド。あれはいったいなんなのか。

本書収録のエンジニア座談会に登場している「エンジン設計者」に聞いてみた。

「どう考えても現状のあのエンジンにあの設計がなんらかの内燃機関工学的アドバンテージをもたらしているとは思えませんが、唯一、インバンクターボのV8エンジンにそのまま使いまわす前提というなら納得できます。そんなものいまさら作るか？ですが」

「現状の問題は排気側です。マニホールド合い面とカムカバー合い面が隣り合った設計なのにヘッド内の排気ポート周辺の水路の設計はごく普通で、冷却に気を配った気配がない。これではエキマニ合い面はかなり熱くなるはずで、お隣のカムカバーのガスケットのゴムがやられてオイルが漏れれば、あの構造では下のエキマニに滴下して煙や火が出るでしょう。アホかと思いますが」

万一オイルが漏れても排気系に絶対に落ちないように配慮するのがエンジン設計の大原則、いまのヨーロッパ車ではそんな基本的な設計ルールさえ守られていないのかと思うと、いささか呆然とする。

設計はどうあれ、ルーテシアのコンパクトな車体にこの低速大トルクと静粛性のメリットは大きい。ＤＣＴも大いにそのパフォーマンスを高めることに貢献している。安くて性能いいならすべて許すのがインプレだから、ここは大いに褒めておこう（Ａクラスは除く）。

ルーテシア、操縦性もなかなかよかった。ギヤリングが速くて操舵力が軽いので切り込んだ瞬間の反応がやや軽薄だが、リヤサス（ＴＢＡ）が横力に対してただちに踏ん張るので操舵反力の立ち上がりが早く、すぐ安心・確信に変わる。この横力→即アンダーはマツダ３に似ている。

北の丸に戻って運転を交代、後席に乗る。

前述のように前席ヒップポイントは旧型比10㎜くらい上がっていたが、後席ＨＰは私の怪しい実測では±ゼロの感じ、しかも前席ヘッドレストが巨大化し、サイドガラスの面積が狭くなって濃いティンテッドが入ったため、前方／側方の見晴らし性が低下して穴蔵感が増した。ただし後席も天井材の形状の工夫で座面↕天井９００㎜と人類限界を死守、前後に座って膝↕前席バックレストは14㎝もある（旧型＝９㎝）。前記の通りこのために前席着座性能が低下しているが。

またまたＴＢＡ談義だが、横力に即応して操舵反力が出るのは、斜めブッシュ配置を使ってアクスル全体を斜行させトーアウト傾向をキャンセルするというＶＷ式機構ＴＢＡの効能を、マウントブッシュを軸垂直方向に固めることによって生かし切っているという証拠だろうが、その代償としてリヤサスから路面のショックが伝わってくるし、一部が音に変わってとくに後席ではうるさい。

またテールゲート周りからきしきし異音もでていた。

それでも萬澤さんがほとんど文句を言わなかった理由はダンピングがいいからだ。

車重が軽くて入力が弱く、軽い割りに局部剛性が高いから、斜め配置ブッシュにもかかわらずサスがスムーズに上下動してダンパーがよく効く。その証拠に後席に座ってゆうゆうメモがとれる。ダンピングがダメなクルマは当たりがソフトでもメモが取れない。

新型ルーテシア、低速でのドライバビリティが喉に引っかかっているものの、全般に期待を大きく上回る出来だった。ポロはもはや終わってるし、２０８はあのインパネが耐え難いから、ライバルはＣ３しかいない。Ｃ３の穏やかで洗練された全速度域ドライバビリティの魅力に対して、新型ルーテシアの中高速の走りとコスパも強力だ。Ｂセグ・ベストバイにはＣ３とルーテシア、両方を選出したい（と思ったのだが、このあと２０８に乗ってひっくり返った→２０８の試乗参照）。

このクルマに乗ると、重くてデカくて値段が高いだけのＣセグに見切りをつける決心がいよいよ固まるだろう。

新旧比較　右が新型

STORY : 04

ポロとは思えぬ秀作Tクロス、ゴルフとは思えぬ駄作Tロック

☑ Volkswagen **T-Cross / T-ROC** | フォルクスワーゲン・Tクロス／Tロック

フォルクスワーゲン・Tクロス/Tロック
□https://motor-fan.jp/article/18035

2020年11月19日

[T-Cross TSI 1st]　個体VIN：WVGZZZC1ZLY047509　車検証記載車重：1270kg（前軸770kg／後軸500kg）試乗車装着タイヤ：ブリヂストン TURANZA T005　205/60R16
[T-Roc TDI Style Design Package]　個体VIN：WVGZZZA1ZLV119883　車検証記載車重：1430kg（前軸900kg／後軸530kg）　試乗車装着タイヤ：ブリヂストン TURANZA T001　215/55R17
[T-Roc TDI Sport]　個体VIN：WVGZZZA1ZLV129654　車検証記載車重：1430kg（前軸900kg／後軸530kg）試乗車装着タイヤ：ファルケンAZENIS FK453CC　215/50R18

試乗コース

１台目は千代田区の北の丸公園から出発。一般道を走行して首都高速道路・霞が関ICから入線。都心環状線～１号羽田線～湾岸線を走行して大黒PAまで走行、神奈川５号大黒線～神奈川１号横羽線～１号羽田線を走行して芝浦ICで降線、品川区のフォルクスワーゲングループジャパンへ向かった。２台目はVGJから国道15号線を南下し、数km走行してUターンして同社へ戻った。３台目はVGJから国道15号線～都道316号線を走行して首都高速道路・平和島ICから入線、１号羽田線を走行してVGJへ戻った。

VW・MQBプラットフォームの2台のクロスオーバー車、ポロベースのBセグメントで1ℓ3気筒ターボ＋7速乾式DCTを搭載するのがTロック、ゴルフベースCセグ→2ℓディーゼルターボ＋7速湿式DCTを搭載するのがTクロス。

あーいや逆です逆。ポロベースの3気筒がTロックで、CセグのTDIのほうがTロックです。あれ？試乗中の動画。

福野　なんだよこの乗り心地。なんだよこのNV。100万安いTロックのほうがぜんぜんいいじゃないか。

萬澤　いえ福野さん、いま我々乗ってるのがTクロスです。じゃなかったTロックです。

福野　だってさっき3気筒のがTクロスだって言ったじゃん。

萬澤　はい。いえいえ、そうです、ですからこれがTロックです。ひー。

というわけなのでこの原稿の中でも間違って書いてるかもしれないから信用しないでください（笑）。

乗ると比較にならないくらい出来が違うのに名前がほとんどごっちゃとはTロックよ、おぬしも不憫よのぉ。

じゃなかったTクロスだ。うわー。

Tクロスを見る

ヨーロッパで大きなシェアを獲得しているBセグメント・クロスオーバー車のVW版がTクロス、ポロを生産してきたスペイン・ナバーラ州パンプローナ、VWブラジルのサン・ジョセ・ドス・ピニャイス、上海の上汽大衆汽車の安寧の各工場に加え、一汽大衆の長春工場でも生産するワールドカーというところが重要ポイントだ。中国名はＴａｃｑｕａ、インドではＴａｉｇｕｎとさらにまた名前が違うらしい。

１ℓ直3、１・５ℓ直4、１・６ℓディーゼルターボをラインアップするが、日本仕様は74・５×76・４㎜＝９９９ccのＥＡ２１１型直3ターボ＋乾式7速ＤＣＴ仕様のみ、ＯＥＭ装着タイヤ（ＢＳ）の生産国がスペインだったから、車両本体もきっと同じだろう。

ホイルベースはおなじＭＱＢファミリーの現行ポロ＝6代目ＡＷ型と同じ２５５１㎜（以下本国公称値）だが、全長が４０５３㎜→４１０８㎜と55㎜長く、全高は１４６１㎜→１５８４㎜で１２３㎜高くなっている。

しかしステップ地上高は実測してみるとポロの４００㎜（前後とも）に対し４３０㎜にしかなってないから、地上高があがっているだけでなく、ボディそのものもかなり分厚くなっているようだ。ポロのときに測った実測値とくらべると室内中央部での室内高は１１８０㎜対１２５５㎜で75㎜高くなっており、床に対してデフォルトのヒップポイントを40㎜ほどあげてある前席でも、ヘッドルーム（座面↕天井）はポロより20〜40㎜も広い。

車重は同じ3気筒ターボ同士で１１６０㎏対１２７０㎏。

前車軸で40㎏、後車軸で70㎏重くなっているものの、エンジンをポロの95ps／１７５Nm版に対し１１６ps／２００Nm版に強化しているため、ウエイトパワーレシオは12％向上した。

いまどきのＳＵＶ風クロスオーバー・スタイリング、中に入ると室内が上下に広くヒップポイント地上高が高く視界が遠く、出力重量比が1割以上向上、誰でも欲しくなるようなこのスペックが驚いたことにポロとほぼ同じ価格設定だ（ベーシックモデルで301・9万円対303・9万円の2万円差、2020年11月当時）。

プジョーが商品力だけでなく実力的にも猛追してきてる（てかもう抜いてる）手前、もはやラインアップ内ヒエラルキーなんか考えてる場合じゃないのだろう。日本におけるポロの立ち位置は最初からゴルフの客寄せパンダだからどうだっていいのだろうが、肝心のゴルフはニューモデル待ちの状況だから、いまやVW内にTクロスのライバルはいない感じだ。

というわけで問題は出来だけ。なにせポロがポロだから（＝アシが硬く操舵力が重く、操舵ゲインだけあげて接地感もリヤ乗り心地も無視した、自動車ど素人文化圏向けのエントリーカー）、乗ってみるまでは信用ならない。

Tクロスに乗る

借用した広報車は303・9万円のベーシックモデル「1st」。個体：WVGZZZC1ZLY047509、車検証記載重量1270kg（前軸770kg、後軸500kg）、スペイン製ブリヂストンTURANZA T005の205／60‐16。前輪230kPa／後輪210kPaの指定圧のところ4輪とも240kPa入っていたから、規定圧まで抜いた。リヤ210kPaというのは後輪荷重を考えても最近の傾向よりかなり低い設定で、乗り心地でも気にしているのかと訝りたくなる。

走行距離は試乗開始時点で1万1967㎞も回っていた。1・2万㎞走った広報車なんて一昔前なら一般車でいう5万㎞走行相応のヘタリっぷりだったものが、最近のクルマはさすがそこまでひどくはない。ただしタイヤは磨耗が進んでおり、NVではあきらかに不利だ。

ボディが分厚いことはインパネの上下幅がたっぷりあってレイアウトに余裕があることでもわかる。シートハイトをこきこきあげ、ちょいちょい下げて調整（アップ23段、ダウン35段）すると、フロアに高く座ってボンネットも道路も見渡せる気持ちいいドラポジになった。

この高さと広さに慣れたらもうポロには戻れない。

左右370㎜／上下360㎜のD型ステアリングはやたら握りが太くて楕円断面という典型的××向けデザインだが、据え切り↕微低速でやや操舵力が軽いものの、不感帯からの立ち上がりと反力感がしっとりとマイルドで、EPSには珍しいなかなか上品な取り回し感だ（コラムEPS）。

DCTはまったくショックレスで滑らかに変速、トルコンATと違いがわからない。

最初の交差点であせったのはかっくんブレーキだ。ペダルのストロークが短く、踏力制御タイプなのにサーボのジャンプ特性がシャープだからいきなりがつーんとくる。ストローク制御のAペダルとしっとり滑らかなステアリングとの兼ね合いが猛烈悪い。操作系というのはフィーリングだけでなくそのバランスも重要だ。

いつもの麹町警察通り。

ばねがかたく、路面の凸凹を正確にトレースして上下動が生じる。それにともなってボコボコと大きな音も鳴るが、ショックの角がまるく、ダンピングがよく効いて上下動が一発減衰するのがいい。総じてあの悪路を大変フラットに走破した。ボディから異音が一切出ないのも素晴らしい。

「まるで別のクルマのインプレ聞いてるみたいです。リヤは上下動とともに左右に振られるし、振動がぶるんぶるんと響いています。ロードノイズも盛大です」

リヤの乗り心地が硬いとすれば確かに思い当たるメカ的事情もないではない（後述）。

霞ヶ関ランプから首都高速内回りへ。

ここで初めてエンジンのことを思い出した。それくらいタウンスピードでは静かで滑らかで存在感がなかったということだが、本線に合流してゆるやかに踏み込んでみると、アクセル開度40～50％、２０００rpm前後から明快に加速感が立ち上がって車体を軽々と牽引する。往年のＶＷ１・４ＴＳＩを思い出す気持ちよさだ。ＶＶＴは吸気側のみだからオーバーラップ制御で筒内掃気するマジックは使えない。もっぱらターボユニットの進化のおかげか。

３気筒であることを感じさせるような印象は振動感にもエンジン音や排気音にもほとんどない。

このエンジンはｕｐ！とともにデビュー、当時は大胆な設計にびっくらこいたものだ。

組み立て式カムを使って曲げ応力のかかるカム前端部をボールベアリング支持（カム交換できないから交換はヘッドアッシー）、カムのベルト駆動に自転車のオーバルギヤみたいな楕円ギヤを使って開弁時と閉弁時のベルトの張力変動を低減しベルト寿命を延ばした（＝20万km）。クランクピン120°配置で240°等間隔点火、「クルマの教室」で勉強した通り、1次／2次の並進力はこの基本配置でキャンセル可能、1次／2次の偶力がピッチ方向に出るが時計回りは対偶力カウンターウエイトでバランス、このエンジンの場合は反時計回りの偶力は無視して逆転バランサーなしとしているが、車重が1270kgもあるからそのデメリットもほとんど出ていない。

湾岸線の巡航はドイツ車への期待そのままに直進安定感が高く、どっしりと腰が座って乗り心地よく、なかなか快適だ。

7速80km／hで1900rpm前後だが、ここから微妙にアクセルを10〜20％踏み増ししてもDCTはシフトダウンせず、そのまま引っ張ろうと頑張る。

ゆったりした登り勾配でも速度を維持すれば7速80km／h1900rpmのまま掛け替えない。ぐいと踏み抜くと4速に落として4200rpmで繋ぐが、普通に高速をクルージングしている限り6速にも落とさなかった。それだけエンジンに余力があるということだが、ここまで割り切った変速制御のクルマも初めて乗った。

1000rpmあたりの各速ギヤリングを見ると①6・8km／h、②11・3km／h、③16・8km／h、④19・3km／h、⑤29・2km／h、⑥35・9km／h、⑦43・1km／h。1〜4速と5〜7速がクロスしていて7速がやや低いギヤリングだ。市街地で変速ショックが非常に低い理由、高速で7速をキープして6速や5速にちまちま落とさないというシナリオは、すべてこのギヤリングに書いてあった。

大黒PAランプの120Rではターンインで操舵に対する反応が大きくてちょっと驚いた。速いスピードで大きめのロールが入る。ただしほぼ同時にリヤがしっかりグリップしてアンダーステアが出て反力感が立ち上がるから、まったく不安がない。そのまま安定した姿勢をキープしてコーナリングする。切り増してもぐらぐら揺れず重心高の高さを感じない。低次元スポーツハンドリングのポロとは大違いだ。

走り出す前にサスを覗いたら、ＴＢＡのマウント軸はトレーリングアームにほぼ直角だった。

このままではゴルフ１登場以前のＴＢＡに先祖帰りして外側輪が横力トーアウト（＝横力オーバーステア）する。直進性の腰の座りの良さから考えてもデフォルトでかなりトーインをつけてあるのではないか。またコーナリングでのリヤのグリップの立ち上がりのレスポンスを考えるとブッシュを軸方向にかなり固めてあるのだろう。

つまりそこが萬澤さんが後席で不満たらたらなその理由だ。

大黒ＰＡからの帰路はその後席へ。

後席の着座位置は前席のハイト位置が中立のときに前席＋45㎜とかなり高く、前方見晴らし感はなかなかいいが、真っ黒なサイドガラスが後席の開放感を台なしにしている。床から８４０㎜位置にある見切りまでガラスが全部降りるのがせめてもの慰めだ。

後席は約１３０㎜前後スライド可能。ヨーロッパ車にしてはやや背もたれが倒れ気味だが、座面↕天井は９４０㎜で、Ｃセグ平均を10㎜も超える。前後席に座ると前席背もたれ↕膝は最大で25㎝、スライドを前端まで移動しても10㎝ほどの余裕があった。

座面長はやたら深く（前席の世界平均なみ＝５００㎜）表面も硬いが、面圧はなかなか均等に出ている。

走り出すと確かに乗り心地は荒い。目地では突き上げが入るし微振動もくる。ただしダンピングはよく、あおられ／揺すられ感は少ないから、ちゃんとメモが取れる。ここが平行マウントTBAのメリットだ。左右同相で車輪が動くときはこじり力が発生しないから素直にサスがストロークしダンパーが働く。

居住性パッケージングのプライオリティが前後5：5に対し、乗り心地のセッティングプライオリティは7：3という感じはあるが、どっしりした直進安定感とさっきの操縦性を考えるとこれは合格レベルである。

72㎞走行して平均車速36㎞／hで17・7㎞／ℓ。よく走るエンジンだが燃費も相応か。

Tクロスよかった。

これで303・9万円はお買い得。VWファンならいますぐ現行ポロ叩き売って買いだろう（大傑作＝旧5代目オーナーはまだ持っててていいのでは）。VWファン以外の方の結論は2008に乗ってみてから。

Tロックに乗るが

本日2台目はTロック、同じMQB系でもボディサイズはCセグメントクラスで、ゴルフⅦの兄弟車である。

ボディ寸法は本国公称値で全長×全幅×全高4234×1819×1573㎜、ホイルベース2590㎜で、ゴルフⅦの本国値との比較では全高以外はわずかに小さくなっている（新型ゴルフⅧの本国値は4284×1789×1491㎜、ホイルベース2619㎜）。

生産はポルトガルのＶＷオートヨーロッパ・パルメラ工場と一汽大衆の仏山工場（広東省）。ずんぐりしてＳＵＶ的なＴクロスに比べると、こちらはＳＵＶルックのゴルフという感じでなかなかスタイリッシュだ。この外観にやられる人は多いだろう。

パワートレーンは日本仕様のゴルフⅦにも搭載しているＥＡ２８８型２ℓディーゼルターボのみ（２０２０年10月当時）、出力仕様は１５０㎰／３４０㎚でゴルフと同じ。

価格は廉価仕様でもゴルフⅦの同エンジン車より59万円も高い３８４・９万円、同じエンジンで19インチタイヤを履かせたＲラインは４５３・９万円もする（２０２０年10月当時）。えらくふんだくる感じだ。

試乗車はやはりスペイン製ブリヂストンＴＵＲＡＮＺＡ Ｔ００５の２１５／55－17を装着、前後２５０ｋPaの指定通り入っていた。

Ｔクロスはエンジンマウントフレームがアルミでスタビリンクが樹脂製だったが、こちらは両方ともスチール。リヤＴＢＡはマウント軸が車体直角なのは同じだが、ユニットが別物でトーションビームの断面形がＴクロスの逆Ｖ次に対しＴロックは軽量孔をうがった逆凹型。Ｔクロスのサスアームには前後とも樹脂カバーがついているがこちらはなし。オフロード走行は想定していないのだろう。

走り出してすぐにサスペンションが異様に固く、路面のざらついたあたりが全部フロアに上がってきて共振、ステアリングまで振動が伝わってくるのに気がついた。

ボディは明らかにＴクロスより緩く、段差などでは構造的な異音が生じて骨身に響く。

走行距離はこれも1万1274kmだが、個体がおかしい可能性はあるだろう。

これはもう乗っても時間の無駄なので、VWグループジャパンが入っている御殿山トラストタワーの駐車場から第一京浜を1・8kmほど下った青物横丁でUターン、ガスをいれてとっととクルマを返却することにした。

幸い今日は萬澤さんが18インチのTDIスポーツ＝419・9万円の借用手配もしてくれているので、そちらに乗り換える算段である。

Tロックの2台目

乗り換えた個体はWVGZZZA1ZLV129654、車検証記載重量1430kg（前軸900kg／530kg）、タイヤはなんとタイ製のファルケンAZENIS FK453CCの215／50-18だ。前後270kPaの指定通り入っている。こちらは走行9568km。

走り出してすぐ、さっきの状況は仕様だとわかった。

乗り味はまったく同じで路面感度が非常に高く、ロードノイズが大きく、突き上げ感がきつく、振動感が安っぽい。このNVの印象は1世代前のPSAのPF1／2車のレベルだ。

「さっきも言おうと思ったんですが、リヤの乗り心地はなかなかいいです。Tクロスよりいいです（萬）」

平和島ランプまで一般路を走り、ここから首都高1号線へ。

アクセル50％前後、エンジン回転1200～2000rpmくらいからの加速感は実に素晴らしい。ペダルに即応してもりもり力が湧き出る感じ。ただしこれ以上踏み込んでも加速感はほとんど変わらない。なにげなくふっと踏んだ瞬間がいい。

アイドリングから走行中までじりじりとしたエンジン起因と思われる微振動が絶えず上がってくる。マウントがアイドリングにも走行中にも最適化できてない。開発レベルの低さを物語る現象だ。

1号線での乗り味はざっくり言って20世紀後半、ボディ感度が高すぎて路面で振動感が急変、目地での衝撃的入力がきつく、しかも同時にクルマがゆさゆさ揺れ続けている。低周波から中周波までの振動が一堂に会している感じで、まさに振動と騒音のオーケストラだ。

ファンの方には大変申し訳ないが、これは到底マトモなクルマとはいえない。ここ5年間に乗ったクルマの中では間違いなく最悪の開発レベルだ。いったいどこの誰が作ったのだろう。

大黒PAからの帰路にリヤに乗ってみたが、確かにフロントよりはずっとマイルドだった。ただしいいのは平坦な良路だけで、路面に応じて反応が急変するのは前席と同じ。段差でのショックはきつく、大きなうねりではリヤの接地性が失われてはねる感じがする。じりじりという微振動も。

常時アタリ感は硬いもののダンピングが効いてフラットなTクロスのリヤの方がずっと好きだ。

名前が似てたら人間の出来も似てるなんてことはあり得ないから、名前が似てるだけで一緒にされたらさぞかし不愉快だろう。不憫なり。

こうなったら「ロクでもないやつと一緒にされて苦労す」とでも覚えるしかないか。

STORY : 05

「これよりいいCセグ、世界にあるかな」「これBセグですけど」

Peugeot 208 | プジョー・208

プジョー・208
□https://motor-fan.jp/article/18181

2020年12月18日

[208 Allure]　個体VIN：VR3UPHNKSLT003406
車検証記載車重：1160kg（前軸750kg／後軸410kg）
試乗車装着タイヤ：ミシュラン PRIMACY 4 195/55-16

試乗コース　目黒区のプジョー目黒が拠点。1台目は都道312号:目黒通りを西南へ行き、都道311号:環状8号線から第三京浜道路・玉川ICから入線。その後港北JCTから首都高速道路・神奈川7号線、神奈川5号線を走行して大黒PAへ向かった。その後湾岸線、神奈川3号線、横浜新道、第三京浜道路を走行して玉川ICで降線、同じ道を走行して拠点へ戻った。2台目はプジョー目黒から都道312号を東北へ走り、首都高速道路・目黒ICから2号目黒線へ入線。飯倉ICで降線してUターンし、再び同じ道を走行して拠点へ戻った。

だらだら余談

年の瀬にある読者の方にお会いするチャンスがあったので、ご挨拶がわりに本連載の感想をうかがってみたところ。

「友人がテスラ3を購入したので運転させてもらったんですが、福野さんがさかんに書いてた加速のジャークだけは確かに凄かったけど、ステアリングが軽くて操舵フィーリングがデッドで乗り心地がやたら固いのにボディ剛性感が低く、ミラー調整ひとつするにも液晶画面を操作しなくてはならなくて手探り操作性最悪、こんなクルマのどこがいいんだと思いました。なのですみませんが『二番搾り』はもう読むのやめました」

いててててて。

ちなみにこの方は相当に年季の入った旧車マニアで、70年代から80年代にかけてのヨーロッパ名車のドライブフィーリングを知り尽くしている一方「いまのクルマには興味が持てない」とおっしゃっていた。

モデル3についてはフロア剛性や乗り心地などに関しては確かにご指摘の通りだと思うが、自由自在の加速のあの気持ち良さですべてゆるせてしまうというインプレに書いたつもりだった。だが昔の名車の油圧PSや優れたサスの旧車に比べて乗り味を酷評する方がいたとしてもそれは仕方ない。

「己の経験と感覚が教えるまま真摯に正直に評価評論する」とクルマの神様に誓ったとしても、時代に流されて評価基準が変化していってしまうことは避け難い。指一本で据え切り操作できるくらい操舵力の軽いクルマなど、これが1994年1月なら問答無用で「ゴミ箱行き」にしたところだが、いまのインプレでそれやったらトヨタ、ビーエム筆頭に総員燃えないゴミになってしまう。

あとインテリア操作性。操作の理想のHOTAS（検索）からどんどんかけ離れてデザイナーの遊び場と化した現代のインパネには人間工学も統一基準も原理原則もなくなった。あんなつまらんお絵かきにつきあわされるくらいなら、いっそもうスイッチなんか全部やめてすべて大型スクリーンの管面タッチで操作するようにしてくれた方がよほどロジカルだと思ったのもテスラ・ショックのひとつである。ゴミの山ではガラス玉だって光って見える。

なぜこんなこと書くかと言うと、インテリア・デザインお遊び世界最悪の例である「i-cockpit」をしょうこりもなく使った2代目プジョー208、乗ってみたらなんと現代小型FF車最高の出来だったからだ。このクルマだけはへんな格好のハンドルを握って運転する価値があると思ってしまったのだから、旧車マニア氏が読むのやめてくれてて本当によかったです。

プジョー208と2008をざっくり眺める

PSA待望の基本設計大改革がPSA＋オペル／ボクゾール全車の設計基盤を統合する「共通モジュラープラットフォーム（＝CMP）」。Cセグメント以下をEMP1、Dセグ以上はEMP2と命名する。EMP1は

2018年にDS3クロスバックで投入、プジョー208、2008、オペル・コルサ、モッカと次々にデビューしている。

「すべてシリーズ本」の208と2008の巻では、それぞれ新型・旧型を用意してもらって横に並べ、パッケージと内装の比較を行なったのだが、プラットフォームを一新（アライアンスB→CMF-B）した5代目クリオ＝ルーテシアが各部基本寸法からシルエットまでほとんど4代目から変えていなかったのに対し、プジョーの2台は別のメーカーが設計したくらい基本パッケージが大きく変わっているのが興味深かった。

添付写真を見ていただきたい。同距離から同レンズ同画角で撮影した新旧208の2台の写真を並べた。

ホイルベースは2538㎜で同じだが新型はフロントオーバーハングが783→825㎜と大幅に伸び（本国公称値）、ボンネットを水平にして巨顔化するとともにスカットル高（≒フロントガラス下端高さ）を下げ、フロントガラスを小型化して角度を立てている。206以来続いてきたモノボックス的シルエットをすてて最近のPSA各車に共通する弁当箱的2BOXに回帰したということだ。国交省届出値では全高は新旧5㎜しか変わっていないが、これはどうやらルーフアンテナの関係で、実際には合成写真の通り新型はルーフが30㎜近く低く、これに合わせて着座位置を20㎜ほど下げている。したがってスカットルを低くしたのは視界確保のためもある。

ちなみに姉妹車のクロスオーバー版2008は208に対してボディを大型化、ホイルベースを2605㎜へ67㎜延長し、ボディ全体を208よりも地上に対して50〜60㎜高くしている。一方で地上高そのものは

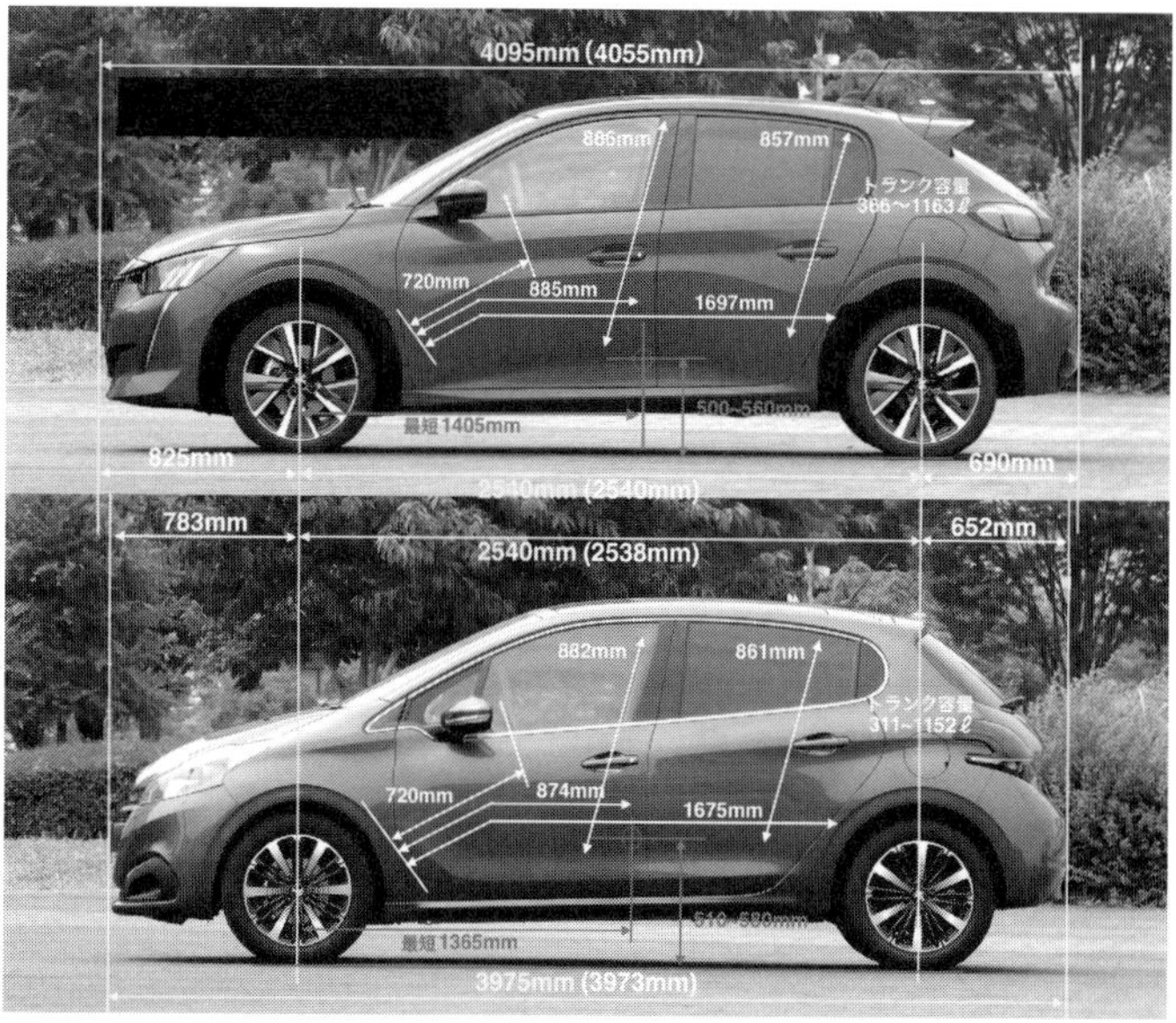

上が新型

前後写真とも右が新型

208に対して20㎜ほどしか上がっていない。つまりボディ全体が208よりも30〜40㎜分厚いのである。

インテリアは208／2008で基本を共用、「小径ステアリングを膝に乗せてリムの上からメーターを見る」というi-Cockpitをさらに徹底し横350㎜、縦320㎜だったD型小径ハンドルの上部も平らにして横345㎜、縦310㎜に縮小した。もはや八角形、「四角いハンドル」だ。世界のクルマの円形ステアリングの90%以上が直径370㎜なのだから、いかに異様な物体か分かる。

208に乗る

208の試乗車は松竹梅の中間の「アリュール」(259・9万円、2020年12月当時)、個体は「ファロイエロー」のVR3UPHNKSLT003406、走行距離3480㎞。車検証記載重量はポロTSIと同じ1160kg(前軸750kg／後軸410kg)である。

タイヤはイタリア製ミシュランプライマシー4の195／55-16。指定圧はフロント220／リヤ210kPaだが、いつも使っているエアゲージでは空気圧が測定不能(ゲージとムシとの相性でこういうことは稀にある)、試乗後の給油の際にスタンドで測ってもらったらフロント240／リヤ230kPaだったから、冷間ではおおむね規定圧の通りの設定だったと考えていいだろう。

熱烈なプジョー・ファンではない我々にとって、このクルマの最大の関門はシートに座ってこのちいさな四角いハンドルを眺め、果たしてこんなものを運転する気になれるかどうかである。しかし今日はもう乗るっかない。半分やけくそでドラポジを合わせる。

ルーフに応じてデフォルトの着座位置も低くなったが、スカットル高さも大幅に下がっているため視界とドラポジの関係はむしろ旧型よりよくなっていた。ボンネットが黄色いピンストライプに見えるまで上昇25ノッチのシートハイトをキコキコ上げていくと、視界、着座姿勢、操作系、インパネ囲まれ感ともにしっくりはまる。この状態で頭上（ガラスルーフなし）と頭横にも十分余裕がある。

ここからステアリングを合わせていく。

40㎜のチルトを最下段近くまで下げてリムを膝の上に抱え、ストローク40㎜のテレスコをやや引いて中間位置にすると、うーん、それなりになんだか絶妙な位置に落ち着いた。ハンドルが四角い以外は机にセットしたロジクールのゲーム用ステアリングを握ってるのとそっくりだ。何度か左右に末切りしてみると、そもそもステアリングの径が小さいので角と平面との絶対寸法差が少なく、グリップを凸凹握り変えても案外違和感がないことがわかった。

据え切りにぐいと手応えがある。ゆっくりスタートするとさらに中立から心地よい反力感が返ってくる。小径だからステアリングシャフトを回すのにトルクがいるのは当然だが、キングピンアングルによる自重センタリング効果もあるだろう。キングピンアングルを増やせばストラットの曲げモーメントが減ってストロークの摩擦抵抗が小さくなるが、同時に自重モーメントで操舵がセンタリングする作用も強くなって、静止状態やパーキングスピードの操舵反力が高まる。

ステアリング径＋ＥＰＳ設定＋このアライメント効果のバランスが結構絶妙だから、ゲーム車のようにハナを自在に左右振りながら狭い道を正確にねらって縫って動けるのである。

気になったのはかっくんブレーキ。Ｔクロス同様、ペダルのストロークが短いのに（＝踏力制御重視タイプ）踏力そのものが軽いので、アクセルペダルから踏み換えてストロークを出してしまうとがつーんとくる。ただしブレーキは丁寧運転操作の基本だから慣れるのは案外早い。

まったく慣れないのがメーター。

反対回りタコはもはやプジョーのＤＮＡらしいが、今回はさらに見にくい。液晶の前にスクリーンを置いて上部から別の液晶映像も投影するというややこしい演出らしいが、ここまで見にくいと逆にメーターそのものをまったく見なくなる。だから逆転タコもどうでもいい。一種の作戦かと（笑）。

目黒通り下り線を環八まで走る。

素晴らしいのは乗り心地だ。車重に対してばねがソフトで路面の当たり感はマイルド、だがダンパーがよく働いて上下動が尾を引かずに一発ですらっと収まる。フラットで落ち着きがありしっとりしなやかな走り味だ。段差などから衝撃的入力が入ってもボディからは一切構造的な異音はまったく生じない。ルーテシアのように気柱共鳴音がポコーンパコーンと太鼓鳴りする現象も出ない。ロードノイズもほとんど気にならない。これにはびっくりだ。

乗り心地とNVに関しては、DS3クロスバックのときに215/55-18サイズで乗って感心したプライマシー4の性能も含まれているだろう。

試乗印象的にはこの4～5年間16/17インチタイヤの進歩はほとんど止まったままで、どのブランドで乗っても18/19インチの進化っぷりとは対照的だったのだが、ミシュランでいえばプライマシー4でようやく55扁平16インチにも最新タイヤテクノロジーが降りてきた感じだ。アフターマーケット版については分からないが（一般的に市販品はCP/CFとも高く、バランスが操安よりだ）。

目黒通りから環八に出て、NEXCO東日本が管理運営する有料道路の第三京浜道路へ。

路面が荒れているから路面感度が高いクルマだとたちまち馬脚を露わすのだが、音も振動もロードノイズも速度の上昇に応じてプログレッシブに変化するだけで、一般路での印象が急変しない。

「ひょっとして素晴らしいですねこのクルマは」

後席からも感嘆詞がでた。

滑るように加速する。

パワートレーンは静かでスムーズ、加速のレスポンスが非常にいい。

エンジンはおなじみ1・2ℓEB2型3気筒の直噴ターボ版（ベルト駆動、オフセットクランク）。C3を出し抜いてDS3クロスバック同様アイシン8速ATを奢ってくれた。PSA＝ドケチというのはもはや過去の話だ。

チューニングは1・2ℓターボの中でもっとも低い100PS／205Nmだが、車重が軽いしDS3クロスバックのときと違ってATがアクセル開度に敏感に反応して積極的にかけ変えるので、2500〜3500rpmのおいしいゾーンをたっぷり満喫できる。アクセル開度30〜40％前後からの踏み込みに即応して加速しながらシヨックレスに繋いでいく感じが実に心地いい。先月乗ったTクロスのEA211型3気筒1ℓターボ（110PS）＋DCTも静かでパワフルでショックレスでひさしぶりにいい印象だったが、208はパワーでも変速制御でも一枚上手だ。

高速でもステアリングの中立からしっかりした反力感がたちあがり、微妙な修正舵がしっくり決まる。だから高速直進安定感が抜群だ。

せっかくのこの極上安定感に水をさしているのが例によって勝手車線逸脱制御で、オフり方もわからない。最近のクルマで高速で事故りそうになる理由のほとんどは、まったく役に立たない未完成な車線逸脱制御のせいだ。ゴミである。

それにしても操舵制御介入時のクルマの動きが少しおかしい。やや転舵速度を上げて操舵しみると、直進安定感のよさとは裏腹に転舵と同時に早い速度のロールが入る。ただしロール速度は転舵速度に絶妙に比例しており、しかも小径化効果でステアリング自体が重いから転舵速度を上げるにはそれなりの力がいるため、なにもしなければどっしり腰が座って直進する。人間が運転している限りはおかしな挙動は一切出ない。

W201／W124時代のベンツは油圧PSの設定を重くして反力と路面感覚を出す一方、ステアリングを大径にしてリムを重くして操舵馬力と操舵慣性力を上げて操舵感を軽快にしていた。まったく逆のアイディアだが、208もステアリング径をチューニングに利用している。デザイナー暴走で生まれたアホなこの小径ステアリングに意味と価値を見出したわけで、プジョーの設計・実験部隊は尊敬に値すると思う。

港北ICから神奈川7号横浜北線へ。

大黒PAの120Rはなかなか見ものだった。

操舵と同時にリヤがグリップしてステアリングが重くなり手応えがぐっと出る。重いから転舵速度が上がらないためロール速度も上がらない。フロントを低く下げリヤを踏ん張った姿勢をキープしながら素晴らしく安定したコーナリング、そこからさらに切り込むとじんわりロールを増しながらフロントがしっかり反応しヨーを足す。そのままいつもの路面段差を越えても構造的異音もギクシャクした挙動もなくすらりといなした。いやいやいやいや。

このクルマもまたまたリヤがTBA。

最近のトレンドと違って旧VW式にマウントブッシュ軸を傾斜させたいわゆる「トーコレクト」タイプだ。

ブッシュを軸垂直方向に固めておけば横力でリヤサス全体が斜行することで外側後輪の横力トーアウト傾向を抑制できる理屈だが、左右輪同相で動くときは斜め配置ブッシュにこじり力が働いて乗り心地が悪化しやすい。基本的には操縦性とリヤの乗り心地がバーターになりやすい形式だ。このためVWやトヨタは斜め配置ブッシュをやめてブッシュの構造で横力オーバー傾向に対処する設計に転向、逆にマツダ3は斜めブッシュのままがっちり固めて乗り心地をあきらめてスポーツカーに徹した。

２０８はどちらでもない。

斜めブッシュなのに萬澤さんは後席乗り心地絶賛、しかし操舵の瞬間からしっかりした反力感が立ち上がっているのはリヤサスが横力オーバーに変位してない証拠だ。つまりこのサスはＶＷ／トヨタ方式にもマツダ方式にも勝っている。その絶妙フィーリングを補佐するひとつのポイントが小径ステアリングにあることも疑う余地がない。

まいった。

リヤにも乗ってみた。

ルーフ高を反映してフロアから天井までの高さが旧型より20㎜ほど低くなった（１１５０㎜）のに呼応してヒップポイントを前席同様下げており、座面↔天井は９００㎜を確保している（旧型：８６０㎜）。

ただし前後に座って前席背もたれ↕膝16センチ（旧型：20センチ）とＢセグ平均よりやや狭く、低くなった前席下には靴のつま先しか入らない（旧型：靴全部ずっぽり）。

萬澤さんの言う通り乗り心地ソフトなのにダンパーがよく働いてフラット、段差や目地などのショックでもボディはがっちり引き締まって異音が出ない。感覚的にはボディ剛性も局部剛性もフロア剛性もとても高い。リヤゲートからスースーした空気伝播音が入ってはくるがロードノイズ自体は低い。これにはタイヤのお手柄も当然入っている。前席同様後席もいい。

「加速＋変速、直進安定性、ハンドリング、乗り心地、後席、総じてこれよりいいCセグ車あるかな」

「記憶にある限りないです。重量車ならNVのいいクルマはいくらでもありますが、１２００kg以下でここまでNVが良かったクルマは初めてです。ちなみに本車はBセグですよ」

これで２６０万円ならBCセグ車まとめて全部負けだ。

「ここまで完璧に出来がいいと広報チューンを疑ってみたくなりますが」

こうなったらずばり広報に聞いてみた。

「できるもんなら広報チューンしたいくらいですが（笑）、実際には初回予注分の中から色とグレードを指定して抜いて１０００kmほど慣らしをして法定点検して広報車にしてるだけです。もちろん機械ですから原理的には個体差もあり得ますが、当初6〜7台用意した２０８の広報車を乗り比べた感じでは個体差ほとんどなかったです」

グループPSAジャパンの広報担当の森 亨さんは雑誌Beginで「ピースメーカー」という連載を毎号一緒に取材・編集していたかつての盟友だから、死んでも私に嘘はつかない。だからいま２０８を買うともれなく極上小型車がついてくるのはどうもホントの話のようだ。ただし17インチタイヤ装着のGTラインは保証できない。こういう絶妙評価はタイヤ一つでころり変わるものだ。

実は当日そのあと、２００８のGTライン（個体：VR3USHNSSLLJ754275、プライマシー4 215／60-17、走行距離40884km、車検証記載重量1300kg：前軸780kg／後軸520kg）にも同様のルートで同じ時間かけてみっちり試乗したのだが、こちらは208に比べて特筆するほどの印象はなかった。338万円なら並出来か。それくらい208アリュールの完成度の高さは傑出していた。

なのでこの長ったらしいインプレを最後まで全部読んでくださった熱心なカーファンの方なら、208の出来の衝撃的な良さの件だけお持ち帰りいただいて、2008はすっかり忘れていいと思う（＝Bセグクロスオーバーなら T クロス）。

STORY : 06

トヨタFR車の中で一番出来いいかも（サウンドのぞく）

Toyota **MIRAI** | トヨタ・ミライ

トヨタ・ミライ
□https://motor-fan.jp/article/18253

2021年1月20日

［MIRAI Z］　個体VIN：JPD20-0001013
車検証記載車重：1970kg（前軸970kg／後軸1000kg）
試乗車装着タイヤ：ファルケンAZENIS FK510　245/45-20

試乗コース　千代田区の北の丸公園から試乗開始。下道を走行して首都高速道路・霞が関ICから入線。都心環状線、1号羽田線、11号台場線、湾岸線を走行して、大黒PAまで走行。同じ道を走行して都心環状線・代官町ICで降線、北の丸公園に戻った。

1月20日（水）の午後、突然ミライに乗れることになった。もちろん私に特別に貸してくれたものではなく、本誌発行元の（株）三栄が各誌／ｗｅｂ媒体の取材用に借用したものということで、いわば「割り込み・あい乗り」である。あとで怒られないといいんだが。

「納車1年待ち」といわれたミライブームは5年前、取材メモを見返すと、お台場のトヨタＭＥＧＡウエブで田中義和チーフエンジニアにお会いして、構内試乗コース「ライドワン」でちょい乗りしたのは２０１４年12月16日だった。

ホワイトの合皮を使った明るいインテリアとＬＳに迫るような豪華な後席居住感、モーター駆動ならではの静粛性と加速、そして意外にもシャシの剛性感の高さと重心高が低いハンドリングのよさに驚いた試乗だった。田中さんはあのとき「ハンドリングの気持ちよさもミライのクルマとしての大きなねらいだ」と語ってくれたが、一般路と高速道路を走って好印象を追認した。「乗り心地と操安性と動力性能のバランスはトヨタのＦＦ車の中で一番いい」というのが当時の私の評価だ。

その後、別件の取材でトヨタ自動車・元町工場に行ったとき、インクリメンタル成形を駆使してレクサスの少量生産車のボディパネルを製作している現場の横で、ミライのボディパネルの一部を治具を使った手作業でサブアッシーしているのを見た。

ファイナルアセンブリーもレクサスＬＦＡの生産のために作った特設ラインを利用した手作業だった。てっきり量産車だとばかり思って見て触って乗っていたミライは実は手作りの少量生産車であって、それが「納車1年待ち」のまさにその理由だったということだが、ミライのパフォーマンスの良さの秘密までが手作り生産にあったわけではない。FC車であることやモーター駆動であることはミライの根幹だが、乗って走っていいクルマだった最大の理由は、ようするに開発にセンスがあったからだ。

MEGAウエブでミライに乗ったときの記事に「FCVの命運は水素供給のインフラ整備が左右する。日本は官民一体で推進してるからともかく、ヨーロッパ人はヘソ曲がってるから、トヨタが一人勝ちしたら『オレらそんなもんいらねえよ』って逆風になる可能性は大いにある。ここはパテントオープンするとか技術供与するとか、1社でも味方増やして一気に普及を促進させないとガラパゴる。今回ガラパゴったら競争もなにもない(「エフロード」誌2015年2月号・原文ママ)」と書いたのだが、予感は的中して水素ブームはあっという間に終了、テスラの快進撃とヨーロッパ・メーカーの負け惜しみの陰謀で世界は急速にEVに傾倒してしまった。

それもあって2019年の東京モーターショーにGA-LベースのFRになった「2代目」が展示されたときはいろんな視点で?? ?だったのが、同時にドライバビリティや乗り味に対する期待もちょっと生まれた。初代に引き続いてチーフエンジニアが田中さんだと聞いたからだ。

ミライを眺める

水道橋の本社ビルで萬澤さんが引き取ってきてくれたのはTMSのコンセプトカーと同じ派手なブルー。

「中塗りの上に高輝度シルバーを塗ってクリヤを吹いてから、さらにもう一回クリヤを重ねた『フォースブルーマルティプルレイヤーズ』というものらしいです。『従来行程では達成できなかった鮮やかさと陰影感を両立させた』そうですが、鮮やかさと陰影感が両立しないものなのだということさえ僕は知りませんでした（萬）」

おそらく関西ペイントか日本ペイントのどちらかが開発し提案した技術だと思うが、シルバーの上からクリヤカラーを重ねて深みを出すという手法自体は、昔からプラモ製作でも使われてきたキャンディカラーと同じである。

ただしそれを自動車のライン塗装で実現するとなると話の次元がまったく違う。

一般には擬塑性を持つ粘性剤を入れた水性ベースコートを吹いたら、熱硬化させず80℃×5分くらいプレヒートする。そこから溶剤クリヤをかけて熱反応架橋させるが、クリヤ系3層となるとどのタイミングで何回ベークするのか。いずれにしろクリヤ工程にUターンさせるはずで、順立て1個流し生産で1色だけ工程が違うのは生産管理的には地獄だろう。

残念ながらこのブルーは私の眼にはなんともアオの彩度が高すぎて、クラウンをファストバックにしたような大柄なボディに似合うとは思えなかった。パールホワイトやブラックが街を走り始めたら2代目ミライのイメージも好転すると思う。

ホイルベースはクラウンと同じ２９２０㎜。全長は62㎜長い４９７５㎜。全幅は＋85㎜の１８８５㎜もあるから「横から見ればBMW、前から見るとクラウン」ということはない。ただしフロントマスクは「怒って叫んでる凶悪なリス」のままだ。つんと突き出したハナの頂点に丸いエンブレムをつければどう見たって小動物にしかならない。市販型ではノーズ上面の当たり前の場所にエンブレムを移すだろうと確信していたのだが、そのまま出てしまった。うーん。

ドアを開けて前席に乗り込むとインテリアのボリューム感に圧倒される。

断面積が異様に大きいインパネがうねって幅310㎜もある巨大なセンターコンソールに繋がっている様はコルベットみたいだ。

先代は60ℓと62・4ℓの高圧水素タンクを後席座面下と後軸中心付近の2ヶ所に横置配置していたが、新型は後席座面下の52ℓ、トランク床下の25ℓに加え、センタートンネルにあったFCスタックをフロントノーズの中へ移動することによって、フロントバルクヘッドから後席にかけて縦方向に64ℓタンクを配置した。合計容量は18・6ℓ増加したが、結果的にセンターコンソールの横断面積が大きくなった。インパネにあえてボリューム感をあたえたのも巨大な横断面のセンターコンソールと視覚的なバランスを取るためか。

道路運送車両法第176条では圧縮水素ガスを燃料とする自動車の燃料容器について「高圧ガス保安法の容器保安規則第7条および第17条に規定する構造および機能を有するもの（内容骨子）」と定めており、事実上ガスボンベ型のタンクしか搭載できない。すなわち同じ容量のガソリンタンクや軽油タンクに比べるとやたらと場所を食う。だから全幅をここまで広げないと居住性を確保できなかったのだろう。

あちこち測ってクラウンと比べてみると、前席の中心間距離が780㎜に拡大、リヤシート幅が+60㎜、サイドガラスの下端分での全幅が+100㎜、同じく上端の全幅で+90㎜広がっており、センターコンソールの横幅をフォローしていた。

全高はクラウンより15㎜高い1470㎜だが、メーカー発表値によると室内高は1135㎜で逆に50㎜低くなっている。ひょっとすると高圧タンクと兼ね合いでフロアの位置自体を高くしているのかもしれない。測ってみるとフロアに対する着座位置はクラウンより35〜45㎜ほど低く、これで同等レベルのヘッドルームを稼いでいた。

モーターの存在とリチウムイオンの2次バッテリーに押されて後席が前進しているためか、リヤは先代よりさほど広くなっていない印象だ。発表値でも室内長はホイルベースが同値のクラウンより175㎜も短くなっている。

ミライに乗る

試乗車の個体は「Z Executive Package」(805万円)。車台番号JPD20-0001013、試乗開始時点の走行距離3727㎞、車検証記載重量は1970㎏(前軸970㎏/後軸1000㎏)、タイヤは12万6000円のオプションの245/45-20。ブランドはファルケンAzenis

ＦＫ５１０だ。規定圧は前後２３０kPaだが、４本とも２１０kPaしか入ってなかった。当然「わざと」だろうが時間がないのでこのまま乗ることにする。

ドラポジを取ると妙にステアリング径が小さく感じたが、測ってみると外径は世界標準の３７０㎜、グリップが太いのと表面がやや柔らかいので小ぶりに感じるのだろう。しかし正円なのは気持ちがいい。

無音で前進して縁石を超えて道路に出ると、サスが滑らかに動いて、あたりがとろっと丸かった。

ステアリングはセンターからしっとり重く、フリクション感はゼロだが反力感があって最近の高級車としてはなかなか頼もしい部類だ。

なんかへんだと思ったらルームミラーが液晶式だ。

アウトサイドミラーをなくして液晶画面にしたホンダｅの場合は、近い右側でもほぼメーターパネルと等距離なのでそれほど違和感はなかったが、ルームミラーは顔に近い（約45センチ）から、老人にはちと苦しい。ミライなんてどう考えても裕福なジジイ向けのクルマだと思うが（失礼）、田中さんはこんな近くでちゃんと見えるんだろうか。一瞬の勝負である後方確認でピントが合わないのはともかく危険きわまりないから、今日の運転は気をつけることにする。

無音で滑って加速する。

どこからかフォーという音がしてくるが、加速感はダイレクトで反応がよく実にいい感じだ。アクセルペダルから踏み換えるとブレーキペダルの踏力が軽くてちょっと驚く。個人的には踏み替えた際にＢペダルの踏力がＡ

ペダルより重いのが好みだ。ただしブレーキのサーボがいきなりジャンプするようなことはないので、踏力が軽くても「かっくん」にはならない。

トヨタ車ではこれまで聞いたことがないような低く精緻なウインカー音がする。コツコツコツコツ。これはいい。

「低速のリヤの乗り心地いいですねえ。とろんとろんです。雲の上です。センチュリーのようです（萬）」

重いクルマは確かに静かでどっしり座って安定して滑るように快適だが、路面が荒れるといきなり質量が暴れてあれこれ悪さをするのが普通だ。センチュリーまで馬脚を露わしたのが、おなじみ麹町警察通り。ここを走ってみないとトヨタ車のＮＶは分からない。

ミライもボロが出た。

路面の凸凹に応じてタイヤが跳ねるたび、ボコボコと床下でタイヤが躍る感触が音になって上がってくる。センチュリー、ＬＳ、クラウンとまったく同じ傾向だ。しかしショックが音に変わって出る度合いは4台の中では一番低いように感じた。突き上げ入力に対する反応の急変も少ない。タイヤが２４５／45-20だと、考えるとあたりはかなりマイルドだ。

うねりに大きく揺すられると自分自身の重量で揺動が増幅するような感じが出るが、車重2トンでは仕方ないだろう（ちなみに車重１１６０kgのプジョー２０８は上下動にともなう異音ゼロ。揺動も一発減衰だった）。

霞ヶ関ランプから首都高環状線内回りへ。

加速にともなって入ってくる異音が、さらに気に触るようになってきた。

「FCは地産地消でその場で電気を使いますから、ファン回さないとだめなんです。旧型でもさかんにこの音がしてました（萬）」

いやいや旧型はもっとなんというかメカニカルで自然な、いってみれば高周波のガスタービン的な音だったが、これは安いファンノイズとか風の音とかのような低速の気流音の感じだ。FCスタックはバルクヘッドを挟んでフロントに移動したはずだし2次バッテリーも後部、なのに音はなぜかセンターコンソールの空調パネル辺りからしている。

フットワークはなかなかいい。

しっかりした反力と相談しながら操舵すると、タイヤの特性もあってヨーの立ち上がりがややシャープなものの、ヨーイングと同時にリヤのグリップが立ち上がってアンダーステアになるから、操舵反力がさらに増して安定化する。谷町→芝浦のS字コーナーではこれが右、左、右、左と反復するので、なおさら安定性のよさを感じる。

もちろん後輪操舵はついてないから、駆動力がかかっているのにリヤのグリップの立ち上がりが早いのは第一にタイヤが高性能だからだ。しかしリヤサスのトー変化抑制（横力アンダー）もしっかり働いている。ヤリスはそこがまったくダメだったから、同じトヨタ車でも別人のように違う。トー方向の踏ん張りがしっかりしてるのに、あの萬ちゃんが後席乗り心地を絶賛してるのだから、5リンク式マルチリンクのメリットを出し切ったチューニングといえる。

やっぱ期待していた通りだ。ハンドリングのセンスがいい。

湾岸線はさすがに空いていた。

テスラみたいにアホな加速のジャークは出していないが、使い回しのモーター使って車重2トンにしては悪くない加速だ。外部騒音の透過は低く、こんなスペックのタイヤなのにロードノイズも非常に低い。

「センチュリーやクラウンと違って高速に上がってもボロが出ませんね。これトヨタ車のＦＲの中で一番いいかも」

ここで初めて走行モードの切り替えスイッチを試してみる。操舵感も加速感もまったく違いが分からなかったが、なんとあの耳障りな音が変わった。「スポーツ」にした途端「ふひゃー」と「ばおー」と「うおおおおー」を足して3で割ったようなひどい異音が室内に鳴り響いたのだ。

「うあーやめてくださいよお。これ効果音ですか。せっかくミライめちゃくちゃ気に入ってたのに……これじゃせっかくの走り味もＦＣの格調もツヤ消しじゃないですか」

ちなみに「エコモード」にするとこの音はまったくしなくなる。音が消えると逆に加速が速くなるように感じる。テスラの加速感の秘密の一つはそれがまったく無音なことである。

思えば私もアホでバカで低俗だった悪ガキ高校生時代は、デカい音をかきならして人様に迷惑をかければかけるほど加速もより速く感じたものだから、こういうのは心理とか感覚というよりは、知性とか品性に関係しているのだと思う。

後席に乗る

大黒PAの120Rはちょっとスポーツカーだった。ボディ剛性感、とくにフロア周りの一枚岩の感じが高く、重心感も低く、リヤがしっかり踏ん張って操舵反力高く、非常に安定したフォームだ。操舵を切り増したり旋回中に駆動力をかけるとリヤがぐっと踏ん張っているのがわかる。こういう重いクルマはなにやってんだかさっぱり分からないことが多いのだが、このクルマはとても論理的な動きをする。

Uターンして湾岸上りに乗り、大井PAで運転を変わる。

助手席に座ってシート位置を合わせてからリヤに乗ると、背もたれ後端から膝まで16㎝しかない。前席下には靴先が入るから狭くはないが、広くもない。

ヒップポイントは実測で路面から580㎜くらい、前席より10〜60㎜ほど高いので前方も側方も見晴らし感はいい。サイドガラスも下端までちゃんと全開になる。

13万2000円のオプションのパノラマルーフは820×290㎜のフロントが固定、820×360㎜のリヤが開閉式なので、室内の明るさと引き換えにリヤのヘッドルームにやや圧迫感がある。頭上だけは天井材をえぐっており、座面↕天井間は人類限界の900㎜を確保した。

リヤではあの「効果音」はあまり気にならなかった。どうやら前席向け擬音らしい。萬澤さんが後席で「旧型でも同じようなファン音がしてた」と言い張ったのはそのせいか。

後席フロアを足でどんどんと踏み鳴らしてもらったとき、フロントで聞いてるとまさしくタイヤがはねたときのあのボコボコというのと同類の音がしたが、リヤに座って自分でやってみるとフロア剛性が高くて音がまったく響かなかった。なかなか興味深い。つまり鳴ってるのはむしろフロントの床か。

後席乗り心地は萬澤さんのいう通り確かにいい。うねりを通ると上下に揺すられる動きが多少でるが、良路ではまさにスカイフック、湾岸線を走ってるとはとても思えない滑走感だ。目をつぶっていたら横浜北線を走っているのかと思う。

後席用セダンとしてはちょっと前後方向のスペースが狭いのが難点だが、運転手さん付きで乗っても静粛性と乗り心地では十分納得できるだろう。

「シームレスな加速感が気持ちいいです」

「切り始めから反力が返ってきてステアリングが重くなるので、結局切りすぎないんですね」

「非常に頼もしいコーナーリングです」

萬澤さんは前席で絶賛中だ。

「あ〜でも、スポーツモードにすると効果音が壮絶です。こっちが恥ずかしくなってきます」

午後3時からの試乗だったので、戻ってきたときはもう陽が落ちて暗くなっていた。ここで液晶式ルームミラーのメリットにようやく気がつく。肉眼よりはるかに明るくみえるのだ。しかも後続車のヘッドライトをフィルターで上手に減衰してあって、クルマの姿がくっきり見えるのにまったくヘッドライトは眩しくない。確かに高感度こそカメラのメリット、こんな素晴らしいデバイスならインパネの前方に埋め込んで欲しい。そしたら距離が離れて老眼ピント問題は半減するし、視線移動量も減るし、フロントガラスからミラーがなくなれば直上の信号がもっとよく見えて一石三鳥だ。

クルマの実際のドライブフィールにFFもFRも関係ない。いいFF車はよくないFR車より常にいいし、いいFR車はよくないFF車より常にいい。なにがいったいそれを決めるのか、あまりに複雑すぎて一言では説明できない。だから乗って走ってただその感想を述べることにだって意味はある。

ミライは2代目もいいクルマだった。なにを燃料にどう走ってようがいいクルマはいいのだ。なので次回のマイチェンではあの効果音だけぜひどっかに捨ててきて欲しい。

トヨタ・ミライ チーフエンジニア田中義和氏インタビュー

2021年3月26日

チーフエンジニアとの1問1答

ＭＩＲＡＩのチーフエンジニアを初代・2代目と続けて担当されたトヨタ自動車の田中義和さんとは何度かお会いしてお話ししたことがある。気さくでお話が面白く、いつもクルマとその設計について率直に話してくださって楽しい。

田中さんとお話する機会がたまたまあったので、2代目ＪＰＤ20型について疑問点をいくつか質問してみた。ご本人とトヨタ自動車広報部の許可を得て、その内容を1問1答の形式で報告する。

福野　試乗ではオプションの20インチ装着個体にもかかわらずトヨタ車ナンバーワンではないかという乗り心地の良さ、静粛性の高さ、優れたハンドリング感などに感銘を受けたんですが、「スポーツモード」のあの「サウンド（電子的走行音＝ＡＳＣ）」は田中さんらしくないというか、その意図を測り兼ねたんですが。

田中ＣＥ　あれはまあ「ガジェット」でして、実はインパネのＡＳＣスイッチでオフにできます。出荷時はオフになってて販売員がご説明することになってます。ただ設定は記憶しますから、今回はご試乗用にオンになってたということです。ワインディングなどではあのサウンドも結構気持ちいいですよ。もっと大きなスピーカーで鳴らすことができればさらに迫力が出るんですが。初代はフロア下にFCスタックを置いてたのでいろんなメカノイズが車内に入ってきましたが、今回はユニットそのものを騒音源流対策するとともに遮音材を貼ったバルクヘッドを挟んでフロントノーズ内に移設していますまたトランクもテールゲート式ではない独立した構造ですから、全体に固体伝播音、空気伝播音ともにかなり低くできました。それもあってサウンドを楽しんでいただけると思います。

福野　電子インナーミラーが老眼の私にとってはちょっと見づらかったんですが、夜間の視認性向上、死角の排除など、電子式ならではのメリットも感じました。NAVI画面に映すとか、インパネ上に専用TFTを置くとか、そういう応用はできませんか?

田中CE　トヨタ自動車の社内基準の関係で物理ミラーと併用できなければいけないので、ああいう形式になっています（電子ミラーをオフると物理ミラーになる）。**なぜアウトサイドミラーもついでに電子式にしなかったのかというご意見が多いのですが、これはアメリカの法規上の問題です。**

福野　アメリカは電子ミラー、ダメなんですか。ホンダｅはアメリカには出さないから専用設計にできたんですね。アウディｅ－ｔｒｏｎがあんなことになっちゃったのはアメリカ仕様を併設しなければならなかった事情でしたか。やっと納得できました（てことはソニーＶＩＳＩＯＮ－ＳやＧＭＡＴ・50もあのままでは北米には出せないことになる）。

福野　話が前後しますがＦＦベースからＦＲベースへの転換、ＳＵＶではなくあえてセダンとした理由など出発点の基本コンセプトの意図についてぜひうかがいたいです。

田中ＣＥ　水素社会のさらなる拡大のためにはぜひ多くの方に乗っていただきたい。そのためにはＦＣＶであること以上にまずクルマとして魅力的な存在でありたい。静かなだけでなく乗り心地もよく、カッコもよく、加速もハンドリングもいいクルマということです。もちろん航続距離も伸ばしたいわけですが、その一方で販売価格をなるべく下げるために弊社のハイブリッド用モーター、インバーター、2次バッテリーなど既存のシステムは使いたい。静粛性のためにフロントにＦＣスタックを収納し、なおかつ既存のモーターを使うと、ボンネットが高くなっておのずとＳＵＶのような車高の高いクルマになります。すると重量が増加して航続距離が伸びないし、ドラポジや重心高が高くなってハンドリングの軽快感が減少してしまいます。やはりセダンタイプがいろいろ有利だと。

福野　いまのお話はテスラ・モデルSとモデルXの比較で納得できます。同じ基本なのにモデルXは重く鈍くロールが大きく、モデルSのハンドリングの魅力がびっくりするくらい低減してます。

田中CE　FRがエネルギー効率的にデメリットになるとすればプロペラシャフトがあるからで、モーター駆動なら関係ありません。むしろ加速時のトラクション感などでは後輪駆動が有利です。そういう総合的な検討の結果、GA-Lプラットフォームのワイド版（レクサスLS／LC用）を使ってフロアのセンターにも水素タンクを置くレイアウトにしました。ナロー版（クラウン用）にすると水素タンク容量が3割減少するからです。プリウスのようなコンパクトカーで作ってくれというご要望もあるのですが、FCスタックの生産能力が初代ローンチのころ（2014年〜）の10倍になってコストも下がっているとはいうものの、それでも現状ではおそらく500万円くらいのクルマになってしまいます。それではたぶんみなさんに買っていただけないだろうと。

福野　クルマの魅力とFCスタックのコスト、水素タンクの拡大スペースなどを考え合わせると、高級な内外装を持ったスポーティでワイドな4ドアセダン車が落とし所だったということですね。テスラ・モデルSのコンセプトとの共通点もあって、なかなか興味深いです。

田中CE　初代はFCスタックの供給量とのバランスで元町工場のLFAラインで手作り生産するしかなく、納期でご迷惑をかけてしまいましたが、今回は元町工場のクラウン生産ラインで混流生産できるようになりました。

福野　20インチにもかかわらず乗り心地がいいですね。これにはショックを受けました。

田中CE　19インチならもっといいですよ（笑）。20はファルケンAzenisのみの設定ですが、スポーツ走行も意識したタイヤで、必ずしも転がり抵抗や乗り心地は良くありません。**モーターはフロントティングさせずにほぼソリッドマウントできますから、EV／FCVはパワートレーン系の共振を考えずにサスのセッティングを乗り心地に特化できるメリットがあります。**加えて今回はラゲッジルーム周りにブレースを追加してリヤボディのねじり剛性をかなり上げたので、リヤサスがよく動いています。ダンパーはカローラスポーツで採用した新型タイプ（ストローク時の摩擦をあえて高めることで減衰力の設定自由度を上げる設計思想を採用←KYB製）です。エアサスを使わずに245／45‐20であの乗り心地はなかなかないと思います。

福野　そもそも太いタイヤのねらいは？

田中CE　やはりカッコよさとハンドリングの安定性のふたつです。

福野　245／45‐20というと外径728㎜ですよね。それなら40までですれば外径700㎜レベルで収まったと思うのですが。

田中CE　地上高の関係です。床下のクリアランスが充分取れないと車内でタンクを上に上げなければならなくなって、居住性が低下します。タイヤ径が大きい分全高がクラウンより15㎜上がってますが、フロアに対する着座位置を下げてアイポイントを低くしています。

福野　20インチ車は航続距離が100㎞も短いのですが（850㎞→750㎞）これは転がり抵抗の関係ですか？

田中CE　それが主体ですが、オプション品などによる重量増加も見込んでいます。燃費改善によって標準車は水素1㎏あたり152㎞走れるようになり、タンク容量が1㎏増えて5・6㎏になりましたから、航続距離は約３割増えて８５０㎞になってます。20インチの「Ｚ」だと燃費は１３４㎞／㎏です。

編集萬澤　初代ミライは編集部にもあったのですが、近隣の水素ステーションが夕方5時で閉まってしまうということもあって稼働率が上がりませんでした。２次バッテリーの容量をふやしてプラグインにするお考えはないのでしょうか。

田中ＣＥ　これはポリシーの問題ですが、ＥＶ走行できるようにすると水素搭載量が減り、バッテリーコストが上がります。水素の使用量を増やして水素のコストダウンを推進し、水素社会の実現に貢献するのがＦＣＶの目的ですから。

福野　それなら物流／人流をＦＣＶ化したほうが貢献度は圧倒的に高いですね。

田中ＣＥ　ＦＣスタックの量産能力があがってきたので、トラックやバスへの採用も今後加速します。コンビニのトラックをＦＣＶにすると稼働時間が長いので乗用車の30倍くらい水素を使うんですよ。コンパクトカーならＥＶでも価格が比較的安くできるし郊外の家庭なら家で充電できますから向いていると思いますが、大都市圏ではマンション／アパートという居住形態が多いからなかなか夜間充電のメリットが使えない。それなら水素ステーションが増えればＦＣＶのほうが有利ともいえます。

福野　東京都心部の問題は地下貯蔵タンクの40年改修問題もあってどんどんＳＳがなくなってることです。ＥＶの普及スピードより給油ステーションの消滅スピードのほうがあきらかに早い。ちなみに私の家の場合、最寄りのＳＳより最寄りの水素ステーションのほうがぜんぜん近い（笑）。この状況が進んでいくとＥＶやＦＣＶの利便性の問題も相対的に不利にならなくなってきますね。

田中ＣＥ　じゃあぜひＭＩＲＡＩ買ってください（笑）。

STORY : 07

後方視界ヤバくて インプレできませんでした（陳謝）

☑ Audi **e-tron Sportback** | アウディ・eトロンスポーツバック

アウディ・eトロンスポーツバック
□https://motor-fan.jp/article/18330

2021年2月24日

［e-tron Sportback 1st edition バーチャルエクステリアミラー仕様車］
個体VIN：WAUZZZGE1LB033887　車検証記載車重：2560kg（前軸1290kg／後軸1270kg）
試乗車装着タイヤ：コンチネンタル Premium Contact 6　265/45-21

試乗コース　アウディ世田谷から試乗開始。都道311号：環状八号線を西へ走行して第三京浜道路へ入線、首都高速道路・神奈川７号線、神奈川５号線、湾岸線、横浜横須賀道路を走行して、横須賀ICで降線、横須賀駅まで走行した。その後、同じ道を走行してアウディ世田谷へ戻った。

e-tronはアウディが展開するEVシリーズで、アウディ・ブリュッセルのフォレスト工場で生産、2020年9月には中国第一汽車とVWの合弁である一汽大衆の長春工場でも生産が始まった。アウディはこのプラットフォームなどを母体に2025年までに20車種以上のEV／PHEVを発売する計画だという。

なかなか乗るチャンスがなかったが「スポーツバック」が出たのを機会に借用して試乗させていただくことにした。

e-tronは巨大なSUVである。

全長4900×全幅1935×全高1630㎜、ホイルベースは2930㎜（いずれも届出値）。

メーカーから公表されている簡単な4面図をアウディのガソリンSUV各車と重ねて見ると、ホイルベース2812㎜のQ5より長く低く、2990㎜のQ7／Q8よりは一回り小さい。アウディのラインアップでは空番になっている「Q6」にちょうど当てはまるボディサイズである。

標準モデルとスポーツバックの違いはルーフ後半からテールゲートに至る部分で、スポーツバックはA7のように大きくテールゲートが寝そべっていてトランクの開口部が大きい。測ってみると縦1060㎜、横1120㎜。開口面積1・2㎡に迫るデカさだった。

テールゲートのような蓋物はボディ剛性には寄与しないから、巨大なテールゲートがついているクルマは構造的には車体上屋に巨大な穴があいているのと同じ、ボディ剛性はざっくり「セダンの7割程度」と考えても大きな間違いではない（ボディ剛性とはボディをばねと考えたときのばね定数。一般に屋根を切ってオープンカーにするとねじり剛性はおおむね半分になる）。

　後席天井部分でルーフラインが下がっているので、後席のヘッドルームは公称値で996㎜から976㎜に20㎜減少しているが、いずれにしてもこれは荷重をかけてシートを沈めた状態での数字で、実際に車内に入って無荷重状態で後席座面から天井までを測ってみると約925㎜しかなかった。Dセグセダン車の平均値くらいだ。

　前後に1基づつ搭載するモーターはレアアースの調達リスクを避けてあえて永久磁石を使わない誘導モーターを採用している。レスポンスでは不利になるが、アクセルオフで磁力抵抗がないので電費では有利だ。前者は制御でフォローする算段だろう。ハンガリーでVWアウディのエンジンの生産を行なっているアウディ・ハンガリアのジェール工場で生産し供給する。

　アウディもようやく排気量表示をやめて「馬力を暗示する数字」を掲げるようになったが、これがなんとも直感的にはわかりにくい。日本仕様e-tronが表記する「50」は200kW台前半の出力のクルマに割り振られているようだが、今回試乗したスポーツバック1stエディションは最大出力フロント125kW、リヤ140kWの265kW（360PS）、ブースト時

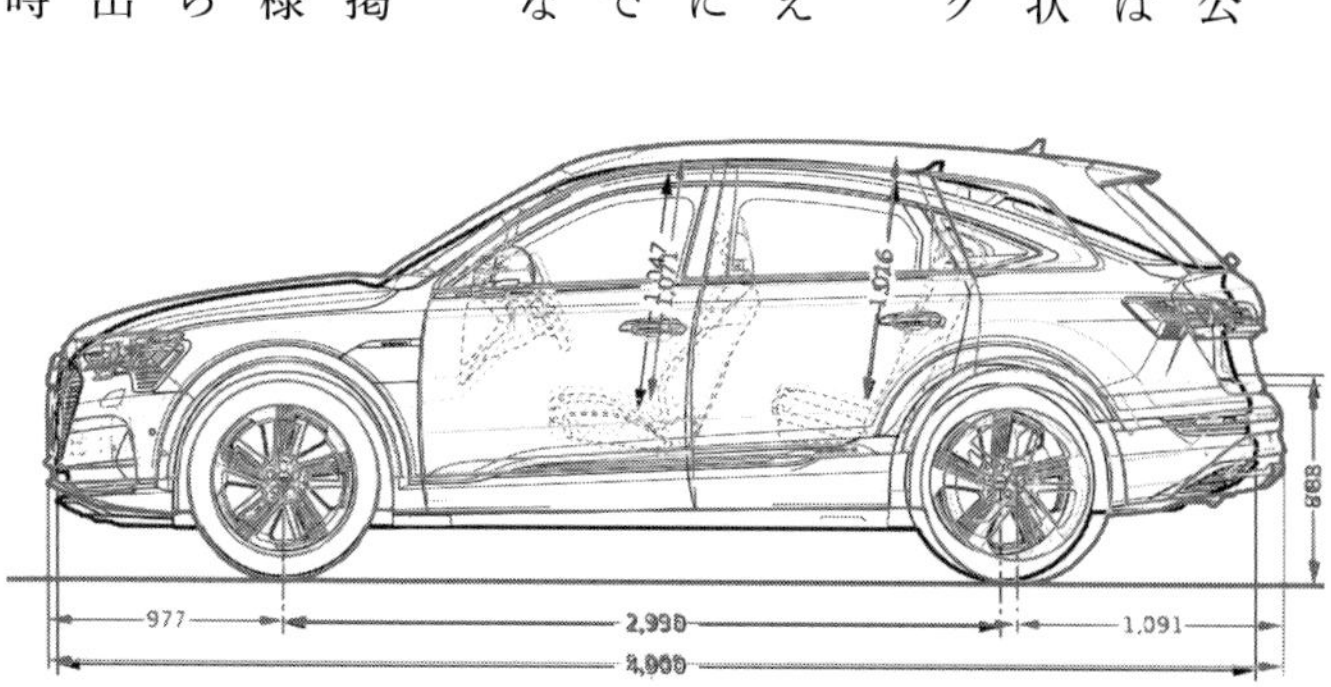

外＝Q7、内＝e-tronスポーツバック

３００kW（４０７・９PS）という高性能版で、２００kW台後半の出力の車種に与えられる「55」という数字がついている。

リチウムイオンバッテリー全体の構造やフロアへの搭載法などはテスラの従来方式と似ている。バッテリーは専用設計で、平らな電極を重ねたポーチセルを12層重ね、押し出し材と鋳造材のアルミで作ったハウジングセルに収納したユニットを、床下に懸架した縦２・３m、幅１・６m、厚さ35センチのアルミ製のバッテリーケースに収納する（「50」の場合で多分36個）。

バッテリーケース内部はロードパスを内蔵した仕切り板によって24のセクションに仕切られている。またケース上部には細かく仕切った水冷サーキットがあり、フロントグリルの背後に置いたラジエーターで熱交換した冷却水をポンプによって車両横方向に流す。各ハウジングセルとバッテリーケースの間に熱伝導性ゲルを充填、これによって冷却効率を向上するという設計だ。

e-tronを見る

借用したのはびっくりするくらい高価な限定販売車スポーツバック55クワトロ１stエディション（１３２７～１３４６万円）である。標準ボディで２３０kWの50クワトロは９３３万円～１１０８万円、50のスポーツバックは１１４３万円だ。

試乗車個体はWAUZZZGE1LB033887、車検証記載重量2560kg（前軸1290kg／後軸1270kg）、いすゞエルフの2500kg（空車重量）を超えて二番搾り史上「最おも」車両の座を更新した。

走行距離は8236km、タイヤはコンチネンタルPremiumContact6の265／45－21。

「55」仕様は出力（230kW→300kW）だけでなく航続距離の公称値も大きくなっている（318km→405km）から、バッテリー容量が前記の数値よりも大きいのだろう。それにしてもどうやったら標準仕様の「50」の2400kgより160kgも重くなるのかはわからない。ひょっとしてもう3モーターになっているのかと思ったが違うようだ（今後登場する「S」が3モーター）。

95kWhで約700kgというバッテリーパック重量は多分「50」のデータだろうが、これは8年前のテスラ・モデルSの85kWhパックと大差ないレベルだ。

先日公開されたモデルS／Xのマイチェン仕様（2022年発売）は、コバルトフリー正極とシリコン添加負極を採用し、筒形の正負電極の片側全部を端子にするという新構造でエネルギー5倍、出力6倍に向上したというふれこみの新型4860バッテリーを使用、床下のバッテリーケースもモジュール構造をやめて上下のアルミハニカムパネルにバッテリーセルを直接挟み込むフロア一体構造にして大幅な軽量化を実現したと主張している。モデルXはホイールベース2995mm、全長5036mmでアウディでいうQ7／8サイズだが、この新型バッテリーの採用で車重は2459→2268kg＝191kgも軽くなるという。

それから比べるとe－tronの2・4～2・5トンはあきらかに「1世代前技術」という印象だ。

いつものアウディ顔のフロントグリルをシャッターで7割塞いだのがe-tronの識別法。前記の通りルーフ後半のラインとテールゲート以外は変わってないのだが、全体にぐんと軽快な姿になってクルマが一回り小さく見える。今後日本にも導入される予定の350kW=476PSのe-tron GTとの関連も感じるスタイリングだ。

乗ろうとしたらオープナーが空振りしてドアが開かない。こんな気まずい瞬間はない。

後席ドアは萬澤さんがもう開けてるから鍵はかかってない。コンコンと2回引いてみたら今度は難なく開いた。

「ドアノブが機械式じゃなくて電気式なんですね。反応が鈍いから素早く引いちゃうと開かないです。ゆっくり引くと大丈夫です」

なんと車内のオープナーも同じ仕掛けだ。降りようと思っていつものようにパンと引くと開かない。ゆっくりやさしく丁寧にそっと引くと一回で開く。自分がこれまでどんだけ素早くドアオープナーを引いてたか思い知るにはちょうどいいかもしれないが、ドアオープナーにまでいちいち気を配って操作したくない。

ステップの地上高は460㎜。

乗り込むとアイポイントが高く前方視界がいい。ヒップポイントの地上高はシートハイトに応じて580〜630㎜もある。

フロアに対する着座位置もシート前端で240〜325㎜、平均的なセダンより30㎜ほど高い。

もちろんそのぶんだけ車体のスカットル（床面↕ガラス下端距離）が高くインパネが上下に分厚いということだが、面白いのは人間とインパネ操作系（インパネ上面、エアアウトレット、メーター、２段式ＴＦＴ、センターコンソール）との関係は平均的乗用車とほぼ同じに設定しておき、辻褄をあわせるためにセンターコンソール部を二階建て構造にしたことだ。

だがこの二階建てには屋根（蓋）がないから、シートに座ってふとセンターコンソールを見ると巨大な洞穴が開いている。はるか下方の一階の床にはさらにカップホルダーのスライド蓋があるが、そこをあけると地表から下水管の底にたまった黒い水を見下ろしてる感じだ。高所恐怖症の人はご注意を。

走行セレクターはＡＴ式のＲ－Ｎ－Ｐ－Ｄ／Ｓ。大型のＴ型グリップがセンターコンソールと一体に固定してあり、右端のスイッチ部だけが前後に可動する。試して見ると1秒で使え、最近のわけわからないＡＴセレクターよりはるかに操作しやすかった。人間工学的な秘密はＴ型グリップが固定されて動かないこと。握ったときにこれで体と腕とグリップのスタンスがしっかり決まるから、あとは親指の動きだけでいい（力を抜くと元位置にリターン）。ＨＯＴＡＳのココロである。アウディはＡＴセレクターの出来もいいが、ｅ－ｔｒｏｎはさらに秀逸だ。

走り出す前に一つ困ったのが空気圧。

指定は車重の割には低い前後２３０ｋPaだが、測ってみると4輪２１０ｋPaづつしか入っていない。いつもエアポンプは持参してないからスタンドにいくしかないが、ＥＶはたぶん歓迎されないと思うので、とりあえずこのまま乗ることにする。

e-tronに乗るが……

ドラポジを合わせ助手席のミラーを合わせようとしたらミラーステーの先端にミラーがついてなかった。かわりになにか小さい物体がついている。頭の代わりに首の先に拳がついてる化け物を見てしまったときのようないやーな気分になった。

「カメラか」

後方の画像はその下のドアの内張の先端、奇妙な矩形をした液晶画面に映っていた。通常ならちょうどオーディオのツイーターが入ってるような場所だ（写真参照）。

運転席側は？

同じくドアの先端のツイーターのとこに画面がある。ドラポジの視点からだと斜め後方40度くらいから液晶画面を覗き見る感じだ。後ろが見えない！

「えーこれは限定車の特別装備の『バーチャルエクステリアミラー』だそうです。通常はオプションで26万円」（萬澤）

なるほど通常は外にドアミラーがあって、内張のあそこにはやっぱり普通にツイーターがついてるのだろう。そこに無理やり液晶画面をつけたからこんなことになったのだ（ミライの田中CEのインタビュー参照）。

ホンダｅとソニー・ビジョンSとゴードン・マレーT50は最初から後方視界をカメラ＋液晶に絞ってデザインしてるから、インパネ左右にこちらを向いた大きな液晶画面がついている。ホンダｅでは乗った瞬間からなんの違和感もなく使えた。むしろ通常のドアミラーより視線移動量が少なく後方確認性が向上している。後方カメラ式は雨天時と夜間にめちゃめちゃ効果絶大だし、これまでは決して反対派ではなかったのだが。

ブレーキを離してアクセルをそっと踏んでもなにも起こらない。

……いや動き出した。転がり抵抗がでかいのだ。走り出さないくらいデカい。さすが2・6トン。

「やっぱ空気圧まずいスね」

それもだ。

ステアリングは例によって握りが太く断面形がヘンだが、操舵力そのものは適度に重く、重量車をコントロールするには適切だ。駐車場を出るとすぐ狭い路地を左折しなくてはならないのだが、ミラーがない！　いや画面はドアだドア。ミラーを見ないでドアを見るのだ。無理。

尾山台商店街に出て環八を右折、第3京浜に入るために左レーンの車列に車線変更で入れてもらうときに実にやばかった。

後ろが見えない！

運転席側の後方はさらにまずい。ぜんぜん視認できない。やばいやばい。やばいやばい。こんな高いおクルマ、事故らないうちにはやく返したほうがいい。

なのに萬澤さんは「上下動が減衰せずにずっと上下に揺れてます。やっぱクルマって車重が重いと上下動の慣性力もデカいんですねー」とかなんとか、いつものように後席でのんびりインプレなんかやってる。

26万円も払ってこれを装備する人はたぶんe-tronオーナーの100人に一人だろう。オプションひとつでクルマ全部を決めてはいけない。そんなことはわかってはいるんだが、ともかくそれどこじゃない。なんせ後ろが見えないのだから。ごますり評論家とセールスはきっといつものように「慣れれば大丈夫」というのだろうが、そんなもん慣れたらどんなクルマだってみんな名車だ。でも私は一生これには慣れないと思う。

もうこれはインプレとかなんとかいうより、見えない後方視界との戦いである。高速に乗ってしまった限りはなるたけ車線変更しないで走る。やむなく車線を変えるときは思い切りアクセルを踏み込んで加速してからウインカーを出して車線変更するカウンタック方式でいくしかない。

第3京浜名物の白い覆面パトに追尾されたらこの画面じゃ絶対に見えないだろう。

その加速だがもちろん強力。

アクセルを踏むと2・6トン車とは思えない迫力で突進する。だがテスラほどの強烈なジャークはなく、立ち上がりのレスポンス感は「55」の名の通り300～350PS級の3ℓターボ車同等という感じだ。

回生の感じは非常に自然で、レシプロのエンブレ感に近い。さらにステアリングのパドルを操作すると回生量を数段階に可変できる。以前乗ったアウトランダーＰＨＥＶではこの操作だけで箱根の山の下り坂をフットブレーキに頼らず自由自在に減速度を変えながら下ることができた。

静かでパワフルでスピードコントロールが非常にやりやすく、レシプロから乗り換えてもほとんど違和感のないこのパワートレーンは洗練度が高い。テスラのようなＥＶの特殊性を感じさせないことがともかくねらいなのだろう。

高速巡航で奇妙なのは操舵感だ。

リムの最初の１㎜くらいにまったくレスポンスがなく、そこからぐっと重くなって操舵が始まり前輪にスリップアングルがつく。そこからは操舵力も重く接地感も適度でいいのだが、最初がおかしい。感触からしてタイヤ起因ではない。操舵系のメカの感触だ。

不感帯からの立ち上がりにデッドゾーンがあるクルマならまれにでもなく存在するが、このクルマの問題は車線保持制御が介入することで、そのレスポンスのほうは非常にダイレクトだ。速度や切れ角やカーブによって操舵に対するレスポンスの遅れとクルマ側からの介入操舵量やその早さが異なるから、結果として切ったその都度、操舵感が違う。ダイレクトに反応するときもあれば前記のように切りはじめでカタついて操舵が効かないこともあって、何度やっても再現性が低い。そのたびに感触が違うのだ。

いろいろいじってみて、走行モードを「ダイナミック」にすれば操舵力が重くなるから操舵と制御介入の差が少なくなって違和感は減少することがわかった。

やれやれ訳わからんわ。

後席に乗って快適に帰る

クルマに試乗してこんなに疲れたこともない。横須賀に着いたときはもう半分ぐったりしていた。

ドブ板通りの駐車場にクルマを駐めるが、バックモニターが作動するので車線変更するよりはずいぶん楽だった。ていうか駐車時にもし何かにぶつけても、とりあえず大事故だけにはならない。常時バックモニターをオンにしてくれたら、このクルマの運転も多少は楽になると思う。

帰路は萬澤さんにステアリングを渡して、後席にゆったり座って帰ることにした。

パッケージ図をご覧いただくとお分かりのように、純粋ＥＶといえども基本パッケージはアウディのレシプロ車とまったく同じだから、ホイールベースが２９３０㎜あっても後席はそれほど広くない。助手席に座ってシートを調整してから後席に乗ると、前席の背もたれから膝までは16センチ、狭いＤセグ車くらいである。

着座のトルソ角は常識的だが、そのまま後方に少し回転させてあって背もたれも座面も寝ている。これでヘッドルームを稼いだ感じ。ただしヒップポイントは地上から６４０㎜、前席のハイトをもっとも上げた状態より10㎜高いから前方見晴らし性は悪くない。

真っ黒のプライバシーガラスが入ったサイドウインドウは全開にしても前端で14センチも空き残る。最近珍しい。

走り出すとすぐ、ひえー、うわー、やばいです、なんですかこれー、見えないですーという萬ちゃんの悲鳴（笑）で、期待ほど低くないロードノイズさえもかき消された。

上下動を一発ダンピングできず慣性力が余ってクルマを振り回す感じが伝わってくる。萬澤さんに話しかけても応答はゼロだ。それどころじゃないのだろう（笑）。

バッテリーでできたフロアは確かに強固だが、前後席ともにボディの剛性感はアウディ車の常であまり高くない。剛性感という点では何度乗ってもベンツ＞ＢＭＷ＞アウディ＝ポルシェ＝ベントレーという印象がある。ただの私見だが、アウディはいつもいろんな点でポルシェと少し似ている。ＶＷとはあまり似てない。ＶＷはむしろときどきＢＭＷに似ている。ベンツはとにかく剛性感だけは孤高である。

東京に戻ってきたときは萬澤さんも疲労困憊、結局空気圧を適正値に調整するのを二人とも忘れた。なんとか運転して無事戻ってくるだけで精一杯、今回はとてもインプレどころではなかったというのが正直な感想だ。

ともかく横のクルマに衝突もせずホイルもガリらず無傷で尾山台に戻ってこれて本当によかった。どうもありがとうございました。

STORY : 08

三歩で忘れる希薄の機械感と外観の強烈な個性

☑ BMW **4er** | BMW・4シリーズ

BMW・4シリーズ
□https://motor-fan.jp/article/18397

2021年3月24日

［M440i xDrive Coupe］ 個体VIN：WBA12AR080CE88958
車検証記載車重：1740kg（前軸910kg／後軸830kg）
試乗車装着タイヤ：ブリヂストン TURANZA T005　前225/40-19／後255/35-19

試乗コース　千代田区の北の丸公園から試乗開始。下道を走行して首都高速道路・霞が関ICから入線。都心環状線、1号羽田線、11号台場線、湾岸線を走行して、大黒PAまで走行。同じ道を走行して都心環状線・代官町ICで降線、北の丸公園に戻った。

２０１２年10月の「モーターファン・イラストレーテッド」誌に掲載したＶＷ ｕｐ！から数えてこの試乗も通算第１００回目。広報車の借用の都合がつく限りエンジン違いなどのバリエーションにも乗っているので、おそらくその１・７倍くらいの台数のクルマには試乗したと思うが、２０１３年10月17日（木）に第14回目の試乗として箱根ターンパイク近辺で乗ったＦ32＝ＢＭＷ４２８ｉ Ｌｕｘｕｒｙ（６４６万円）＝４クーペ＋４気筒（＋８ＨＰ）の乗り心地とハンドリングとドライブフィーリングの素晴らしさは、１・６トン級スポーティカーのお手本として「あれは良かった」「もう一回乗りたい」と、いまでもしばしば試乗中の萬福談義に登場するほど印象的だった。

兄弟車のＦ30＝先代３シリーズもそれほど良くないわけではなかったが、操舵感、ロードホールディング、路面のうねりに対する収束感（≒ダンピング）などの到達レベルはあきらかに４クーペ＋４気筒（＋８ＨＰ）が一枚上、マニア談義によくあるこだわった表現をすれば、あのスポーツドライブ感覚は「３シリーズとは別物」だった。もちろんエンジン（当時の４２８ｉはまだＮ20Ｂ20）もＡＴもプラットフォームもサス形式もパッケージも基本的にはＦ30と同じなのだから、その差を作っていた違いがボディにあったことは容易に想像できる。

４クーペはその名の通りテールゲートなしのクーペボディの２ドア車、ボディに空いた開口部の面積は４ドアセダンより狭く、同じ材料・同じ設計・同じ基盤技術で作れば自動的にボディ剛性、とくにねじり剛性があがる。「ねじり剛性が上がっても乗り心地が良くなるだけで操縦フィーリングは上がらない」というのは現役のシャシ設計者から教えてもらったボディ剛性の真相だが、うねりを高速で超えたときの夢のような一瞬減衰は、やはりねじり剛性と局部剛性の高さによって、高いばね定数に対してボディが剛体として突っ張ることでサスがすらっと動き、ダンパーのピストンが作動してすかさず減衰力を発生していることが大きかったのではないかと思う。

ダンパー自体の剛性やシャフトのフリクション、バルブの性能などがいくら優れていても、肝心のボディががたわんで逃げてサスがストロークしなければダンパーは仕事ができない。70年代〜80年代、日本車に高価なビルシュタインを奢っても操縦フィーリングがちっともポルシェにならなかったのは、ようするにボディがやわだったからだ。

F32＝先代4シリーズは、ハンドリング感に効くフロントサス対策もちゃんとやっていた。サブフレームから長いブレースを左右に伸ばして、ボディへのマウントスパンを長くしていたのだ。これは3シリーズにはついていない構造で、操舵を切り込んだときのはっきりした手応えの違いはこれが効いていたのだろう。

とはいえ同じ日にそのあとすぐ乗った3ℓ6気筒N55B30搭載の435iは、エンジンのパワーとスムーズさと引き換えにハナが重くアシが硬く、ハンドリングの軽快感も息を飲むようなフラット感もどこかになくなっていつもの6気筒BMWだったし、さらにいうなら2014年5月に日本市場に追加投入された4ドア＋ハッチバックのグランクーペ、そして2017年5月のマイチェン時に乗ったB48B20搭載の430iクーペ、いずれもあの日の赤い428iの超絶フィーリングにはまったくおよんでいなかったから、初代428i＝4クーペ＋4気筒（＋8HP）はすべての要素が絡み合って生まれた一つの奇跡だったのだろう（→ちなみに当時、同じスペックで別の車台番号の428iにも1台乗ったが、箱根のクルマとおなじように素晴らしかったから、1台だけ『奇跡の個体』だったわけでは決してない)。

F20＝1シリーズに1・5ℓ3気筒B38B15＋8HPを縦置きしたら突然ウルトラ名車になったという例などもあるから(＝F20マイチェン後の最終型118i)BMWに乗るときにはつねに「夢よもう一度」の期待がどこかに漂っている。

G22＝4シリーズ

新型4シリーズ＝G22の作り方も先代とほぼ同じだ。

エンジンコンパートメントから前後フロアまではシリーズと共用してホイールベースは変更せず(本国公表値2851㎜)、スカットル位置と高さ(＝フロントウインドウ下端の3次元位置)もそのまま変更なし、ただしルーフを全体に下げ、前後ウインドウの傾斜角も大きくしてトランクリッドに続くなだらかなラインを作っている。

横断面でサイドウインドウ上端部での全幅を測って見ると、左右で実測25㎜ほど3シリーズより狭く、ルーフを下げると同時にサイドウインドウを車内へ倒し込んでいることもわかる。

タイヤサイズが同じ車種同士の比較では、全高は1435㎜→1383㎜(本国値)と52㎜も低くなっているが、車内でのフロア↕天井の実測値は1150㎜→1130㎜と20㎜差しかなく、着座位置もフロアに対して実測で10㎜程度しか下がっていない。写真を比較しても地上高が大きく変わっているようには見えないから、ここはちょっと謎である。

G22の最大の特徴は衝撃的なフロントマスクだ。デザイナーはLim Seung-mo、韓国の弘益大学校とドイツのプフォルツハイム応用科学大学を卒業後BMWに就職、F90=M5やVision Next100などのデザインに参加してキャリアを積んだ人材。実務経験はまだ9年だから、4シリーズのデザインを任されたのは大抜擢だったといえる。

個人的には切り落とした腕の断面を眼前に突き出されているかのようなこのキドニーグリルのグロさはほとんど耐え難いが、デザイナーは「顧客に新しいものを提示することこそデザインの力であり、新形グリルをめぐる論争は想定内である」と開き直っているらしい。デザイナーのドグマとはもちろんそういうものだろう。今後これがBMWの顔になって全車種に順次展開され、少しづつ日本の街を埋め尽くしていくのかと思うと絶望的な

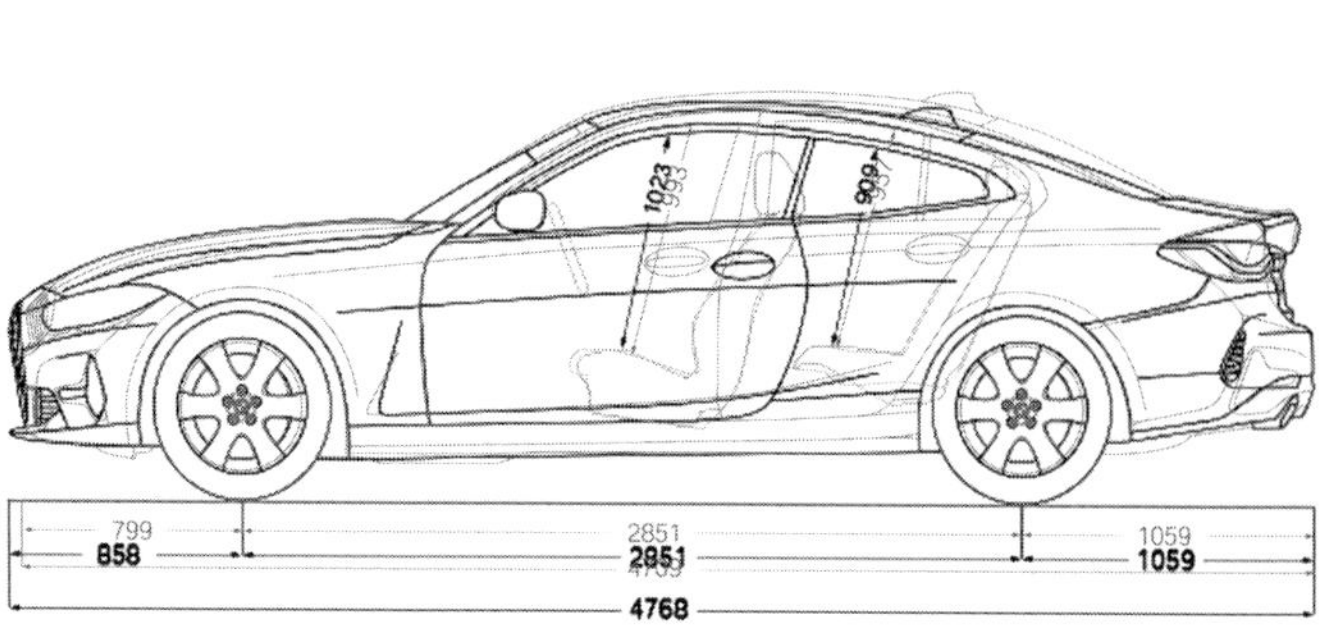

黒線：G22＝4シリーズ、灰線：G20＝3シリーズ

気分である。

日本仕様に4気筒/6気筒ディーゼル搭載車がないのは先代同様、しかしもっとも魅力的な4気筒高性能版430iがローンチ・ラインアップから落ちたのには失望した。しかも広報車には420iの設定さえもなく、当日試乗可能だったのは1025万円もする最上級グレードのM440i xDriveだけだ。

試乗車の個体はWBA12AR080CE88958、車検証記載重量1740kg(前軸910kg/後軸830kg)、タイヤはブリヂストンTURANZA T005でフロントが225/40-19、対してリヤは255/35-19と4ポイント高性能な仕様を使う。

まず困ったのが空気圧。規定は冷間でフロント290kPa、リヤ270kPaだが、いつものゲージで測って見るとフロントが260kPaしか入っていなかった。逆にリヤは280kPaで規定値より高い。5%くらいの誤差は冷間温間で変動するので許容範囲内だと思うが、前後バランスが逆転しているのはどうにも気に入らない。

ガソリンは満タンだったが、思い切って麹町1丁目交差点そばのENEOSに乗り入れ「あとでガソリン入れにくるからエアだけ入れてもらえませんか」とお願いしてみたら、快く引き受けてくれた。感謝(もちろん試乗後にもどってここで満タンにしましたー)。

いつもの麹町警察通りを走る。

前記の通りスカットル高さはG20=3シリーズと同じでインパネの意匠も3シリーズと同じ、1000万円の最高級仕様でも半分の価格の３１８ｉと同じインテリアというのが、これからオーナーになろうとする人にとって不満点だと思うが、もっと重要なポイントがある。デフォルトのシートハイトが３シリーズより10㎜下がっているのに、新しいグリルのせいでフロントオーバーハングが３シリーズより59㎜も長くなっているのだ。したがってシートハイトを最上位置まで上げても湾曲したボンネットに遮られてノーズ先端位置が掴みづらい。

反対側の前輪の位置も同様。リヤフェンダーのフレアで測っていると思しき車体全幅は３シリーズに対して１８１１㎜→１８５２㎜と拡大しているが、前輪トレッドも１５３１㎜から１５７９㎜へと大きく広がって、３シリーズより片側24㎜も張り出している。サイドウォールにプロテクターがついていても超扁平タイヤゆえ縁石にすこしでも当たれば高価なホイルに傷をつけてしまうだろう。

運転には緊張を強いられる。

車重が１・８トンもあるからばね定数は前後とも高く、しかもランフラットの前輪エアを10％もあげたから、縦ばねはかなり硬い。対してフロアと上屋の剛性感は悪くなく、重量車が特にボロを出しやすい麹町警察通りでも上下動が異音に変わって響いたりする傾向はよく抑えられている。

いかにも上下慣性力が大きくダンパーが一発でそれを減衰できてない感じは出ているものの、どたばた荒れて音にするような安っぽさはない。ベンツＥ／Ｓクラスほどの一枚岩のようなソリッド感には遠くおよばないが、トヨタのほとんどのＦＲ車（ＧＡ‐Ｌプラットフォーム車）にはまだまだ勝っている。

霞ヶ関ランプから首都高速内回りに上がり、谷町→一の橋→浜崎橋のワインディングを走ってレインボーブリッジから湾岸線へと、毎度のコースを走る。

着座位置が低く視界が限定され、４ＷＤらしくアクスルの開閉操作に対する駆動系のソリッド感が高く、全体に重心高が低い安定した感じなどは重量級スポーツカーにふさわしいフィーリング。しかし同時になんとも全体的に薄味というのか、際立ってがっつり入ってくるようなパンチがどこにもない。

運転しながら理由を考えた。

ステアリングの外径は世界標準の３７０㎜、グリップの断面直径がもっとも細い上端部で31㎜もあり、しかもかなりぐにゃっとソフトだ。このためキックバックのような振動はよく吸収しているが、なんとなく操舵にダイレクト感がない。

ＥＰＳの設定も軽くはないが重くもなく、切り始めにぐっと返ってくるようなしっかりした反力感に乏しい。ここは先代の４２８ｉではもっとも絶妙かつ印象的なところだったから残念だ。もっともハナも車重も軽いＦＲ４気筒モデル同士でないと比較はできないが。

あとパワートレーン。

３ℓ直６ターボ３８７PS／５００㎚のＢ58Ｂ30型エンジンに名機ＺＦ８ＨＰの組み合わせとなればＢＭＷファンでなくても心躍るスペックだが、常用域ではエンジン音も振動もほとんどインテリアには入ってこないし、排気音もほとんどしない。変速はショックレスでマイルドだが「ＥＣＯプロ」や「コンフォート」ではかつての超速シフトの切れ味はない。トヨタ製Ｖ６＋アイシン製８速だといわれてもなんの疑問も抱かず素直に信じるようなフィーリング、とでもいえばいいのか。

湾岸線に乗るとさすがに直進感がいい。

ただし白線に寄りすぎると操舵支援が介入してステアリングを補正されるから、直進安定感がそこで乱れる。

変な話だがいまのクルマで高速直進安定性がよくないと感じる理由のほとんどが操舵支援の介入のせいだ。

このクルマもそうだが、介入のタイミングと度合いになぜか一貫性がないのも嫌な点である。のんびり運転してると突然「あぶない！」というパニックな感じで突然ぐっと切ってくることもあるかと思えば、なにもかも忘れてしまったかのように支援を放置することもある。そういう気まぐれ感に嫌気がさしてハンズオフしてると、警告ののちに支援制御全部をやめてしまう。

クルマがより安全に運行できるよう進化していくことに異論はないが、それによって自分で運転して走るときのフィーリングが低下するようなら「自動車としての性能劣化」と考えるのがここでの自動車評論ポリシーだ。モーターで走ろうがゴム動力だろうが、とにかく「自分で購入し自分で運転して走ることが基本の機械」というのが、私にとってのクルマという定義の前提だからである。そこが電車や航空機や艦船とクルマとの決定的な違いだ。

アクセルを踏み込むとフーンというエンジン音にともなって、いかにも重い車体が加速する。突進感はトンあたり220馬力というスペック相応で、スポーツカーと言えるほど迫力もパンチもないが、乗用車としては俊敏とはいえる。

ただし「加速をすると車体が沈んで速度が高まるほど安定感が増していく」とかなんとか、そういう目覚ましい変化もとくに起きない。ただ静かにスムーズに加速し、ただなめらかにクルーズし、ときどき気まぐれに操舵支援が介入して驚く、そういう感じ。

大黒PAに到着してクルマをパークし、エンジンを止めてドアをしめて三歩あるいたら、頭の中は仕事に関する他の問題でいっぱいになった。こういう高価なクルマを買う人は、私などと違ってクルマの印象の余韻などに毎度ひたりたくないエグゼクティブだろうからクルマを降りたら即刻頭を切り替える、そのためにはこういう薄く軽い存在感のクルマが最適なのかもしれない。よく知らんが。

リヤに乗ってみる

運転を代わり、後席に乗る。

大きなドアを開け、前席のバックレストを倒し、背を曲げてリヤに潜り込み、リヤシートに倒れ込む。大きく開いておくと自分では絶対にドアが閉められなくなる。大型2ドア車のいつものことだ。しかしセダンと同じホイルベースの4シリーズは、2ドアでもリヤ席のスペースは外観から感じるほど窮屈ではない。

助手席でシートの前後の位置合わせをしてから後席に乗ると、樹脂製の前席シートバックから後席の膝までは20センチの余裕がある。ただし前席のセット位置が3シリーズより低くなっているので前席下には靴の爪先は入らない。

着座姿勢は前席のトルソ角そのまま体をうしろに3〜4°引き倒したような感じで、これでヘッドルームをなんとか確保している。座面↕天井の実測値は860㎜と人類限界をやや下回る。身長／座高の高い人なら髪の毛が天井にふれるだろう。

前方にはハイバックの前席が立ちはだかり、固定式の三角形のサイドウインドウからの外部視界は航空機レベルだ。

シート表面の本革は1000万円のクルマとはとても思えない低レベル。型押し+厚塗り塗装で軟化処理が足りず、表面が強付いて硬いというBMWのいつものアンダー4シリーズ用の廉価革だ。

後席の乗り心地は当然ながら前席より数段劣る。

前席が揺れの真ん中にいる印象だったのに対し、リヤは路面のうねりにともなって上下にゆすられる感じ。縦ばねがやや硬めのBS製ランフラットタイヤの特性も影響しているだろう。ただしダンパーがほどよく効果を発揮して揺れは一回で収まるし、さすがにリヤ席で感じる剛性感はボディ上屋からフロアを囲んだケージに包まれているように強靭だから、乗り味は大変いい。

乗り心地も運転感もNVも剛性感もすべてが茫洋として掴みどころのない運転席にくらべると、後席に乗ってる方が高性能感と快適感と高級感を満喫できる感じだ。

「どこにも欠点らしき欠点はありませんが、派手な外観に見合うような個性や迫力や特徴もないクルマですね。

このフロントマスクに身構えて乗るとちょっと拍子抜けする感じです」

運転しながら萬澤さんもそういう。

乗り心地にも運転感にもＮＶにも剛性感にもこれといった個性を出さない代わりに指摘されるような欠点もなく、降りて数歩歩けばクルマのことを忘れることができるようなクルマ、だからこそ外観では思い切り個性と主張の翼を広げて自己アピールしている、そういう印象を受けた。思えば60年前にＢＭＷを倒産の危機から救った１５００ベルリーナとは、これとはまったく正反対の内容の傑作車だった。派手に煌びやかに着飾っているのは内容の乏しさの裏返しであるというのは、ヒトでもクルマでも案外真相なのかもしれない。

STORY : 09

出来もセンスもいいが
テスラのあのマジックがない

☑ Mazda **MX-30** | マツダ・MX-30

マツダ・MX-30
□https://motor-fan.jp/article/18474

2021年4月21日

［MX-30 EV Basic Set］ 個体VIN：DRH3P-100115
車検証記載車重：1650kg（前軸920kg／後軸730kg）
試乗車装着タイヤ：ブリヂストン TURANZA T005 A 215/55-18

試乗コース 千代田区の北の丸公園から試乗開始。下道を走行して首都高速道路・霞が関ICから入線。都心環状線、1号羽田線、11号台場線、湾岸線を走行して、大黒PAまで走行。同じ道を走行して都心環状線・代官町ICで降線、北の丸公園に戻った。

マツダＭＸ‐30は同社の新世代商品群の第３弾で、本書シリーズで操安性と乗り味を絶賛したあのマツダ３とプラットフォームを共用するＣセグのクロスオーバー車である。ベンツならＧＬＡ、ＢＭＷならＸ２に相当するが、全幅１・８ｍを切っていて、プジョー２００８に近いサイズ感のクルマだ。

図１はマツダ３と新世代第２弾ＣＸ‐30のメーカー公表図の比較である。

ＣＸ‐30のホイルベースはＭＸ‐30と同様マツダ３より70㎜短い２６５５㎜。縮尺を合わせ、地上高を無視してあえてガラス下端位置（＝スカットルトップ）で２車を重ねてみると、エンジンコンパートメントからボンネット位置、キャビン前半部などがほぼぴたり重なる。つまり模式的にいえばＣＸ‐30とは「マツダ３のシャシの上に同じアッパーボディをおおむね75㎜高くセットし、ホイルベースだけ少し短縮したようなパッケージ」であることがわかる。

図２はマツダ３とＭＸ‐30の比較。

アッパーボディを高くセットしホイルベースを短縮した手法はＣＸ‐30と同じだが、スカットルトップでマツダ３と合わせるとフロントガラスが起き上がってキャビン全体が高く、ボンネット先端も少し上がっていることがわかる。

つまりＭＸ‐30は「ＣＸ‐30そのままにグリーンハウスを拡大しキャビン容積を増やしたパッケージ」といえるだろう。そこに「フリースタイルドア」を組み合わせた。

フロントドアをがばっと開け（最大開度82度）、通常ならＢピラー内側に相当する部位にあるドアハンドルをさらに引くと、後部ドアが観音開きに開く。RX-8（2003～13年）で採用していた方式と基本は同じで、マツダは当時からフリースタイルドアと呼んでいた。右サイドだけ類似の方式を採用して「クラブドア」と命名したミニ・クラブマンR55の発売は2007年である。

フロントドアの固定用ラッチはリヤドア前端についており、フロントドアはリヤドアに対して固定する。そのリヤドアはルーフレール

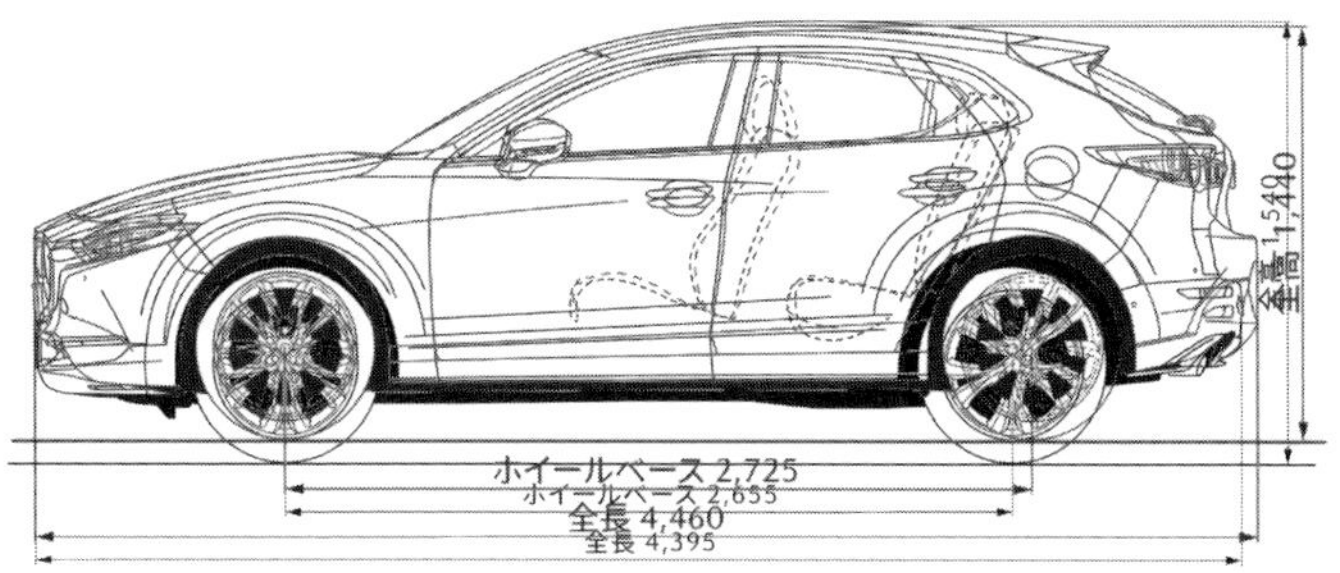

図1　マツダ3とCX-30（スカットルトップ合わせ）

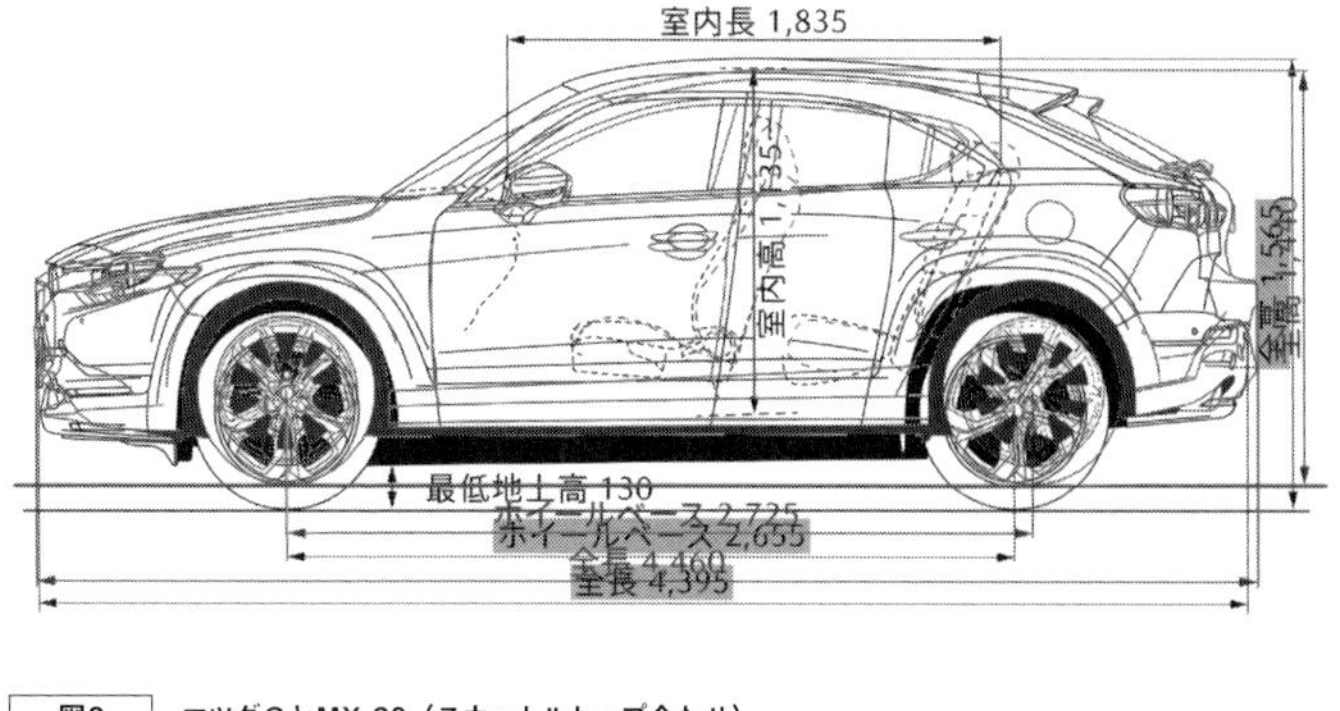

図2　マツダ3とMX-30（スカットルトップ合わせ）

下面とサイドシル上部にあるストライカーに対してキャッチ機構で固定する。側突時の衝撃力をドア内部のホットスタンプ材の斜め配置ブレースに分散する役目も兼ねている下部ストライカーは、厚肉の鋼板と鋼棒のキャッチャーピンを溶接したがっちりした構造だ。

ミニ・クラブマンR55のあの悲しいどたばたドア閉めフィール（日本仕様は運転席が観音開き）はいまも記憶に残っているが、こちらはリヤドアをかなり乱暴に閉じてもまったくびびらない。立派なものだ。もちろんこれはラッチ＋ストライカーの話ではなく、より抜本的なドア開口部周りボディ構造の効能である。

ルーフレール構造には１３１０MPa級ハイテンと１５００MPa級ホットスタンプ材を使用、リヤドア前端の隠れBピラー機能を持つ縦方向の部材にも１５００MPaホットスタンプ材を奢っている。RX-8と違って前席シートベルトのリトラクターもリヤドアのこの部位に装着している。ただし一般論をいえばハイテン化で降伏点強度を上げてもヤング率は普通鋼板と変わらない（２０６GPa）し、材料の断面2次モーメント（＝曲げに対する抗力）は断面の幅×厚みの3乗に比例するので、肉厚を落として衝突安全性を確保しながら軽量化した場合、その部位の剛性はダウンする。ドア閉じのフィーリングがいいのは材質の問題というより、前後ドアで共用するボディサイドの巨大な開口部周りの断面積を大きくしたことやその内部構造、力の導線の工夫など、おもに設計構造の恩恵だろう。

マツダが主張しているこのドア形式のメリットは、前後ドアを開ければBピラーがなくなって後席に対して正面からアクセスしやすくなるため、手荷物の積み下ろし、ベビーカー横付け＋チャイルドシートへの小児の移動、車椅子からの乗降性などの利便性が向上することだ。

確かにその通りだが、リヤドアは前ドアを開けてからでないと開けられないし、閉じる順序を間違えるとドア同士がぶつかるし、後席に乗ったら自分で前ドアは閉じられない（出たくても自分では開けられない）。従来ドア方式に対して当然ながら利害得失はある。そこはマツダだって最初からよくわかってるはずだ。

したがってフリースタイルドア採用の最大の理由は機能性の追求というよりは「ＣＸ-30に対する車両企画とスタイリングの区別化」、すなわちＥＶとしてのマーケティング的アピールにあると考えていいと思う。なんであれ使って気分良く乗ってフィーリングよければそれでＯＫだ。オープンカーや１ＢＯＸやハッチバックやガラスルーフだって結局そうして認められてきたのだから。

ＭＸ-30のインテリア

ＭＸ-30はハイブリッドを併設しておりそちらを先行投入したが、ハイブリッドの２４９・７万円〜という価格帯に対しＥＶ版はなんと４５１・０万円〜と２００万円近く高い。間違いなくホンダｅ（４５１・０万円〜）にぶつけた価格設定だが、こんな高価格になってしまうならハイブリッドを併設しないと企画として成立しなかったという事情もわかる。

観音開きだが、前席に乗るだけならフロントドアを開けるだけでいい。

ラフな実測では地面↕シート座面後端部までの高さはシートハイトに応じて５２０～５７０㎜。乗用車は通常３５０～３９０㎜くらいだから、アッパーボディといっしょにヒップポイントがそのまま高くなっているということである（図2参照：アッパーボディに対するシート位置はマツダ3と同じ）。サイドシルからシートセンターまでの平面視での距離は４２０㎜とやや広いが、座席位置が高いから乗り込みやすい。

ドアを閉じシートハイトを上げていくと、全19ノッチの16ノッチ目でボンネットがストライプに見えるアイポイントに達した（下降は23ノッチ刻み）。

座面↕天井の斜め距離に関してもこの10年で３００台以上測定してきたが、前席ではこの最大値が１ｍを超えると「このクルマ、天井高いな」と感じる。本車の実測値はマツダ3の９１５～９８５㎜に対し９５０～１０１５㎜で広々としている。

ただし「狭さ感」「広さ感」にとってより重要なのは、むしろ眼前斜め前方の容積とサンバイザーまでの距離だ。一般的なマツダ車やトヨタ車のようにフロントガラスを極端に倒し込んだパッケージでは、いまにも倒れてきそうなガラスの圧迫感に耐えながら運転しなければならない。ガラスを引き起こしたＭＸ-30の前席着座感は広く開放的で大変気分がいい。

ドラポジはぴたりとはまって操作系もいい感じだが、バックレストの調整レバーは位置が後方で軸位置が高いためレバーを下向きにセットしてあり異常に使いにくかった。というか５００万円のクルマなら誰だってパワーシート標準装備を期待する。

面白いのはセンターコンソールだ。

前輪をいっぱいまで転舵してフロントサスを覗くと、サブフレームとアッパーボディの中間に鋼板プレス製の嵩上げ用縦型フレームが突っ立っていることでもわかるように、MX－30はアッパーボディをシャシに対して嵩上げセットしている。スカットル高さ＝フロア↕フロントガラス下端はマツダ3よりざっと75㎜厚くなる。マツダ3と内部メカ共用のインパネはこのときフロアに対してではなく、約75㎜高い位置にあるフロントガラス下端部に合わせてセットしてある。したがってインパネ操作性をマツダ3と同じにするためには、フロアに対する座席セット位置もそれに合わせて上げなくてはいけない。前述の通りシートはちゃんとアッパーボディと連動して上昇している（座席前端↕フロアの実測値はマツダ3：215～245㎜に対してMX－30：260～290㎜で45㎜アップ）。

ということになると問題なのは、フロアに置いたセンターコンソールが人間に対して低くなり過ぎてしまうことだ。

解決策は前々回乗ったアウディe－tronと同じ。センターコンソールを2階建てにした。ただしこちらはセンターコンソールを貫通する高い柱をフロアに直接ボルト締結、セレクターとコマンドコントロールを設置したパネルをセンターコンソールから10㎝ほど浮かせた空中に保持するという設計だ。アウディよりはるかにアタマがいい。コンソールの駆体剛性も取り付け剛性もともに高く、セレクターを動かしても土台がぐらついたりしない。

そのセレクターはR‐D‐Nが縦に並び右横にPがあるレイアウト。電気式だが旧来ATセレクター同様、力を抜いてもセンタリングしない据え置き方式で、使い勝手／フェールセーフ性ともに優れている。トランスミッション屋にセレクター設計を丸投げしているヨーロッパ車も少しはこの情熱を見習ったほうがいい。

ついでにいうとブレーキペダルはアクセルペダルとの段差をあえて設けて踏み間違えに対処している。萬澤さんは「(たぶんそのせいで) 最初に乗ったときブレーキを踏み過ぎてかっくんブレーキになった」と言っていたが、ABペダルの踏力感とストロークのバランスが良いので私は最初の瞬間から違和感なかった。

ブレーキ回生はステアリングコラムのパドル操作で5段階に切り替えられるようになっているが、走行モードの切り替えも兼用しているのは合理的だ (アクセルレスポンス＋パワーを上げると回生も強くなる)。

MX‐30EV試乗

マツダ広報部から借用したのはMX‐30EVの中間グレードの「ベーシックセット」458・7万円。個体はDRH3P‐100115、車検証記載重量1650kg (前軸920kg／後軸730kg)。

ブリヂストンTURANZA T005A (日本製) の215／55‐18で、指定空気圧が前後250kPa／260kPaのところフロント230kPa、リヤ250kPaしか入っていなかった。フロントが規定値の92％しかないのは気になるが、今回の車両は横浜市子安にあるマツダ中央研究所から借りたということなので、あるいは

「わざと」かもしれない。いずれにしても時間の都合で今回はこのまま評価せざるを得なかった。

ゆっくり出発。

EPSはコラム式。370㎜径のハンドルは重からず軽からず、しっとりしっかりした操舵感だ。段差もとろんと丸く乗り越えた。

マツダ車は最初の2mがいつもいい。たぶん意識してそこを作り込んでいるのだろう。そこにこだわるところにクルマ作りのセンスの良さを感じる。

回生／モードをデフォルトの「D」にして走り始めると平均的ATよりややエンブレ感が強く、マニュアル3速で走っている感じ。加速とエンブレのバランスはタウンスピードにぴったりだ。

本書の低速悪路試験路＝麹町警察通りでは、これといったぼろも出さず、凸凹をうまくいなしてすんなり通り抜けてしまった。きしみ音やどたついた異音は一切でない。段差の連続を通るとフロアがぶるぶるっと若干震えるのがわかるし、上下動が音になって遠くでぽこぽこどこどこ鳴っている感じもあるが、いずれにしろレベルとしては低い。ただしテスラやeゴルフのようにフロア全体が剛体になってるような強靭な感じには遠く至っていない。

外堀通りに出て速度が60㎞／hに上がったタイミングで国立劇場前の道路地下工事の鉄板段差、ここでいきなりがつんという強いショックと音が入ってきて驚いた。音・振の路面感度が高いクルマ（＝路面によって反応が急変する）はトヨタ車に多いが、その場合は麹町警察通りの凸凹30㎞／h走行ですでにぼろを出してしまうことがほとんどだ。

こういうケースは初めてだが、そこが「ボディ剛性感は結構高いがBピラーはない」という形式の限界かもしれない。

霞ヶ関ランプから首都高速環状線内回りへ上がる。

静かで滑らかでいい加速感。ノーマルモードではアクセルの踏み込みに対するレスポンスはかなりマイルドで、モーター駆動車的な加速のジャークに期待していると裏切られる。パドルを叩いて「D▶▶」というモードにすると1・6トンの2ℓターボという感じか。

踏み込むとビューンともヒューンともつかない駆動音がインパネあたりから（たぶん故意に）車内に入ってくるのが気に入らない。MIRAIほどではないにせよ、このせいでさらに「音の割に遅い」という印象を受ける。107kW（145PS）の単基搭載2WDだからもともとパワーもねらっていないのだが。

高速に上がったら乗り心地もやや印象が変わった。フロントの減衰が少し足りず上下動が1回でおさまらず、そこに次のうねりがくるから少しあおられる。

リヤの収まり感はよく横力に対するトー変化もよく封じてあるから、ステアリングの感覚はなかなかいい。操舵力レスポンスがとくに鋭いというわけではないものの、中立からしっかり反力感が返ってくるので正確に操舵の狙いが定まって、つねに車線をぴたりねらっていける。

いつもこればっか書くがクルマの操縦感はステアリングで決まる。私はステアリング感覚がいいとすべてゆるせる。「いいステアリング」にするには操舵系だけ頑張ってももちろんだめで、サスもボディも設計もセッティングもしっかり狙い定まっていないとこうならない。だからいいステアリングはいいクルマの証拠だと、そう思ってる。

湾岸線下りに乗ったら８・０km／kWhだった電費表示が６・８km／kWhまで落ちてしまった。

カタログスペックはWLTC 145Wh／km（６・９km／kWh）、高速モード120km／h以下で152Wh／km（６・６km・kWh）と非常に優秀だが、リチウムイオン電池の総電力量はｅゴルフ並の35・５kWhしかないので、平均６・８km／kWhなら余裕を見て片道100kmで折り返さないと無充電で家に戻ってこれない。東京から箱根の山にドライブに行くのはぎりぎりである。

私の（1995年以来の）偏見からすれば、こんな航続距離ではタウンカーにしか使えない。低速に重点を置いたようなダンピング設定などからしても、メーカーもそういう使い方を意識しているのだろう。

「東京から出るなよ」のお達しを破って大黒ＰＡ（神奈川県）まできてしまったので、運転を即座に交代し後席に乗って再出発する。

ドアを閉じてもらうと黒い天井に飛行機窓サイズのサイドウインドウ（ＣＦＲＰエアフレームの787の窓より小さい）。穴蔵的な居住感だ。

ただしスペースそのものは広い。助手席に座ってスライド位置を合わせて後ろに乗ると、膝に19cmの余裕。シート下に靴先は入らない。シートは座面／バックレストともにクッションが厚く、座面奥行きは500mmもあって後席としては上等な座り心地だ（奥行き５００㎜は前席の世界標準値。後席は４５０〜４８０㎜が大半）。

座面↕天井は９００㎜。

９００㎜あればほとんどの人は髪の毛が天井に触らない。

走り出すと、萬澤さんが今日はなにも言わずに黙って乗ってた理由がよくわかった。剛性感高くて減衰がよく、非常に乗り心地が良いのだ。

観音開きドアにしたおかげでピラー位置が後退し、ちょうど人の真横に柱が立つ。これはＴＢＡのマウント位置ともほぼ一致する。入力を受けると車体を一周している補強材が樽の箍（たが）のように作用しているのだろう。

類似の状況で操縦性＋乗り心地印象的だったのがシトロエンＤＳ３で、こういう剛性感を萬福談義ではいつも「ＤＳ３効果」と呼んでいる。剛体の中に座ってるのはなんたって気分がいい。

約70㎞走行して電費は７・３㎞／ｋＷｈと優秀だった。

５００万円のＳＵＶ型観音ドア・タウンカーをどう評価するかは難しいが、クルマの出来はなかなかよかった。もう一度言うがマツダは足回りと操舵系の繊細なフィーリングのセッティングのセンスがいい。ＢＭＷ／アウディの粗製濫造モデルあたりはもはや敵ではない。

ただしこの車両企画でこの加速のセッティングでは「ＥＶっていいなー、凄いなー」にはたぶん絶対にならない。

内外のＥＶに乗れば乗るほどあらためて思うのは、テスラ・モデルＳは別格だったということだ。ＥＶというメカをつかってそれをフルに生かした30年に一度あるかないかのエンタテインメントの天才だったのだろう。

STORY : 10

この4WD制御は 2021年の最高傑作ではないか

☑ Nissan **Note** | 日産・ノート

日産・ノート
□https://motor-fan.jp/article/18555

2021年5月25日

［X］　個体VIN：E13-000164　車検証記載車重：1220kg（前軸790kg／後軸430kg）
試乗車装着タイヤ：ブリヂストン Ecopia EP25　185/60-16
［X FOUR］　個体VIN：SNE13-101126　車検証記載車重：1340kg（前軸780kg／後軸560kg）
試乗車装着タイヤ：ブリヂストン Ecopia EP25　185/60-16

試乗コース　1台目は千代田区の北の丸公園から試乗開始。下道を走行して首都高速道路・霞が関ICから入線。都心環状線、1号羽田線、11号台場線、湾岸線、神奈川3号狩場線、神奈川1号横羽線を走行してみなとみらいICで降線、日産自動車グローバル本社まで向かった。2台目に乗り換え、下道を走行して新山下ICから入線、大黒PAまで走行したのちに同じ道を戻り、日産自動車グローバル本社へ帰着した。

私　……で、その人は2CVにスバル・ヴィヴィオのパワートレーンを丸ごと積んじゃったらしいんですよ。

エンジン設計者　あえてVIVIOを選んだところがまた渋いなあ。

シャシ設計者　でもブレーキはどうしたの？

私　さすがにインボードにはできないんで、アウトボードに改造したようです（笑）。

シャシ設計者　それ面白い。だって2CVのフロントサスってリーディングアームでしょ。リーディングアームでもインボードブレーキなら、ブレーキ時に接地点に加わる力のうち制動トルクはパワートレーンが分担するから、普通にフロントサスは沈み込むんですよ。でももしそれをアウトボードブレーキにしちゃったら、制動トルクも一緒にサスアームから接地点に入っちゃうんで、地面を押し上げる力になっちゃう。つまり2CVをアウトボードにしたらブレーキ踏むとノーズアップするはずです。ははは。

私　制動力は通常接地面に作用するけど、インボードブレーキならスピンドルに入力を分散できる、それで2CVはインボードにしたのか。うわー、やっぱアンドレ・ルフェーブル天才っスね。

シャシ設計者　アウトボードブレーキの2CV、乗ってみたいね。

この話はリヤサスでも同じだ。

FF車は後輪に駆動力がかからないから、FFのリヤサス設計ではアンチスクォートは無視し、制動力によって生じるアンチリフトを考えておけばいい。トレーリングアーム＋3リンク式マルチリンクでもTBAでも、側面視でのサスの作動の支点はトレーリングアームのボディマウント部、これは必ずフロア近くにある。制動力はアームを通じて接地面に働くのだから、この位置で問題なくアンチリフトは取れる。

だがもしそのサス形式そのまま後輪駆動車にしたら、駆動力がかかったときとエンジンブレーキがかかったときは、力がドライブシャフトを経由してデフに入力するため、サスのピボット位置がスピンドル中心より下になって側面視でのサスの瞬間中心の方向が下向きになり、アンチスクォート率／アンチリフト率がマイナス（＝プロスクォート／プロリフト）になってしまう。すると加速時に荷重移動以上にリヤが沈み込み、エンブレ時はリヤサスが浮き上がるという、いわゆるひとつの初代日産シーマになるというわけだ。

ややこしいことにこの場合でもフットブレーキを使った制動時の反力はサスアームに入ってタイヤ接地面に作用するから、瞬間中心の方向はちゃんと上向きになってアンチリフト効果が働く。

つまり面倒くさいので、FF用のリヤサスはそのままFRには使わない方がいい。

問題はFF車と同じサスを使う4WD車の場合だ。

後輪駆動車に比べると駆動力が半分以下になるから姿勢変化への影響は少ないし、重心高の高いSUVならサスアームのピボット位置の設定自由度も高いため、実際にはさして問題にならないことが多いが、車重が軽く、重心高が低く、リヤを強力なモーターで駆動する4WD車となると若干状況は違ってくる。

EVならエンジンブレーキのかわりにドライブシャフトに回生トルクの反力が加わる。リヤモーター駆動4WDのリヤサスにTBAを使ったら、シーマ同様に駆動時と回生時にはリヤサスはプロスクォート／プロリフト、フットブレーキ制動でアンチリフトになるから、ピッチング方向にクルマがどたばたする可能性が生じる。

なんとかせにゃならない。なんとかせにゃならないが現代の日産にはウルトラC級の秘策があるらしい。

ノートを見る

イングランド最北端タインアンドウイアにある英国日産サンダーランド工場で作って欧州とオーストラリアで販売している2代目ジュークF16型と同様、3代目ノートE13型はルノー・日産のCMF-Bプラットフォーム車である。

ホイルベースは日産Vプラットフォームだった先代E12型より20㎜短縮して2580㎜、全長が55㎜縮んで4045㎜。この数値は同じCMF-B系のルノー・クリオ（＝ルーテシア）の2583㎜と4050㎜という本国値にごく近い。

読者のみなさんなら、これまでの経緯からいっても新旧ノートの違いよりもルーテシアとの違いの方が気になるだろう。

ということで早速ノートとクリオのメーカー発表の図版同士を重ねてみたが、ホイルベースで合わせたら全長と全高が大きくちがってしまった。まさかそんなはずない。

検証してみるとノートの図は正確だったが、クリオのカタログ掲載図版は前後オーバーハングが5%短く、全高が6%も低いというインチキ図だった。どうやら写真をトレースして三面図を作ったらしい。するか普通

（笑）。

意地になってフォトショップで前後オーバーハングの長さを修正、全高も引き伸ばして、全長、全高、ホイルベースの3点を実車縮尺通りにしたルーテシア修正図を作り、これにノートの透過gifを載せてみると（添付図）、ノートとはルーテシアに似たシルエットのボディを、おおよそ80㎜ほど上に持ち上げて搭載したようなパッケージのクルマであることがわかった。

全高はクリオの本国値1440㎜に対しノート1520㎜である。

ノートの上屋は日産の独自設計とのことだが、実車のフロントサスを覗いてみると、サブフレームに確かに高さ7〜8㎝くらいのプレス鋼板製の柱をかませてボディを持ち上げている。

前章のマツダMX-30、その前に乗ったアウディe-tronと同じ話で、インパネはゲタをはかせて持ち上

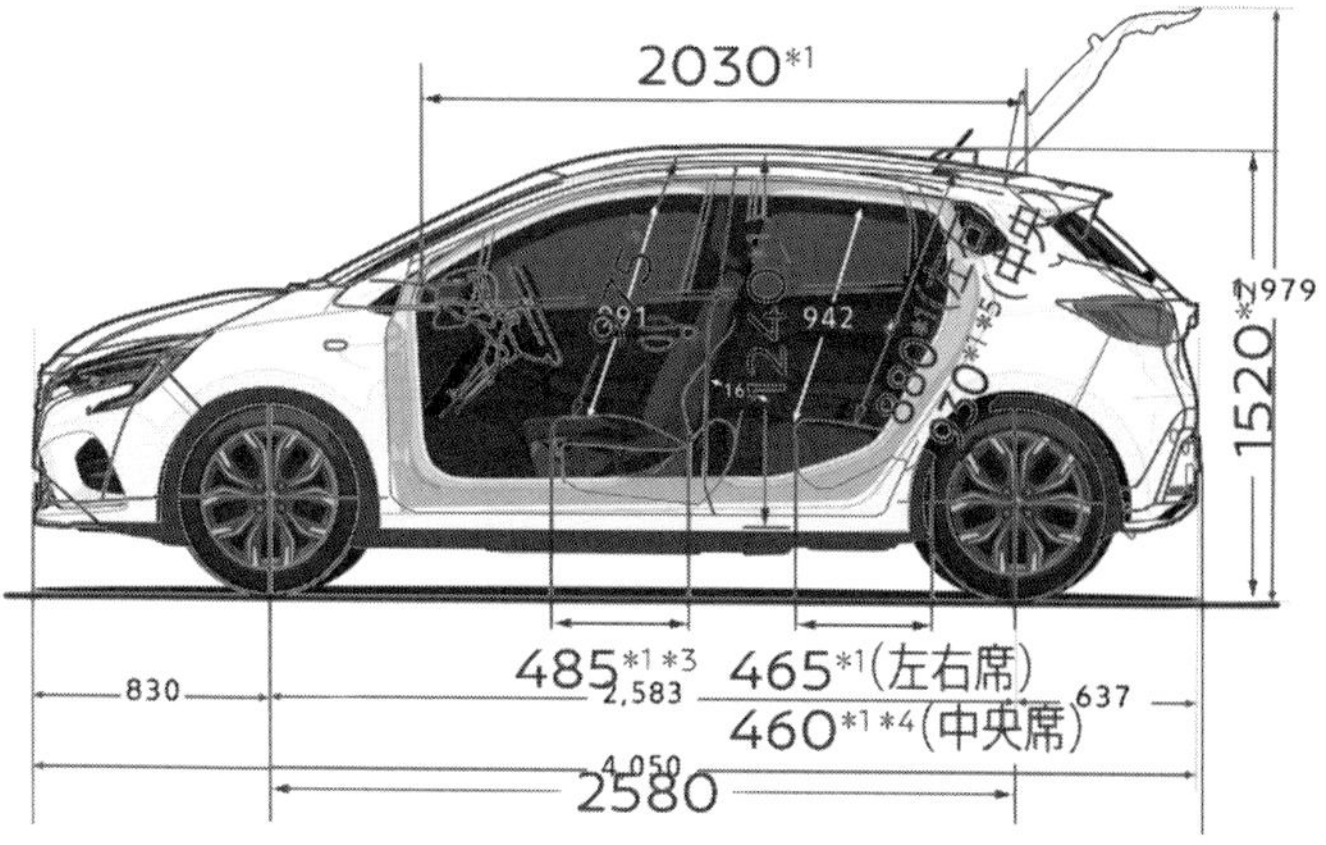

背景がルノー・クリオ（＝ルーテシア）、線が日産ノート。全高はクリオ1440mm、ノート1520mm。

げたボディにひっついて上昇するけどフロアは元の位置にあるから、着座位置をフロアに対して上げないとインパネが操作できない。

実測値を比較すると、前席ヒップポイント（地面↕面後端部ヘリ部分までのアバウトな測定値）はルーテシアで440～520㎜、ノートで490～560㎜と40～50㎜ほど上がっていた。その度合いは全高差より小さいから、ヘッドルームはルーテシア900～990㎜に対し950～1020㎜とノートは30～50㎜広くなっている。ボディ上屋との位置関係でいうとノートはルーテシアよりすこしだけインパネに対して低く座ることになる。

新旧ノートの比較でも前席のデフォルト着座位置は22㎜下がって少し後方に移動したらしい。

矛盾が生じるのはフロアにひっついたままのセンターコンソールと人間の位置関係だ。

対策はマツダMX‐30とアウディe‐tronと同じ、センターコンソールを2階建てにした。ノート方式はアウディ方式に近いが下段のアクセス性にさほどこだわっていないので2階建ての利便性がやや低い反面、アウディのように高所恐怖症にはならない。

ごちゃごちゃして醜悪なインパネデザインは、約195×115㎜＝9型サイズのインフォ液晶画面を中央に据えてV字型に室内に突出させ、インパネ左右に格納式カップホルダーを設けることが主眼でこんな有様になったようだ。インパネデザインとはカタチの凸凹だけなくクルマ思想の反映だから、思想が低調だとカタチもおのずと低空飛行になる。

メーターパネルは280×110㎜の横長画面、よく見ると145×80㎜と125×70㎜くらいの2枚の液晶画面を警告灯とともに1枚ガラスで覆ったものだ。ここはお安くかっこいいメーターパネルをなかなか上手に作った。

シートは座面が奥行き500㎜、幅510㎜と国際サイズで、面圧が非常にきれいに出ている。背もたれとともに座面もウレタン＋ベルトばね懸架式にした成果だ。試乗車はオプションの本革。手間をおしまず細かくステッチを入れているのでお尻が滑りにくい。

座面リフト量は70㎜もあるがハイト調整は手動式、アップは28段で刻む。一方ダウンの方は微調整用になんと43段もあって、これまで数えた中では世界最高記録だった。

ただし肝心のバックレストのほうの調整段が荒く、私にはベストポジション（＝背もたれ角度）がノッチの中間だった。また腰の面圧が低すぎて、走り始めて10分で腰が痛くなった。なんかこう追求のポイントがずれている感じだ。

ＦＦに乗る

萬澤さんが借りてきてくれたのは218・68万円のＦＦ最上級車「Ｘ」。3つのパッケージオプションとディーラーオプションを満載してオプション総額102・4万円という、ひさびさの「死んでもあり得ねえ仕様」である。インプレに関係ありそうなのは液晶式ルームミラーくらいなので、通常のミラーに切り替えてオプション完無視で乗ることにした。

個体はE13-001664、走行距離は7060km、車検証記載車重1220kg（前軸790kg／後軸430kg）、タイヤはBSエコピア185／60-16。空気圧はフロント230kPa、リヤ210kPaのところフロントが240kPaだったが、このまま行くことにする。

MX-30 EVでフロアセレクターのデザインを褒めたが、こちらは形状が無用に角ばってて手が痛く、ボタンを押したり押さなかったりと操作ロジックがわかりにくく、Nの表示があるのにNにはセレクトできない（?）など、いいところがなにもない。ボタンを押さずに手前に引くとD↔Bが切り替わる（→回生量のコントロール）が、果たしてセールスに1回聞いただけで理屈を理解して使い分けてるノートユーザーがどれほどいるのかと思う。

妙に操舵力が軽く、中立からの手応え感がほとんど皆無のステアリングをあてずっぽうに回して無音のまま走り出す。

歩道の段差を乗り越えると、ごつんと思いのほか強いショックがきて、ブッシュがやたら柔らかいクルマのようにぶるっと震えた。

ばねが硬くて突き上げ感があるのに妙にコンプライアンスが大きい。硬いのにぶよぶよする感じは、アルファスッド投入以前の60年代のアルファロメオみたいだ。

発進したらエンジンがかかってブーンと唸った。新型車にしてはエンジンの音・振動の遮断はいまいちだ。

萬澤さんのアドバイスにしたがってセレクターをDモード、車両モードを「ノーマル」にすると回生がゆるくなって自然な減速感になった。「エコ」にすると回生は強くなるが、そのまま停止まで続けるロジックはやめたらしい。それでいいと思う。あれはどうにも不自然だ。

日産e-POWERのシステムは基本的に先代と同じ。

1・2ℓ直列3気筒82PSのエンジンには変速機がなく、駆動系にも接続してない。エンジンで回すのは発電機のみ。バッファーと回生用を兼ねたバッテリー容量は1・5kWhしかないから、発電したら地産地消で使ってモーターを駆動する。

むかしはこういうのを「シリーズ式ハイブリッド」と呼んでいた。いまなら「レンジエクステンダーのエンジンでかいやつ」と表現するかも。考案はもちろんフェルディナンド・ポルシェ、1898年＝23歳のときに考案して製作した「ローナー・ポルシェミクストハイブリッド」がその嚆矢だ。第二次世界大戦時にはこのアイディアで戦車も設計している（ご存知駆逐戦車エレファントSd・kfz184と超重戦車マウスSd・kfz205）。

シリーズ式ハイブッドのメリットは重くて巨大なバッテリーがいらないこと。実際EVなのに1・3ℓ直4ターボのルーテシアより20kgしか重くない1220kgとは本当に素晴らしい。

発電するだけならエンジンはややこしいドライバビリティ適合を全部無視し、燃費率と排ガスがもっともいい状態をピンポイントで使える。

モーターなら駆動力制御はもちろん自由自在だ。

「だからボクは以前からずっと『シリーズ式ハイブリッドこそ最強』と思ってきたんです」。萬澤さんが後席で力説する。

いつものように麹町警察通りで乗り心地をチェックしてから霞ヶ関ランプから首都高速内回り→湾岸線下りを経由して、日産本社がある横浜のみなとみらいを目指す。

パーキングスピードで軽すぎる操舵力、40km/hの低速域では縦ばねが硬く上下に揺すられたあとに残るぶるぶるっというゴムっぽいぶるつきなどが妙に気になったが、50km/hくらいになると操舵力はしっとり座ってきて乗り心地もまずまずになった。首都高に上がるとフロントの上下動の収束の切れがよくなって乗り心地が落ち着いたし、直進感もいい。

ただしステアリングは高速走行にはやはり軽すぎ、ちょっと切るとぐらっとロールして姿勢が崩れる。

カーブを曲がっていくとロール角度そのものはそれほど深くない。ロール速度が速い割にヨーの立ち上がりがワンテンポ遅れるからよろめくのである。

「低速域では非常に乗り心地はよかったですが、45km/hくらいを境にやや上下動の収束が良くなくなってきて、高速ではロードノイズも高まって並出来の乗り心地・快適性です。福野さんがちょっとハンドルを切ると、後席ではぐらっと大きくよろめきます。長時間乗ってると酔いそうです（萬）」。

パワートレーンの印象はなかなかいい。「パワー」モードにするとそこそこの加速はしてくれる。ただし最大出力が85kW（115PS）だから、いくら車重が軽くてもあまり力強さに期待してはいけない。当然ながら高速巡航から加速するとエンジンが回転数を高めて発電するし、エンジン音の遮断があまりよくないからにぎやかだ。

どんなハイブリッドでも高速巡航での効率は低速より良くないが、シリーズ式ならなおさらだ。横浜まで49・4kmを走って平均速度27km／h、車載の燃費表示は19・1km／ℓだった。駆動には使わなくてもガソリンは燃やすので、燃費をkm／ℓで表示するのが面白い。いつものように各部の計測中に10分間ほどアイドリングしてる時間があるし（それで平均速度が遅い）、高速では何回かアクセルを深く踏み込んで加速を試しているから、通常ならもう少しいいデータが出るだろう。

いいクルマだとは思ったが、なにか「これ」という説得力に欠ける。EVで1220kgは立派だがそのわりに加速は普通で乗り心地も普通、低速では妙に縦ばねが硬く、その割りに高速ではロール速度が速い。エンジン音もロードノイズも今の同じクラスの水準に比べてやや大きい。とりわけ気にいらないのは、どの速度域でも軽すぎるハンドルだ。

4WDに乗る

日産本社の地下駐車場でクルマを返却し、4WDに乗り変えた。

試乗車は「X FOUR」244・53万円、こちらも100・2万円のオプション付き。個体はSNE13-101126、走行距離2978km、車検証記載重量1340kg（前軸780kg／後軸560kg）。リヤが130kgも重くなっているがリヤモーター出力は50kW（68PS）ある。

タイヤは2WD同様エコピア185／60-16。比較のため空気圧はさきほどと同じフロント240kPa、リヤ210kPaに合わせた。

走り出した瞬間にステアリングの手応え感を感じた。

操舵力そのものの違いはわずかだが、中立にぐっと反力感がある。前輪のタイヤを太くして空気圧をさげたような感じ。個体差だろうか。

駐車場から走り出ると明らかに加速がよかった。トラクション感もなかなか。ぐっとリヤを踏ん張って前方に蹴り出される感じ。

それと姿勢変化が少ない。

加速力がほとんど3～4割も増しているのに加速時のスクォートも回生減速時のリヤのリフトもほとんど起こらず、加減速でのピッチング方向の動きがとてもフラットだ。パーキングスピードから50km／hくらいまでの走行感は、加速感と操舵感とフラット感のこの3点において別のクルマに生まれ変わったくらいの変貌ぶりだ。びっくり仰天である。

新山下ランプから湾岸線上りへ乗る。

加速が力強い。

「パワー」にするとEVらしいジャークが出てきて爽快だ。

それに加えてこの安定感。リヤがどっしり座っているので乗り心地まで良くなった。

カーブの入り口でちょっと転舵速度を上げてみると、ロール速度は相変わらず速いが2WDと違ってロールにともなってヨーが素早く立ち上がる。ぐらっとよろめくかわりにノーズがしなやかにインに入る感じに変わって、しなやかさが逆に気持ちいい。

踏み込むとライントレース感がよく、安定したコーナリングだ。

萬澤さんが言う。

「聞いたところですと前後のモーターの駆動力をきめ細かく制御していて、操縦安定性だけじゃなく姿勢制御にも利用してるそうです。発進では荷重のかかるリヤの駆動力をフルに使い、高速では後輪の駆動力を落として直進性を上げ、旋回時はブレーキ制御を併用、あと減速時に後輪でも回生をして回生力を高め、ノーズダイブを緩和してるとのことでした」

前後モーターの駆動力制御でピッチングをコントロール。

すごいアイディアだ。

あまりに興奮したので家に帰ってすぐプロに電話して聞いてみた。

「なるほど、それは面白いですね。リヤTBAのまま4WDにすると駆動時と回生時にリヤがプロスクォート／プロリフトになりますね。でもブレーキング時にもしリヤの回生を止めれば、リヤサスのリフトを抑制できます。フロントがストラットならもともとフロントのアンチダイブが効いてるんで、リヤのリフトを抑えれば車体姿勢はさらにフラットになるでしょう。同じ理屈で、加速時に後輪にちょっと回生をかけて制動してやればスクォートを中和できる理屈です。前輪が加速してるのに後輪に回生かけるなんてナンセンスですが、理論的には確かにそれでピッチングの姿勢制御は可能です（「バブルへの死角」のシャシ設計者）」。

もし2CVをアウトボードブレーキに改造してしまったとしても、制動時に左足でブレーキを踏みつつ右足でアクセルも少し踏んで前輪に少し駆動力をかければ、ノーズアップは緩和できるだろう。それと同じ理屈だ。いやー日産もルフェーブルに負けずにアタマいいぞ。

私のインプレで2WDより4WDをお勧めすることは滅多にないが、このクルマは圧倒的例外だ。たった25・9万円の価格差でノートはまったく別物の速さと安定感を備えたクルマにがらり生まれ変わる、ノート買うなら絶対4WDだ。ていうかこの4WDは2021年の最高傑作ではないか。

STORY : 11

ドグマと個性にあふれているが、私との相性がゼロ（陳謝）

☑ Toyota **GR Yaris** | トヨタ・GRヤリス

トヨタ・GRヤリス
□https://motor-fan.jp/article/18685

2021年6月25日

［RS］ 個体VIN：MXPA12-0001017 車検証記載車重：1140kg（前軸700kg／後軸440kg）
試乗車装着タイヤ：ダンロップ SPORT MAXX 050 225/40-18
［RZ "High performance"］ 個体VIN：GXPA16-0001066 車検証記載車重：1290kg（前軸780kg／後軸510kg）
試乗車装着タイヤ：ミシュラン PILOT SPORT 4 S 225/40-18

試乗コース 1台目は千代田区の北の丸公園から試乗開始。下道を走行して首都高速道路・霞が関ICから入線。都心環状線、2号目黒線を走行し、荏原ICで降線。再び荏原ICから入線し、同じ道を走行して代官町ICで降線、九段北のトヨタ広報車管理事務所まで走行した。2台目は下道を走行して霞が関ICから入線。都心環状線、1号羽田線、11号台場線、湾岸線を走行して大黒PAへ行き、同じ道を走り代官町ICで降線、九段北のトヨタ広報車管理事務所まで走行した。

勝田貴元選手、19年ぶり開催のサファリラリーで見事2位表彰台！

篠塚健二郎さん以来27年ぶりの快挙だ。

ドライバーズ・ポイントランキングもこれで5位、ここまで全戦完走という今シーズンの安定感とヤリスWRCのパフォーマンスからすれば、勝田さん初優勝の日も近いだろう。

満を持して開発してきたGRヤリスの投入がコロナ禍で叶わず関係者はさぞかし落胆していたに違いないが、そんな気分を払拭するニュースである。

選手権はまだ中盤だが、オジエとエバンスがそれぞれ1位と2位、ポイントランキングで2位ヒュンダイとの差をさらに広げ、マニファクチャラーズ・タイトルを奪還できる可能性は高まってきた（2021年9月9〜12日の第9戦終了時でもまだリード）。

旧型でもなんでも勝負は勝てればいい。勝てばそれで官軍だ。

この機会に前から乗ってみたかった幻のホモロゲ車両＝GRヤリスに乗ってみることにした。

ホモロゲ用車両とはご存知の通り、ラリー／レースで勝てるポテンシャルを持った基本パッケージを設計・構築、とりあえず市販車としての体裁を整えたうえで一般に販売、FIAが定める規定台数を生産（販売）して競技出場資格＝ホモロゲーションを取得するという、昔から行なわれている合法的なラリー／レース必勝戦略だ。

これで大成果をあげた一例が、グループ3に公認されていた車両のV6パワートレーンをミドに横置き搭載したラリー用競技車両を４００台生産して公認取得、70年代のラリー選手権を席巻したランチア・ストラトスだろう。

ＧＲヤリスの場合はエンジンコンパートメントとフロントフロアはＢセグ用のＧＡ-Ｂプラットフォームから、またリヤフロアはＣセグ用ＧＡ-Ｃプラットフォームからそれぞれ調達、この上に新しい３ドア・モノコックボディを構築した。ボンネット／ドア／トランクリッドはアルミ、ルーフパネルはＳＭＣによるＣＦＲＰの接着構造だ。

リヤは電縫管を溶接して専用Ｈ型サブフレームを作り、ＦＦ用マルチリンク定番のトレーリングアーム＋３リンク式サスを搭載、サブフレームをモノコックにダイレクトマウントしている。メーカーではプリウスと同様このリヤサス形式を「ダブルウイッシュボーン」と称しているが、Ａアームは使っていない。トレーリングアームが板ばねでできていて、これが弾性を発揮することで1自由度が成立している形式だ。

エンジンはＧＲヤリスのために設計・開発した87・５×89・７㎜＝１６１３cc直３ターボ２７２PS／３４０NmのＧ16Ｅ-ＧＴＳ型。６速ＭＴにセンターデフのない電制カップリング式オンデマンド４ＷＤを組み合わせている。

開発にはレーシングドライバーやＷＲＣのラリードライバーが参画したという。

生産はレクサスＬＦＡの生産のためにトヨタ自動車・元町工場に設置した「ＬＦＡ工房」を母体とする「ＧＲファクトリー」で行なう。当初計画では２万５０００台を生産してグループＡの公認を取得する予定だったが、コロナ禍で実戦投入を断念。２０２２年からは車両規定が改訂されるため、ＧＲヤリスでの参戦計画は夢に終わってしまった。

こういう高価なレース／ラリー・ホモロゲ用車両をあえて選んで買って、乗用車として毎日アシとして乗るという行為のその目的とは、レース／ラリー活動への寄付と応援をかねつつ名声のお裾分けに預かること、やっぱそこだろう。したがって市販バージョンそのものの乗用車としての出来云々を問うことはほとんどないだろうし、乗用車としての完成度をいちいち気にするユーザーもいないと思う。なんせラリー／レースのホモロゲ車両なんだから。

そういうクルマを捕まえていつもの道をいつものように走り、毎度お馴染みの独断的基準でうだうだ評するというこのインプレは、ＧＲヤリスの精神性にとってはヤジ馬によるヤジ馬的視点を駆使したヤジ馬行為そのものなので、最初にもう陳謝しときます。ＧＲヤリスのファンと関係者は以下できればどうぞもう読まないように。

ＦＦ＋ＮＡ＋ＣＶＴの「ＲＳ」に乗る

最初の試乗車はノーマルヤリスと同じ自然吸気１・５ℓ直列３気筒１２０PS／１４５NmのＭ15‐ＦＫＳ型＋ＣＶＴを搭載したＦＦモデル「ＲＳ」（２６５万円）。

車台番号ＭＸＰＡ１２‐０００１０１７、車検記載重量１１４０kg（前軸７００kg／後軸４４０kg）、タ

イヤはダンロップＳＰＯＲＴＭＡＸＸ０５０の２２５／40－18。空気圧は規定値がフロント２２０ｋPa、リヤ２００ｋPaだが、冷間ではぴったりその通りになっていた。ただし直前の貸し出しでサーキットを爆走してきたらしく、かなり磨耗してブロックが変形したコンディションだった。

試乗開始時の走行距離は７２５０㎞。

ちなみにもちろんＣＶＴのＦＦ車でラリー／レースに出るわけはないので（全日本ラリーには参戦車あり）、このグレードはＧＲヤリスのコンセプトと雰囲気を廉価で販売することによって、２万５０００台生産の早期達成に貢献するためのホモロゲ応援車両である（と勝手に解釈することにした）。

迫力ある外観もＣＦＲＰルーフも本ちゃんのＲＺとまったく同じ、雰囲気は迫力満点だ。ＣＦＲＰルーフもマルチリンクもついて２６５万円とはどう考えてもお買い得である。

ドアを開けるとインパネはノーマルヤリスと同じ。メーターパネルだけがクラスターごと入れ変わってて、大型の古典的なタコメーターと速度計がついている。ここは好みの感じ。

ステアリングもノーマルと同じかと思ったが、どうやらセンターがすこし偏心しているようだ。測ってみると横径は３６０㎜で同じだったが、縦径が３６０㎜から３５０㎜になっていた。グリップは太めだが締まって硬くて心地よい。

シートはハイバックのバケット式。

ヤリスの試乗のときに測った実測値と比べると、フロアに対してシートが低く設置されているようで、ラフな測定では地上からシート座面後端部までの高さ（≒ヒップポイント）がヤリス：510～550㎜に対してGRヤリス：490～560㎜。ハイト調整とスライドはやはり手動式だが、こちらはアップ20段、ダウン33段とややノッチが荒くなっていた（ヤリス：アップ23段、ダウン34段）。

なんでこんな比較をうだうだ書くかというと、走り出す前にドラポジの設定でかなり手こずったからだ。ハイトを好みの高さまであげるとステアリングコラムの高さがついてこないというヤリスの欠点は、ヒップポイントが下がったことによって緩和されたものの、背もたれをいつもの角度まで起こすと背中の面圧が抜けてしまう感じになるし、小ぶりに感じる座面（寸法的には奥行き500㎜、幅490㎜で世界標準）とのトルソ角度がどうもしっくりこない。

少し前に出してシートバックを倒したり、コラムをいじったりと数分間格闘したのち、諦めて走り出した。走りながら何度も何度も調整したが、結局試乗を終えるまでしっくりこなかった。

パーキングスピードではヤリスほどではないがステアリングの操舵力が軽い。ABペダルの踏力も軽いからバランスとしては合ってるが、外観の迫力とバケットシートのタイトな座り心地からするとちょっと拍子抜けするかも。

エンジンも非常に静かで、30km／hで走っているとほとんど存在感がない。

いつものように麹町警察通りを走る。

確かに縦ばねは硬いが、とくにリヤの減衰が一瞬で、乗り心地の切れ味が非常にいい。440kgしかない後軸車重に対して、ダイレクトマウントしたサブフレーム＋ボディの局部剛性が相対的に非常に高いからだろう。いわゆるひとつのスーパーセブン的な乗り味である。

霞ヶ関ランプから首都高速に上がると、いきなりにエンジンが吠えた。ＣＶＴが思いきりラバーバンド制御していて、２５００ｒｐｍから踏み込むと一瞬で回転が５０００ｒｐｍ以上まで跳ね上がってしまうからだ。「エンジン音／排気音が静かでタコメーターがついてなければＣＶＴがどんな制御してても気にならない」というのがこの試乗におけるいつもの口上だが、エンジン回転の上昇とともにエンジン音もはねあがるこのクルマの場合はまったく真逆、ラバーバンド制御の様子をさらに強調して結果的にアピールしまくっており、我々のようなアンチＣＶＴにはほとんど耐え難い。

ちなみにＧＲヤリスにはこちらまたスピーカーから擬似エンジン音を鳴らすＥＳＥ（エンジンサウンド・エンハンスメント）がついていて、これを無効化するのがユーザーの間で流行ってると聞いていたが、本車にはついていないようだ（４ＷＤ車のみ）。

芝公園付近が渋滞しているので、一の橋ＪＣＴかは東京ニュルブルクリンク＝２号目黒線へ。

高速では適度の操舵力になるステアリング、転舵速度を上げて切ってみると車体の姿勢がリヤからぐらっとくずれた。

リヤのロール速度が妙に速い。思わずルームミラーを見ると後席で萬澤さんが狭そうに首をすくめて乗っていた。ははははは、これだー（ちなみに後席座面↕天井実測値は人類限界の８６０㎜）。

2号線終点の荏原ランプで降り、萬ちゃんに助手席に乗り換えてもらってから戸越ランプから上りに乗る。

案の定リヤのロールが収まってまっとうなハンドリング感になった。

しかし普通の加速でも6700まで回転が一気に上がってしまうというあまりのパワーのなさが、どうにもアシとクルマに合ってない。トンあたり100PSは超えているのだから、せめていいAT（例えばアイシン8速）がついていればもうちょっと気分良くなんちゃってGRヤリスも楽しめるはずだが。どうもCVTはだめ。たぶん向こうも私が嫌いなのだろう。

申し訳ないがこのクルマにはこれ以上乗っても（お互いに）何もいいことがないので、返却して本命に乗ることにした。

本命4WD 272PSターボに乗る

2台目＝本命は4WD＋1・6ℓターボ272PS＋6速MTの「RZ High performance」。

堂々の456万円である。

同じ4WD＋ターボのベーシック版「RZ」とは60万円も差があるが、違いはタイヤ＋ホイールの銘柄、例の擬似排気音機能つきJBLスピーカーくらい。機能的な差はトルセンLSDだ。

車台番号GXPA16‐0001066、車検記載重量1290kg（前軸780kg／後軸510kg）、タイ

ヤはミシュランパイロットスポーツ４ｓの２２５／40-18。空気圧はさきほど同様、前後とも規定値通りの冷間２２０kPa／２００kPaになっていた。

そのむかしガレージを出るとすぐ目の前の道が兵庫県道３４４号のワインディング、２km登れば有名な芦有ドライブウェイ料金所という夢のような環境にお住まいの旧車エンスーのお宅にうかがったことがあるが、トヨタの広報車貸し出し窓口も車道に出て30ｍ走って左折すれば、一番搾り乗り心地試験路＝麹町警察通りという夢のような環境だ（笑）。

インテリアはさっきと瓜二つ。違いはシート着座面がアルカンターラになっていることだけ。

ただしこちらはマニュアル車だ。

クラッチを踏み込むためにシートスライドを2ノッチほど前に出し、ドラポジを作り直す。そしたらようやくなんとかしっくりくるポジションに決まった。マニュアル用のドラポジセッティングをしてあるクルマにＡＴのポジションで乗ろうとしたからさっきはまったく合わなかったのかと納得。ただしバックレストの腰回りの面圧が抜けているのは変わらない。

今度は最初からフロント2人乗りで出発する。やや操舵力が重いが、驚いたのは前後のばねが強烈に硬いこと。ＦＦとは別次元の硬さだ。

がつがつがつ。ごつごつごつ。

「ばねが硬けりゃアシがいい」は「タイヤが太けりゃコーナーリングがいい」と同様、60年前から変わらぬ社会的通念だから、そういう認識にとってはまさにこれぞイメージぴったりのホモロゲ車の走り味かも。

さすがにここまで硬いと、ばね下だけで上下動が一瞬完了していたＦＦのあの乗り心地の切れ味には遠くおよばず、凸凹路面で強い入力が入るとボディまで振動が上がってきてしまって、どしん、だしん、とわずかにびびる感じが出る。

あとは私の腰だ。この硬さでこの腰の面圧の低さだと、上下動のたびに腰に負担がかかってつらい。ＦＦに乗って40分走ったあとだから、三宅坂の交差点にたどり着く前に早くも耐え難くなってきた。

「福野さん、プリウスのときは腰に車検証入れを突っ込んで走ってましたよね」

そうだった。

車検証入れを出してもらって背もたれと腰の間に突っ込むと……おー、なかなかいい感じ。面圧がばんと出て、これでなんとか運転を続行できる。

ドラポジとシートはラリーやレースのドライバーにとってなによりも重要なはずだから、おそらくプロが乗って徹底的に吟味しアドバイスしたはずである。だからこれはもう間違いなく「私の体と考えのほうがおかしい」のだろう。

ちなみにこれまでの体験だと9割以上のヨーロッパ車ではドラポジは10秒以内で決まって1日変えずに大丈夫、うち7割では腰もまったく痛くならない。日本車でも6割くらいはドラポジも腰も大丈夫。ただしアメリカ車で腰が痛くなったことも近年一度もないから、やっぱ私がへんなのか。

霞ヶ関ランプからトンネル抜けてすぐ、内回りの溜池の左コーナーに1ヶ所、1964年の開通以来いまだ残ってるおおきなうねり＋段差がある。ブレーキングせず60km／hで突っ込んでみたが、突き上げもなく姿勢も進路も変えず、まったく無視したようにすらりとパスした。さすーがラリーカー。

アクセルを踏むとぐーっとGがかかって、NA＋FF＋CVTとは次元の違う強力な加速がきた。

ただし即応してJBL8スピーカーから例の粉飾4気筒サウンドが鳴り響いて吠えるから、MIRAIと同じで「音が先に速い」感じは否めない。「音がデカけりゃクルマは気持ちいい」もまた60年前から変わらぬ通念で、私のような老人にはとてもついていけない……というのは真っ赤なウソで、実は20代までにバカというバカを徹底的にやりすぎて30歳で全部卒業、それ以来ずっとクルマに対しては老人なのだ（笑）。

EVに体が慣れてしまったから加速のジャークそのものには驚かないが、パワーバンドが実にワイドで、2速でも4速でも踏んだ瞬間の加速感があまり変わらないのは素晴らしい。

逆にいうと首都高速を流れに乗って走るならシフトする必要も感じない。4速に入れっぱなしであとはアクセルコントロールだけで走れる。これぞ逆CVT状態。ポロ＝1240kgに1・8ℓターボ141PS／320Nmを積んだGTIの化け物っぷり（2016年3月30日試乗）をちょっと思い出した。

芝公園～浜崎橋のワインディングを抜ける。

操舵力が妙に重い。

舵をいれてヨーがついてアンダーがでて重くなるのではなく、切り始めからどしーんと重い。トルセンLSD

の効果でプッシュアンダーが出ているのか。

それにしても操舵感がなんかデッドだ。

レインボーブリッジ経由で湾岸線下りへ乗ったらその正体が分かった。センタリングするトルクが非常に弱いのだ。ステアリングを僅かに切ってから離すと、センタリングせずにそのまま進路がどんどんはずれて車線逸脱してしまう。いちいち中立に手で戻さないと真っ直ぐ走らない。操舵力の重さにこれが加わっているから操舵感がデッドなのだろう。

パイロットスポーツ4系でSATが弱かったことはいままで1回もないから、タイヤでないとすればアライメントか。

腰は痛い、ハンドルは重い、直進は出ない、ロードノイズもエンジン咆哮もデカい。正直言って辛くなってきた。なんとか大黒PAにたどり着いたときは「老兵はただ去るのみ」、今日でもう自動車評論家引退するかの心境だった。

昼食をとって、帰路は運転を萬澤さんに任せ助手席へ。

隣に座って走り出すと、ボディが強靭で上下動が一発減衰、硬いが乗り心地がとてもいいことに改めて感心する。

運転してなければシート問題もないしハンドル問題もない。ドライバーは辛くてもナビゲーターなら快適だ。

「うわー、ハンドルがめっちゃ重いです。うえー重いです。なんだこりゃ」

「真っ直ぐ走りません。センタリングしないです。うわーやべー」

「さすがにトルクあるなあ。これシフトチェンジする必要がないくらいパワーバンドが広いですね」

運転しながら萬ちゃんは大はしゃぎだ。

長年一緒に乗っているせいか笑っちゃうくらい感想は私と同じ。私の老害の影響を受けてしまったか、と思うかもしれないが、萬ちゃんという人間は誰がなにをとなりで囁こうがまったくもって馬耳東風、完全に我が道をいくタイプである。くだらないゴマも絶対にすらない。私とだって意見が合わないときは徹底的に合わない。だから一緒にインプレする意味がある。

「踏むたびにうおーって吠えるのだけ、なんとかして欲しいですね」

GRヤリス、期待通りドグマな魅力と個性があるクルマだった。ただ私と萬澤さんにはまったく合わなかった。「主義主張を持たない人間と主義主張に関して意見がすれ違うことはない。主義主張が対立するのは主義主張を持っている人間同士だけである」とは誰の言葉だったか忘れたが、合わないのはお互いの考えがはっきりしているという証拠だろう。ラリードライバーはラリードライバーだが、私だって私だということである。

ちなみに同じようなクルマの例で言うとシビック・タイプRとの相性は最高抜群だった。メガーヌR.S.とは「……」だった。横置きFFのハンドリングでいまだ忘れられないのは最終のトルクベクタリング付きフォーカスだ。

やっぱへんなのかな?

STORY : 12

進化は後席居住性、総じてやっぱ1軍監督作品

☑ Volkswagen **Golf** | フォルクスワーゲン・ゴルフ

フォルクスワーゲン・ゴルフ
□https://motor-fan.jp/article/18751

2021年7月14日

［eTSI Style］ 個体VIN：WVWZZZCDZMW346317 車検証記載車重：1360kg（前軸820kg／後軸540kg）
試乗車装着タイヤ：グッドイヤー EAGLE F1ASYMMETRIC 3 225/45-17
［eTSI Active］ 個体VIN：WVWZZZCDZMW345576 車検証記載車重：1310kg（前軸790kg／後軸520kg）
試乗車装着タイヤ：グッドイヤー EFFICIENT GRIP PERFORMANCE 205/55-16

試乗コース

1台目は千代田区の北の丸公園から試乗開始。下道を走行して首都高速道路・霞が関ICから入線。都心環状線、1号羽田線、11号台場線、湾岸線を走行して大黒PAへ向かう。その後、神奈川5号大黒線、神奈川1号横羽線、1号羽田線を走行して勝島ICで降線、都道316号、国道15号線を走行して、品川区のフォルクスワーゲングループジャパンへ向かった。同地で2台目に乗り換え、国道15号線、都道316号線を走行して勝島ICから入線、1号羽田線、神奈川1号横羽線、神奈川5号大黒線を走行して大黒PAを経由、その後湾岸線、11号台場線、1号羽田線、都心環状線を走行して代官町ICで降線、北の丸公園へ帰着した。

日本仕様のレリースデータでホイルベース値が「2620㎜」になっているので、はて?と思った。海外webの試乗レポート添付の諸元に旧ゴルフⅦの1㎜マイナスの「2636㎜」という数字があったからだ。

日本仕様の国交相届出値は四捨五入値だからパッケージ比較の参考にはできない。VWの本国公式サイトを開いて探しまわり、コンフィギュレーターの中にようやくTechnische Datenを見つけた。

やはり「2619㎜」とあった。全長は4284㎜、全幅1789㎜だ。

ということはⅦに対して全長では4255㎜→4284㎜と29㎜伸びているが、ホイルベースでは2637㎜→2619㎜＝18㎜、全幅でも10㎜短縮したことになる。たとえ指でつまめる程度であったとしても近年のモデルチェンジで寸法が小さくなってるのは珍しい。ちなみに歴代のホイルベースは初代＝2400㎜、ⅡとⅢ＝2475㎜、Ⅳ＝2511㎜、Ⅴ＝2578㎜、Ⅵ＝2575㎜、Ⅶ＝2637㎜だ。

念のためⅦとⅧの図版を透過Gifで重ねてみた。ホイールベース比で縮尺を合わせて前軸中心で重ねると全長がほとんど同じになってしまうが、おそらく新型の方は設計線図から落としたのではなく、写真をトレースしてでっちあげたイラストだからだろう。

ルーフアンテナを除いた天井までの全高は旧型1452㎜に対し新型1456㎜というのが確実な数字のようだから、地面ではなくルーフトップ位置で合わせてみると、ボンネット高さと形状、ルーフのシルエットは新旧ほぼ同じであることがはっきりした。Ⅷはルーフの後端をわずかに下げてリヤウインドウの角度を寝かせている。

VW MQBプラットフォームは2012年にⅦでデビューしたのが1stジェネレーション、8年後のⅧは第

５世代のＭＱＢ Ｅｖｏだ。とはいえエンジンコンパートメントやフロントフロアなどの基本は変わってないはずなので、ホイルベースを短縮したのはフロア後部と予想できる。新旧重ねた図版でも後席レッグルームが狭くなっているように見える。

なぜホイルベースを短縮したのかはよくわからない。トランクルームの床板をめくってみるとテンパタイヤが収納してあり、ＢＳＧ用の48Ｖバッテリーはトランク床下にはなかった。

パッケージ図をみると前後席ともヒップポイント地上高は変わってないようだ。発表値でも後席ヘッドルームが１㎜広くなっているだけ。念のため何度か実測しているⅦの室内ヘッドルームを今回の実測値と比べてみると、後席座面↕天井は旧９５０㎜↕新９５０㎜ほぼ同じだったが、なんと室内天井↕室内フロア高さは旧１１６０㎜↕新１１９０㎜で30㎜も拡大していた。比較図でもうかがわれるが、どうもフロアを少し下げたようだ。

というわけで実車と対面して真っ先に座ってみたのが後席だ。

いつものようにまず助手席に座ってスライド位置を合わせてから後席に乗り換えると……確かに広くなった印象だ。天井が高く明るいし、足

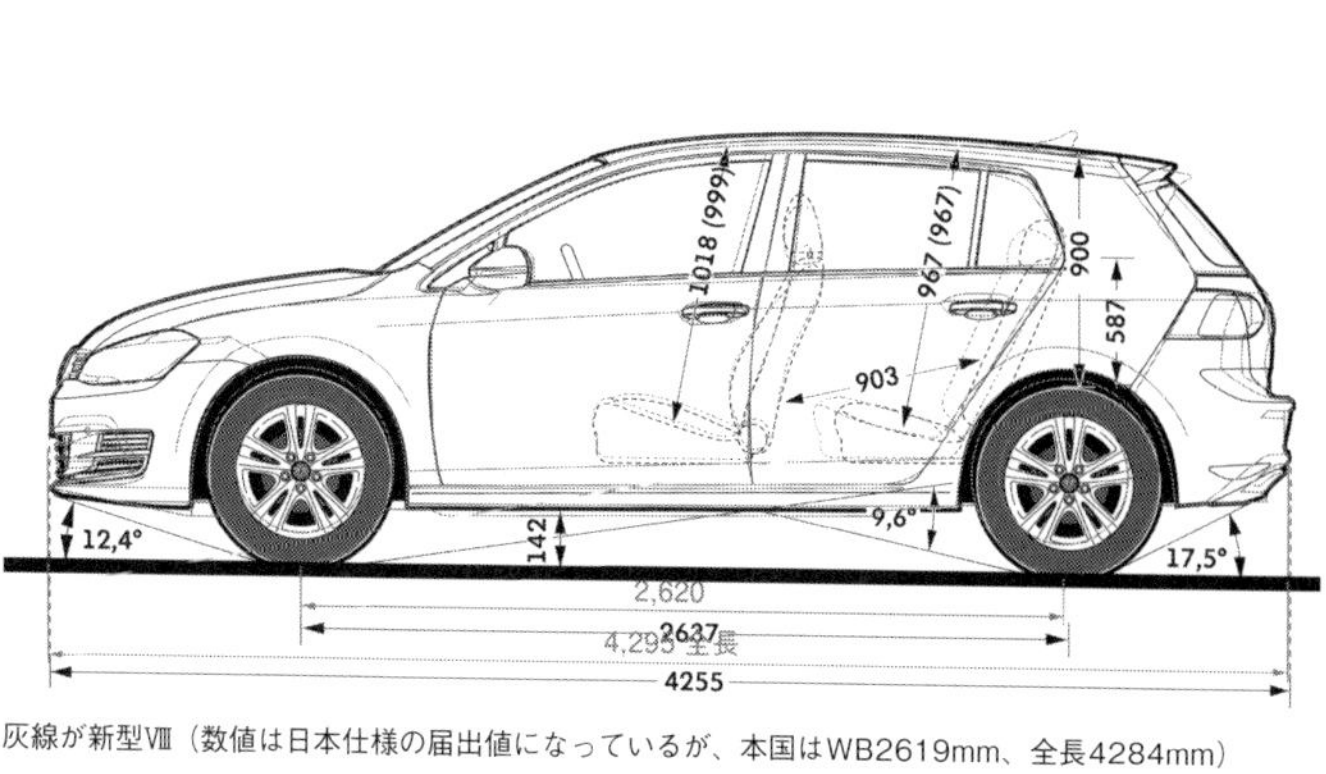

灰線が新型Ⅷ（数値は日本仕様の届出値になっているが、本国はWB2619mm、全長4284mm）

元も狭くなっていない。前席背もたれから膝まで私の場合で25㎝の余裕がある。

座面の奥行きは旧型同等の実測510㎜。このクラスの後席で500㎜超えはいまだに珍しい。座面が後傾してバックレストが寝気味な後席着座姿勢は旧型と変わらず、ヘッドルームは人類限界を50〜60㎜も上回っていてまず申し分ない。

実際の居住感というのはパッケージ数値よりも内装材の断面積や細部のデザイン、前席下への足入れ性など、3次元的な形状の工夫で大きく左右されるので、ホイルベースが18㎜短くなったのに後席が広くなっているのは不思議ではない。やはりあの公式図がおかしいのだろう。

お次はリヤサスだ。

Ⅷの日本仕様は1・5ℓターボ4気筒+BSG搭載車が3リンク+トレーリングアーム式のマルチリンク、1・0ℓターボ3気筒+BSG搭載車がTBA。最近のクルマは床下空力でマフラー位置を下げ床下と面一にしているケースが多く、一生懸命地面に腹這いになっても後部からではサスはほとんど見えない。せっかく寝ころぶならお薦めは後席ドア下である。今回のようなサス形式では操縦性、乗り心地、ジオメトリー設定のポイントはトレーリングアームの取り付け部である。

1・5のほうはボディをくり抜いて頑丈なブラケットを埋設、トレーリングアームの先端を大きく曲げて箱の中に突っ込んでマウントしている。

FFだけならこんな工夫をしなくても後輪のアンチリフト率は十分取れるが、4WD車をラインアップすることを考えると、なるたけマウント位置を上げておきたいからだろう（後輪駆動の場合、加速／減速の力は接地面でなくスピンドル中心に作用するので）。

ちょっと変わっているのは1・0のTBA。

もともとVWが考案したトーコレクト方式はⅦ同様採用しておらず、マウント軸は車体中心軸に対してほぼ90°だ。フロア底面にボルト締結したトレーリングアームのブラケットはフロア面にボルト止めしてあり、そこからマウント部がマルチリンクの場合とは対照的に大きく突き出してTBAの可動軸が空中に浮いている。

フロアからマウント軸までゆうに45㎜くらいはありそうだ。旧型ではブッシュは半分フロアに埋まっていてピボット軸とフロア面との差は15㎜くらいしかなかったと記憶している。

変更の意図がよくわからないが、ありえるとしたらTBAのトレーリングアームを短縮したことへの対策だ。別添（P190）の模式図を見ていただきたい。トレーリングアームを短くした場合、リヤサスのアンチリフト率を変えたくないなら、接地面↔マウント軸を結んだ斜線に沿ってマウント位置を下げなければならないから、まさにこのようにピボットが床下に突出してくるはずである。

TBAのトレーリングアームを短くすると横力ステア量が少なくなってTBAの欠点が少しカバーできる。

しかしピボットが空中にあるこのマウント設計では取り付け部の局部剛性が低下するだろう。

またトレーリングアームが短くなると、サスが左右逆相に作動したときのセミトレーリングアーム仮想軸の後退角が減ってキャンバー変化量が小さくなるが、定説と違ってキャンバー変化が操縦性に与える影響はごくわずかにステアリングを切ったときのクルマの反応でもわかるように、操縦性にとってはトー変化の影響の方がはるかに大きい。

エンジニアによると、むしろトレーリングアームが短くなると乗り心地が悪化するという。トレーリングアームを短くするとサスの上下にともなって側面視でスピンドルが描く円弧の半径が小さくなる。路面の凸のアタックというのはまず車輪を後方に蹴飛ばす方向に作用するのだから、スピンドルの描く円弧が小さいと、入力に対して「下がりながら受け止めつつ逃げる」というよりむしろ、わずかに入力に挑みかかるような動きになってしまって、速く強いハーシュネスの場合は乗り心地が悪くなるというのである。

サス設計の常識ではサスのバウンドにともなってスピンドルが垂直よりやや後方、8～10°くらいの方向に斜め上に逃げるようにアーム長と瞬間中心を設定すると衝撃的入力に対して最も有利とされているらしい。なるほど……。

冒頭から大脱線陳謝。しかし新車の登場にかこつけてこういう勉強ができるなら、たとえ買わなくてもなんかひとつ得した気分になれる。これがマニア道というもんだろう。

1・5＋マルチリンクに乗る

出たばかりだから広報車は当然ひっぱりだこ。配車の都合で今回は150PS／250Nmの1・5ℓターボ

+BSGから乗ることになった。

eTSI Style＝370万5000円、個体VIN：WVWZZZCDZMW346317、車検証記載重量1360kg（前軸820kg／後軸540kg）、タイヤはドイツ製グッドイヤー・EAGLE F1の225／45-17。空気圧は前後250kPa指定のところきっちり230kPaでそろっていた。われわれのエアゲージはキャリブレーションしてあるので、これは先方エアゲージの精度の問題かも。

試乗開始時走行距離は3581kmである。

車重については、旧Ⅶの TSIハイライン（DCT）の車検証記載値が1320kg（前軸810kg／後軸510kg）、ⅧのBSGのついてない本国の1・5 TSIが6速MTで1330kgだから、同じ条件なら20kgくらい重くなっていると考えていいだろう。6速MT↔7速湿式DCTの差は一説には30kgくらいあるらしい。

ドアを開けて運転席に乗り込むと、メーター用とインフォ用、2枚のLCDパネルをブラックの化粧パネルで連結したインパネがどこかトヨタ ミライ風だ。しかしドラポジは手動調整5秒で吸い付くようにぴたりと合って、2台乗り継いで返却するまで一回も修正しなかった。腰が痛いとか背中が痛いとか面圧がどうだとか、シートのことを考えることも一度もなかった。

7速湿式DCTのセレクターにまたしても新手の意匠が登場した。小さなつまみのような形状。操作性は悪くはないが別によくもない。あえて変える意味もまったく感じない。

最悪なのがハザードやモード切り替えなどのスイッチを収めたセンタースイッチパネルだ。静電容量式のタッチスイッチで、走行中は手探り操作するしかないが、感度が鋭すぎてモードスイッチの切り替えなどはおそろしくやりにくい。

こういう操作系を見ると「やっぱりＶＷは」「さすがベンツは」「その点ビーエムは」などともっともらしいことを言いたくなるが、こんなものはほとんどすべてサプライメーカーの開発・売り込み品である。まさかこれは日本企業の作品ではないと信じたいが、おこづかい欲しさにサプライメーカーが次々に「発明」しては売り込んでくるこの手のガジェットを片っぱしから買って積んでると、どんどんクルマの品位が落ちていく。お買い物もいいが、本当に必要なのかどうかよく考えてからぽちって欲しい。

アイドリング中のエンジンは音も振動もほとんどない。

操舵力は軽めだが軽すぎず、切り初めからしっとり滑らかで高級な感触がある。ロードノイズも非常に低い。２０１９年10月21日に乗った２ℓディーゼルターボ＋湿式７速ＤＣＴのゴルフＴＤＩのときは路面によってガーゴー鳴りまくるロードノイズ感度の高さと車内騒音の大きさに閉口したが、生まれ変わって静かになった。そうなると面白いもので記憶は８年前の２０１３年５月29日に裾野カンツリー倶楽部を会場に行なわれた試乗会で初めてⅦに乗ったときのあの驚愕に舞い戻る。

麹町警察通りで乗り心地を試した。

縦ばねがちょっと硬くてごつごつとした反応が返ってくる。乗り心地にいい印象があった試しがないＧＹイーグルＦ１だから当たりが硬いのは予想通りだが、金属ばね自体も車重に対してやや硬めの印象。ただしダンパーはこのピストンスピード域では的確な減衰力を発揮していて、あおられたりゆすられたりする動きは少ない。

例の国立劇場前の工事の鉄板はこの日も健在で、ここでがつーんと一発食らった。入力があるレベルを超えるとボディに響きが上がってくる傾向が露呈した。異音が生じるほどではないが、剛性感が非常に高いというほどでもない。入力が上がっていくと途中からボディの反応が急変するというのはトヨタ車に似ている。まあボディの剛性感が実はあまり高くないというのはＶＷのいつもなのだが。

総じて同じ道での乗り心地比較ではＢセグのプジョー２０８（車重１１６０kg）の素晴らしさにおよばず、１２００kgのルーテシアと同等といった印象だ。こんなことがわかったのもあの鉄板のおかげ。いつまでもあそこに張っといてほしい。

霞ヶ関ランプから首都高速環状線・内回りへ。

エンジンの反応は非常にいい。ＤＣＴのアクセル開度を5割ほどまで踏み込むと、即応してシャープな加速が返ってくる。先代の１・４ＴＳＩは気筒休止からのリカバリーが鈍く、踏んだ瞬間はいつもパワートレーンが寝ている印象があったが、今回は踏んだ瞬間の反応が俊敏だ。

仏ヴァレオ社製の48Ｖ・ＢＳＧシステムのモーターは９・４kW／62Nm。バッテリー容量も小さいからなにも期待してなかったが、アクセル開度が低い領域でターボラグを緩和してくれるくらいの効能はある。トルコンのステーターによるトルク増幅だって一瞬ならあれだけ効くのだから、こういう仕掛けも制御次第だ。

気筒休止システムは今回もついているが、リカバリーが瞬時でＢＳＧの効果もあり、痛痒はゼロだった。

浜崎橋までの首都高・内回りではハンドリング感がいい。操舵に応じてフロントにしなやかにロールが入り、外側輪が突っ張る感じがなく、逆に後輪が素早くグリップして操舵に反力感が出る。

後席の萬澤さんも「操舵の際のリヤのロール剛性が高い」という。つまりきっちりFFのセオリー通りのセッティングであって、ポロやAクラスなどのマイナーリーグの監督作品とは操縦性に対する開発の考え方が違う。やっぱゴルフはエースが作ってるのだと再認識する。どうせ買うなら1軍の監督が作ったクルマを選ばないと損だ。

湾岸線は交通量が多く東京湾トンネルの流れは60〜80km/hだったが、この速度での乗り心地は実に見事だ。路面の凹凸やざらつきはすべてばね下で吸収され、ばね上にはまったく上がってこない。これぞスカイフック。

「いやー素晴らしい乗り心地です」

萬澤さんがそういうのだから間違いない。

しかし道路が空いて流れが100km/hに上がると安定感が目立って低下してきた。前方をいく暴走トラックにちょっとだけ追従してみると車体が浮き上がる感じで恐ろしい。後席は「ジェットコースター」だという。

理由はよくわからない。

現象としては前後の揚力が大きいクルマが高速で不安定になる感じと似ている。いまどきまさかそんなはずもなかろうがとにかくそういう感じ。試乗車に関しては快適巡航スピードは100km/h以下、もっと言えば80

km／h以下だった。こんなドイツ車は初めてだ。

大黒PAで運転を交代して後席へ。

天井材が珍しくホワイト、サイドガラスは下端見切りがフロアから770㎜で、いまどきの流行より70～100㎜も低い（ただし全開で5㎝ほど開け残る）。ガラスのティンテッドもベンツほど真っ黒ではないから、広いだけでなく明るくて前方も側方も視界がいい。なかなか快適だ。

フロントに比べると路面の変化に応じてざらついたロードノイズが入ってくるが、テールゲート周りの防音はしっかりしており、すかすか風が抜けて寒いような感じは一切ない。

萬澤さんのいう通り80km／hを超えると乗り心地が浮き足立ってきてちょっと心許なくなってくるが、低中速域での乗り味は申し分なかった。

Ⅵ→Ⅶのモデルチェンジではは性能に関する考え方を大転換したこともあって飛躍感がすごかったが、今回はそれほどではない。8年前の「ゴルフショック」に必死で追従してきたライバル各車に追いつき追い越されてきたNV性能をなんとか埋めた程度で、ライバルを遠く突き放すほどの進化は感じられない。

ただし後席の広さ、視界、明るさ、乗り心地に関してはゴルフはいまもライバル他車に対して圧倒的に健全だ。Aクラスやマツダ3のように、なんとか売るため屋根をつぶして後席つぶして奇を衒ったスタイリングにして媚をうったり歌ったり踊ったりしなくても、ブランド力と伝統でだまって堂々売れるクルマならではの貫禄だと思う。

後席でCセグ選ぶならゴルフだろう。

1・0+TBAに乗る

2台目の試乗車は3気筒1ℓターボ+BSG搭載のeTSI Active312.5万円。1・5同様7速湿式DCT、110PS/200Nmである。試乗個体はWVWZZZCDZMW345576、車検証記載重量はフロントで30kg、リヤで20kg軽い1310kg(前軸790kg/後軸520kg)、タイヤはポーランド製のグッドイヤーEFFICIENT GRIP 225/55-16、空気圧は前後250kPaのところ左の前後が250kPa、右の前後が270kPaと無茶苦茶だったので、左右揃えた。しかしみなさんこんな状況であーだこーだインプレしてるんスか(笑)。

試乗開始時の走行距離は5850km。

外観の違いはホイール/タイヤを除くとフロントフェンダーのオーナメントがないだけ。とくに1ℓであることを示すエンブレムもない。

Tクロスで非常に感銘を受けた3気筒ターボ+DCTのパワートレーン。車重はTクロスより40kg重くなっているが、さきほどの1・5とおなじスペックのBSGがついているので、タウンスピードでは1・5よりもむしろ踏んだ一瞬のピックアップがよくて速い。

これには驚いた。

それはいいのだが残念ながら乗り心地が荒い。ロードノイズも大きいし、リヤから突き上げが入ってきてボディの骨身に響く。

スピンドルの描く円弧の件が先入観になっているわけではないのだが、ハーシュネスに対する反応が荒い。

そのかわり大黒PAの100Rでは横力でのトー変化が抑えられてリヤがしっかり決まり、操舵反力がすぐに返ってきて、マルチリンクに劣らない安定感を示した。

デビュー時に絶賛したⅦのTBA車（＝1・2ℓ4気筒ターボ）に比べると作り込みの洗練度が劣るのはちょっと残念だ。1・5のシャシの出来のまま3気筒ターボ＋BSGを積んでくれたら、かつての1・5ℓ3気筒＋ZF8HPの縦置きFRの大名車＝BMW118i（2015年〜2019年）の足元くらいには近づけるかもしれないのだが、今回のTBA車に300万円払うなら、ひどいインパネと四角いハンドルを我慢してワンクラスさげてでも、1・2ℓ3気筒100PS／205Nm＋アイシン8速ATで車重1160kgの208アリュール＝259・9万円を買うほうがいい。

ゴルフⅧ、期待ほどではなかったが悪くもなかった。しかしこれまで乗った最高のゴルフはⅧでもGTIでもRでもなく、やっぱりⅦのeゴルフであって、それはまだ動かない。

ゴルフⅧのリヤTBA車のトレーリングアームピボット位置が床下に突出している理由の予想

フロントがストラット式なら、フロントのアンチダイブジオメトリーは取りやすい。したがって制動時のピッチング安定感はリヤのアンチリフト性によって差がつく。以下はリヤのアンチリフト率の図示。重心高と前後制動力配分比の交点をまず出す。

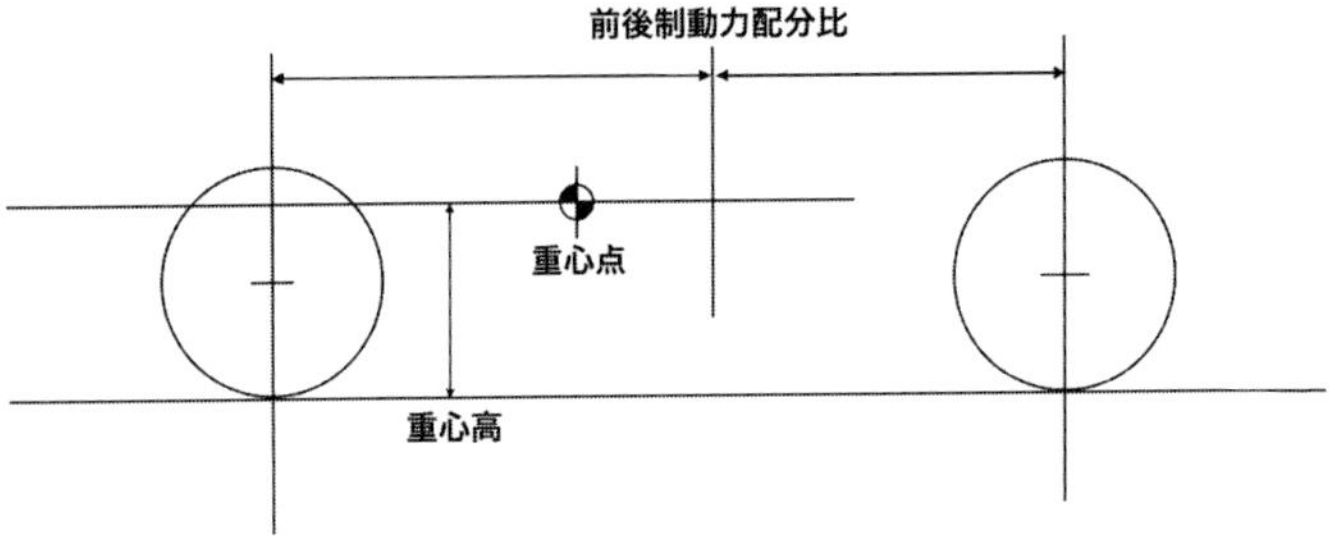

重心高と前後制動力配分比の交点と、接地点を結んだ線がリヤサスの制動時アンチリフト率100%のラインである。FF車のTBAや3リンク＋トレーリングアーム式マルチリンクではサスの瞬間中心＝トレーリングアームのピボットだから、ピボットをこのライン上におけば、リヤサスのアンチリフト率は100%になる（制動してもリヤサスはまったくリフトしない）。

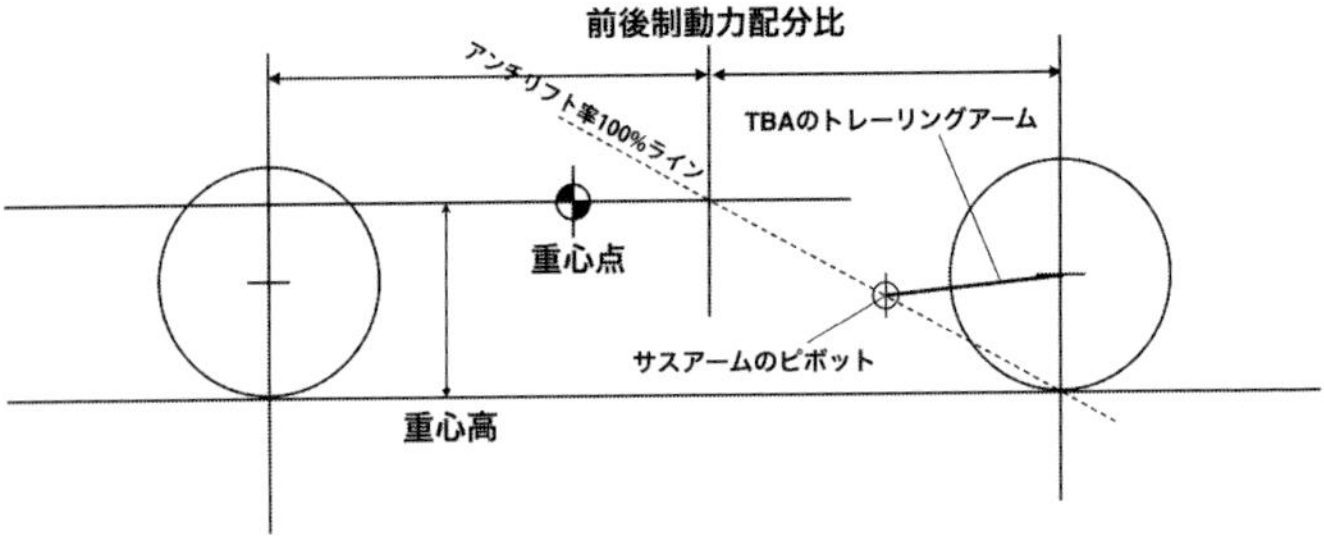

何らかの理由でトレーリングアームを短くした場合、ピボット位置の地上高を変えないとアンチリフト率が大きく変わってしまってサスペンションのセッティングをやり直さなければならなくなる。アームを短縮し、かつセッティングも変えたくないならば、ピボット位置をアンチリフト率一定ラインに沿って斜め下方に動かせば良い。するとゴルフⅧのTBA車のように床下にピボットが突出することになる。

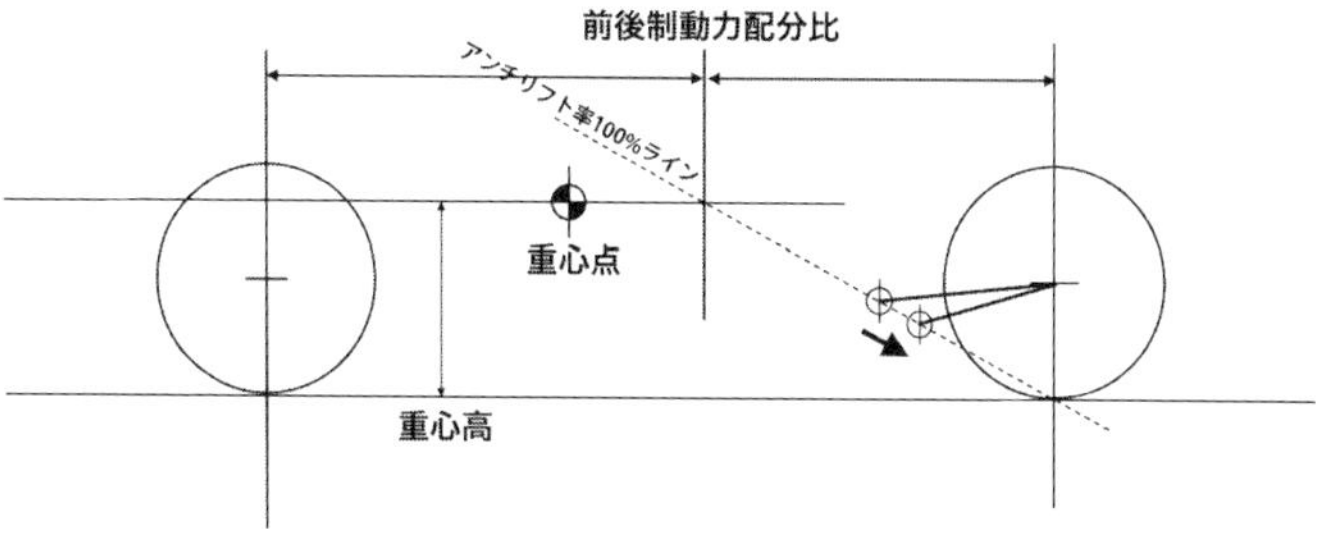

ちなみに後輪駆動車（4WDを含む）の場合は、エンブレ時の力はスピンドル中心からデフに入る。そのためエンブレ時だけについては、重心高と前後制動力配分比の交点とスピンドル中心とを結んだ線がアンチリフト率100%ラインになる（日産ノートの4WDの項を参照）。このためFF用のサスを4WDに使い回すときは、ピボット位置をあらかじめ高くしておく。ゴルフVIIIのリヤマルチリンクのピボットをボディに埋没したのはそのため。

左：トレーリングアームのピボットがボディに埋没している1.5　右：TBAのピボットが空中に突出してる1.0

福野礼一郎 選定
項目別ベストワースト 2021

慣れるまでがインプレ、慣れたらみんな名車

- □ 基本的には2020年版の改訂版です
- □ 現行生産車が評価対象です
- □ 理由は長くなるので解説していません。すみません
- □ グレード明記の場合はそのグレードのみの選定です
- □ 2～3車併記は同格1位です
- □ 乗ってないクルマ、貸してくれないクルマ、生産終了車は評価外です

2021年、期待を上回る出来だった
クルマもしくはアイテム

■Bセグメント各車……

プジョー208、日産ノート4WD、
VW Tクロスは200万円台なのに上出来

2021年、期待を下回る出来だった クルマもしくはアイテム

■Cセグメント各車……ゴルフⅧを筆頭にBセグの低価格・軽量高性能に負け、相対的商品力が低下してきた

2021年、買ってはいけない輸入車

■ベンツAクラス……開発思想超低空飛行の2軍監督作品

■VWTロック……外観に対して内容レベルが低いパイクカー

2021年クラス別ベスト車

■Aセグメント……………ルノー トゥインゴ
■Bセグメント……………プジョー208　VW Tクロス　シトロエンC3
日産ノート（4WDのみ）
■Cセグメント……………ゴルフⅧ（1・5ターボ＋BSG）
■Dセグメント……………BMW330i（及第。4代目Cクラス／A4よりはいい）
■Eセグメント……………トヨタ・ミライ　ベンツE220d（セダン／ワゴン）
■フルサイズセダン　……新型Sクラスに乗ってないからわからない
■軽自動車…………………スズキ・ジムニー（神自動車は軽のみ）
■スモールスポーツカー…マツダ ロードスター（MTのみ）　ケーターハム セブン
■ミドルスポーツカー……該当なし
■箱スポーツカー…………シビック・タイプR
■アッパースポーツカー…コルベットC8（同価格域のミドポルシェよりずっといい）
■スモールSUV…………スズキ・ジムニー（軽のみ）
■ミドルSUV……………2代目ベンツGLA200d
ジープ・ラングラー（「アンリミテッド・サハラ」のみ）
■アッパーSUV…………ベンツGLE400d（2350kg重すぎ）
■スモールミニバン………ダイハツ軽ミニバンのターボ車

2021年部門別ベスト

■前後モーターによる姿勢／操縦性制御……日産ノート4WD

■48VのVW eTSI……48V 10kWだが排ガス骨抜きをカバーしてジャーク体感アップ

■25年間登場を待ってた神スーパーカー……GMA T・50

■最高の加速ジャーク……テスラ全車（乗って踏めばわかる）

■ベストパワートレーン……テスラ・モデルS用三相4極AC誘導モーター、モデル3リヤ用永久磁石シンクロナスモーター（PMSM）

■内燃機ベストパワートレーン（横置き）……ダイハツKF型直列3気筒658ccターボ（ぜひ全国統制型軽発動機に）

■ベストバランスタイヤ……各社19～20インチ。ミシュラン PILOT SPORT4系のOEMはバランスいい

■神変速機……ZF8HP（進化し続けいまだ誰も追いつけない）

■クラスレベルを大きく超えるインテリア質感……該当なし

■最高インフォナビシステム……テスラの縦型（横型は並）

～2021年おおいなる期待はずれと最低のできばえ

■この数年期待ハズレだったニューモデル……アルピーヌA110、BMW Z4、C3エアクロス

■今年一番好みに合わなかったニューモデル……GRヤリス

■ここ5～6年でもっとも失望したフルモデルチェンジ……ベンツAクラス、VWポロ、BMW5シリーズ

■期待ハズレだったニューエンジン……コルベットLT2 6.2ℓV8（502PS／637Nm）

■自動車登場以来最低の計器……反対周りタコメーター（プジョーとそれを真似したBMW）

■自動車登場以来最低の操作装置……角形ステアリング（2020プジョー208、2021コルベットC8）

■ここ数年で最もひどかったスイッチレイアウト……コルベットC8（縦一列って……）

■理論的には最低だが、使うと普通のクルマより使いやすい操作系……テスラ全車のオール管面操作

■内燃機用ワースト変速機……この世全部のCVT（ただしエンジン無音でタコがなければ無視可能）

■クルマ世界のくだらないトレンド①……踏むと吠えまくる下品録音再生式排気サウンド

■クルマ世界のくだらないトレンド②……始動するとブワンと吹かす下品設定

■クルマ世界のくだらないトレンド③……サプライヤーが次々作るヘンテコAT／DCTセレクター

クルマ選び鉄則

■ブランド信仰をすて、クルマの神様＝機械工学信仰に帰依すべし

■軽量化こそクルマすべての正義
「重くなりましたが進化しました」はすべて詐欺

■クルマは必ず乗って走って他車と比べて判断すべし

■試乗の際はセールスに運転させ後席に乗って乗り心地と騒音チェックすべし（前席と後席は別世界）

■乗り心地が際立つ悪路をいくつか覚えておき、できれば試乗でそこを通るべし

■試乗なしにオンライン販売でクルマを買っては絶対にいけない

モーターファン ロードテスト

現在の視点 1

ホンダ・シティ（初代AA型）

モーターファン ロードテスト再録
ホンダ・シティ
https://car.motor-fan.jp/tech/10016166

座談収録日　2020 年 8 月 3 日

出 席 者	自動車設計者 ……	国内自動車メーカー A 社 OB	元車両開発責任者
	シャシ設計者 ……	国内自動車メーカー B 社 OB	元車両開発部署所属
	エンジン設計者 …	国内自動車メーカー C 社勤務	エンジン設計部署所属

――今回取り上げるのはお待ちかねホンダ・シティです。「クルマ論評5」で取り上げたソアラは1981年2月27日の発表、ピアッツァが同年5月13日発表、6代目スカイラインR30型が8月18日でしたが、シティはその年1981年10月29日の発表でした。報道発表会は前年9月15日に開業した西新宿の「ホテルセンチュリーハイアット（現・ハイアットリージェンシー東京）」のセンチュリールームという大宴会場で開催、私も行きました。吹き抜けに吊った馬鹿でかいシャンデリアとガラス張りエレベーターに驚きました。

エンジン設計者　豪華ホテルで豪華発表会ですか。

――ホンダの排ガス対策エンジンの希薄燃焼のCVCC、この副燃焼室式というメカそのまま急速燃焼方式へと発想転換して「コンバックス」と命名したNA1・2ℓ直4エンジンを搭載、エコ仕様の「シティE」でグロス63PS、スポーティバーションの「シティR」で67PSという出力仕様にそれぞれ5速MTと3速ATを設定してました。翌1982年9月20日にこのエンジンにIHI

図1　シティターボ（1982年9月発売）とターボII（1983年10月発売）

シティ発売後11ヶ月目にシティターボを追加投入。IHI製ターボとホンダの電子制御燃料噴射装置「PGM-FI」を装着、0.75kgf/cm²の過給圧で100PS。このときエンジンの上にエアクリーナーを置いたためボンネットにバルジを張り出した。トレッドとフェンダーを拡大したボディに空冷インタークーラーつきターボ（0.85kgf/cm²、110PS）を搭載したシティターボIIのニックネームは「ブルドッグ」。イメージに反して味付けは大甘で、岡崎宏司先生といっしょに「なんだこれは」と大いにがっかりした記憶がある。

製ターボと電制燃料噴射を装着、０・７５kgf／cm²の過給圧で１００PSを出す「シティターボ」を追加（図１左）、さらに１９８３年10月26日にはこれに空冷式インタークーラーを装着し過給圧を０・85kgf／cm²に高めた１１０PSの「ターボⅡ」が登場します（図１右）。このときトレッドをフロント１３７０mm→１４００mm、リヤを１３７０mm→１３９０mmへ拡大、ボディをオーバーフェンダーにして全幅を50mm拡幅してます。「ブルドッグ」というニックネームはターボⅡ発売時にホンダが命名したものです。１９８４年７月４日にはブルドックのボディを使ってオープンボディにした「カブリオレ」が登場、セールスポイントはピンク色や黄緑色など12色のボディカラーでした（図２）。ということで当時の日本車のパターンと違って丸５年間のモデルライフで結構話題を提供し続けたモデルでした。今回はブルドッグやカブリ

図2　シティカブリオレ（1984年7月発売）

1984年7月、ブルドックのボディを使った「カブリオレ」が登場。当時の世界的な流行色で、ポルシェも964のカレラカップに採用したピンクや黄緑などの極彩色を含んだ12色をラインアップした。「12色全色見れるのはこれが最初で最後だ」と思って1984年7月４日に大磯ロングビーチで開催された報道試乗会（この写真）に出かけていった記憶は今も鮮明だ。イメージに反して乗り味はなんとも荒々しかった。いまに思えば「屋根を切るとクルマのボディ剛性は半分になる」という事実をそのまま体現したようなクルマだった。

オレまで含めてシティ全体を鳥瞰しながらお話いただこうと思います。参考資料として発売当初のNAモデルのモーターファン・ロードテスト（MFRT）とその座談会のページをアップしてもらいましたので、webでご覧ください。ニューモデル速報は1981年12月に「ホンダ・シティのすべて」、82年11月に「ホンダ・シティターボのすべて」が出てますが、これらはすみませんが電子版をご購入ください。

トールボーイ・コンセプト

自動車設計者　初代シティというと「ホンダっ、ホンダっ、ホンダっ、ホンダっ」のあのTVCMが脳裏に焼き付いています。

エンジン設計者　「マッドネス」ですね（1976年結成のイギリスのネオスカ系バンド）。シングルカット版ではサビの部分を「フンワっ、フンワっ、フンワっ、フンワっ」と歌ってます。

シャシ設計者　ということは最初に曲があってその替え歌で「ホンダっ、ホンダっ、」と歌ったってこと？

――　いえいえ、あれはオリジナル曲です。作曲は「ジャッキー吉川とブルーコメッツ」のメンバーだった井上大輔さん（メンバー名は井上忠夫）。マッドネスが「イン・ザ・シティ」という曲名でシングル発売したのは82年2月になってからです。

シャシ設計者　井上忠夫さんはフルート吹いたりサックス吹いたりしてドラムのジャッキー吉川さんより目立っ

てましたが、さすがにブルコメくらいになると本書の読者の方は誰も知らないでしょう（笑）。

――「青い瞳」や「ブルーシャトウ」も井上さんの作曲だそうです。

シャシ設計者　そうなんだ。

――初代シティの最大の特徴はパッケージでした。軽自動車以外では当時最も短かかった３３８０㎜の全長に対し（当時の軽規格は３２００㎜以下）着座位置を思い切りあげて全高１４７０㎜にした背高設計で、これを「トールボーイ」と命名し、大いに喧伝しました。ホイルベースも軽に毛の生えた程度の２２２０㎜（図３）。「ヒトは立って半畳・寝て一畳、高く座ればクルマは短くできて、クルマが短くなれば軽くなって安くなり、軽くなれば強くなる。スタイリングなんてものはそのコンセプトができてからあとのオマケである」という当時の渡辺洋男主任研究員（プロジェクトリーダー）の言葉は、駆け出しのライターだった私にとってそれまで日本車に

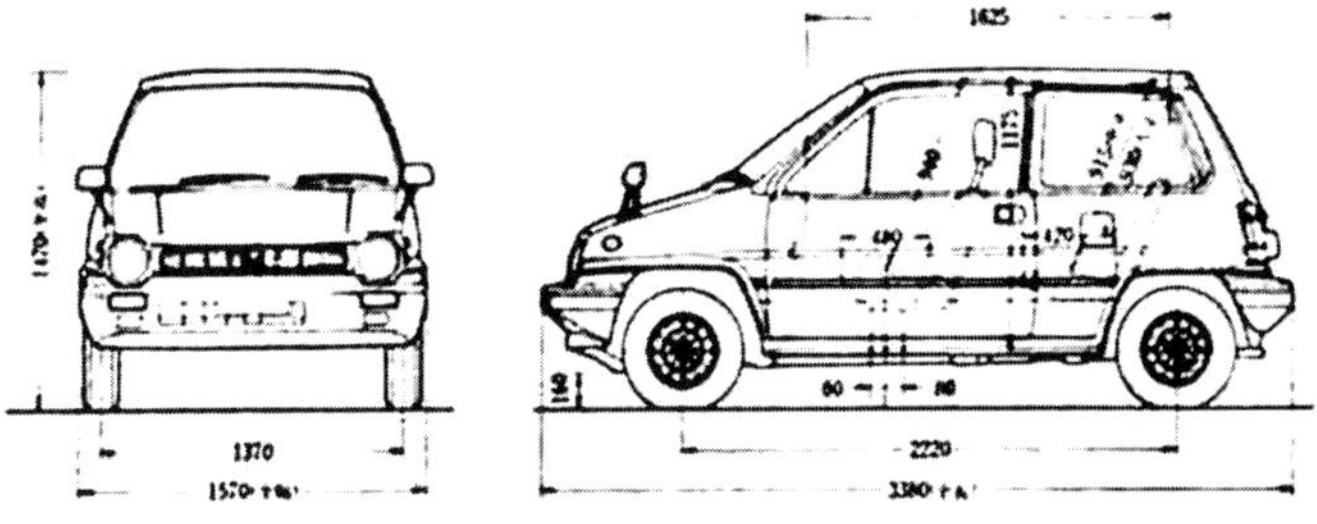

図3　シティの基本パッケージ

全長3380mm×全幅1570mm×全高1470mm、ホイルベース2220mm。前後オーバーハングの90mmはバンパーが占める。それを含めてもリッターカーの嚆矢である初代シャレードより180mm短く、110mm高く、60mm幅広い。1976～90年の550cc軽自動車（全長3.2m以下／全幅1.4m以下）に5マイルバンパーをつけて170mm拡幅したようなプロポーションで、当時の日本車の平均的パッケージに比べトールであると同時にワイド、ヨーロッパ車を思わるパッケージだった。

対して感じていた疑問をすべて払拭してくれるような、むちゃくちゃ説得力のあるコンセプト論でした。あれ以来パッケージという3次元デザインの面白さに取り憑かれ、それでここまで突っ走ってきたようなもんです。

シャシ設計者　私は前年に発売されたミラ・クオーレ（１９８０年６月発売初代Ｌ55型）を買って乗ってたけど、ホイルベース２１５０㎜、全長３１９５㎜に対して全高は１３９５㎜だったから、全長と全高の比はシティとおおむね同じだった。コンセプト論には説得力があったかもしれないけど実際にはそれほど画期的なパッケージでもないでしょう。

――「すべて本」の星島さんのメカ解説の冒頭に「当初は全長３２８０で計画してたが、デザイナーが勝手に１００㎜延長しちゃった」という話を紹介してますが、確かにバンパーが大きく前後に突出して70年代のＥＳＶ的な雰囲気です。なのでボディ正味なら軽よりはるかに背高プロポーションですよ。あと幅ですよね。当時の軽は１４００㎜以下ですが、シティは初代シビックを65㎜も超えた１５７０㎜もあってトレッドも前後１３７０㎜。だから日本の軽やリッターカーというよりヨーロッパのコンパクトカー的プロポーションです。

自動車設計者　「すべて本」で山口京一さんがＶＷビートル、シトロエン２ＣＶ、ミニなどヨーロッパのコンパクトカー史を綴ってますが、ヨーロッパではこういう自動車は確かに珍しくもなんともなかった。ホンダ・シティで画期的だったのは「トールボーイ」なんて言葉を作って、ファッションとして大々的に宣伝したというその部分じゃないかと思いますが。

シャシ設計者　クルマを工業製品としてではなくファッションとして見る時代の寵児だったという感じはします

ね。

エンジン設計者　ホンダのウエブの50年史（「語り継ぎたいこと～チャレンジの50年～」）を読んでも平均年齢27歳の若いスタッフがカタログ制作や広告宣伝にまで関与したという記述ばかりで、社内でもそういうクルマという評価なのでは？　マッドネスを選んだのも開発スタッフだったということです。

――ＭＦＲＴの座談の中で山口京一さんが「この種のクルマは文化のバロメーターだ。ミニやカトルやサンクというのはヨーロッパの自動車文化が成熟してきたタイミングで登場して広く受け入れられた。だからシティを見たとき、日本のクルマ文化もいよいよ成熟の頂点にさしかかったんだなと感激した（発言骨子）」とおっしゃってて「さすが山京！（自動車雑誌世界で山口京一さんを称えるときに使うセリフ）」と思いました。

エンジン設計者　でも１９８６年から川本信彦社長の時代になると初代シティのコンセプトは社内でだんだん否定されるようになって、２代目はトールボーイと真逆のぺったんこボディ（「クラウ

図4　シティR（1981年11月発売）

63PSの「シティE（76.0／79.5万円）」、67PSの「シティR（78.0／81.5万円）」に加え4ナンバー2座61PSの「シティプロT（59.8万円）」と同じく4ナンバー4座の「シティプロF（63.8／69.3万円）」をラインアップ（価格はMT車／AT車）。エンジンはすべてキャブレター仕様。当時のカタログにはエアコン／クーラーの記載がなくディーラーオプション扱いだったと思われるが、逆転エンジンのため正転ACコンプレッサーの搭載方法は実にトリッキーだった（図7）。

チングフォルム」）になっちゃった。

――私はあれで本当に失望して、以後二度とホンダファンには戻りませんでした。初代シティの販売台数はピーク時に月販1万6000台まで行ったそうですが、5年間の総生産台数34万4300台のうちの約44%＝15万台は最初の2年間の販売、流行が去って人気がジリ貧になっていくにつれて社内の風向きもだんだん変わったのかもしれません。でもコンセプト大転換した2代目GA型（1986−1995年）もヒット作とはいえず1994年3月に生産中止、「シティ」という車種もろとも消滅してしまいました（以後はアジアカーの車名に使用）。

シャシ設計者　ホンダ車を開発してきたのは伝統的に本田技術研究所という別会社で、前任者の設計を否定しながら自己アピールしてのし上がっていく社風。「30歳で特定の役職につかないと先はない」「隣はぜんぶ敵だ」と。日本の社会は一般にスペシャリストよりゼネラリストであることを要求されるけど、技術研究所は真逆だった（＊2020年4月ホンダは事業運営体制を変更、本田技術研究所の組織運営体制も大きく変わった）。

自動車設計者　山口さんが書いてるように初代シティの時点で仮に日本の自動車文化が成熟の頂点に達したのだとしても、そのあとは結局また下降の一途をたどったということなんじゃないんですかねえ。

――そう思います。シティのようなクルマ思想がトヨタや日産、ホンダや三菱の追従をうながして大きなムーブメントにつながっていくことを期待してたんですが、実際にはバブルに踊りながら日本のクルマ文化のレベルは急降下していった。その究極の底辺がヨーロッパの傑作コンパクトカーのドンガラをぱくって旧型乗用車にかぶせてでっち上げた世界最低民度の自動車型物体、日産パイクカーでしょう。その低次元がやがて本家ヨーロッパに逆上陸してニュービートルやBMWミニを産んだんだから「悪貨は良貨を駆逐する」としかいいようがない。

自動車設計者　時代的にはニュービートルやBMWミニはもっとずっとあとじゃないですか。

――　えーといやでもBe‐1が86年、パオが88年、フィガロが90年、第4弾のラシーンがバブル崩壊で企画が飛んで同じ高田工業が作る通常生産車として登場したのが94年で、ニュービートルのプロトがデトロイトショーに出たのが同じ94年です。ローバーがミニのプロトを最初に公開したのが97年のジュネーブショー。なので自動車デザイン界の動きとしては連続していると思いますよ。出典が明示できませんが、確かニュービートルの開発関係者が当時のインタビューで「パイクカーの影響を受けた」と語っていた記憶もあります。

エンジン設計者　「レトロスペクティブ＝懐古趣味」というのはポストモダンのひとつでしたからね。

シャシ設計者　ニュービートルなんてのはFFの旧型ゴルフにビートルのエセドンガラをかぶせてでっち上げたクルマで、まさにパイクカーの発想。天国のポルシェ博士はあれ見てきっと泣いたでしょう。

――　当時そのセリフそのままインプレに書きました（笑）。こんなもの作ってクルマの神様に顔向けできんのかって、そう思いました。

自動車設計者　ボディメーカーの話題で思い出しましたが、ウイキペディアを読むと84年に出たシティ・カブリオレというのはソフトトップの設計がピニンファリナで、生産は岐阜県のパジェロ製造（当時は東洋工機）だったんですね。２０２１年で閉鎖が決まってしまいましたが。大変お気の毒です。

ポケッテリアとモトコンポ

――トールボーイにして室内高を稼ぎ着座位置を上げたインテリアにもセールスポイントがいくつかありました。60年代からBMWがやってた棚型インパネを初代シビックがパクりましたが、シティも同じタイプ。あちこち小物入れを追加して利便性をあげたことを「ポケッテリア」と命名してました（図5）。

自動車設計者　シートが変わってますね。ヘッドレストを左右2本のフレームで支えていて、シートの背もたれが低く、しかも下部をえぐってトンネルにしている。「すべて本」のインタビューで「掃除がしやすい」なんて言ってます。ここの会話は面白い。シートの座り心地に対してお客さんからいろいろ注文がくるが、実際にはみなさんどうやって座っているか調べてみると、若い人はとくに腰を前にずらしてずっこけて座ってると。「座面に深々ときっちりと

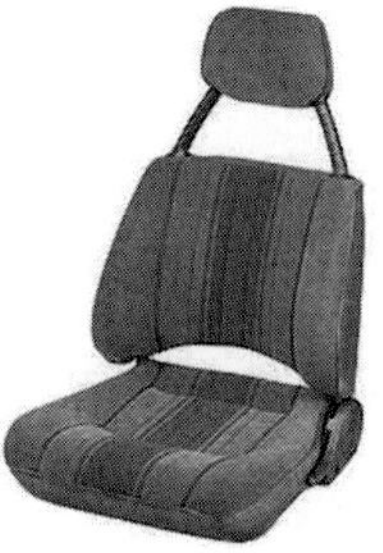

図5　「ポケッテリア」と奇抜なデザインのシート

現代に至るまでファミリーカーの定番である車内の小物入れ配置の工夫をアピールしたのが初代シティだった。インパネ下段やシート下のトレイ、ドアサイドのドリンクホルダー、スペアタイヤ内収納などはこの時代から各車に競うようにして採用され始め、バブル期には日本車のお家芸のひとつになった。シティのシートはユニークなデザインだが、腰下の面圧をゼロにしたのは現在のシート設計思想とは真逆。おそらく長時間走行では腰の負担が大きいだろう。

座ってから文句言ってもらいたい」んだが、そんなことい
うとエラいさんに「お客さんはいろいろなんだから」と戒められちゃうと。インテリアデザイナーの栗原成浩さんは「(お客さんの実態など気にせず)我々がクルマとしての理想を貫いていかないと(日本のクルマ文化は)崩れちゃう」と堂々の正論を言ってます。

――そういう見上げた思想で作ったクルマが社内で否定され、2代目ではだらけた着座姿勢になって初代シティの理想は本当に総崩れになったわけですから、まさに未来を予見した発言ですね。ご指摘の「ホンダ・シティのすべて」の「山口京一のデザイン・インタビュー」はクルマのデザインインタビューとしては空前絶後のもので、これは本当に必見です。

自動車設計者　かつては自動車の理想を理路整然と語れるデザイナーもこの世にいたんですねえ。

エンジン設計者　初代シティのもうひとつの「売り」は車

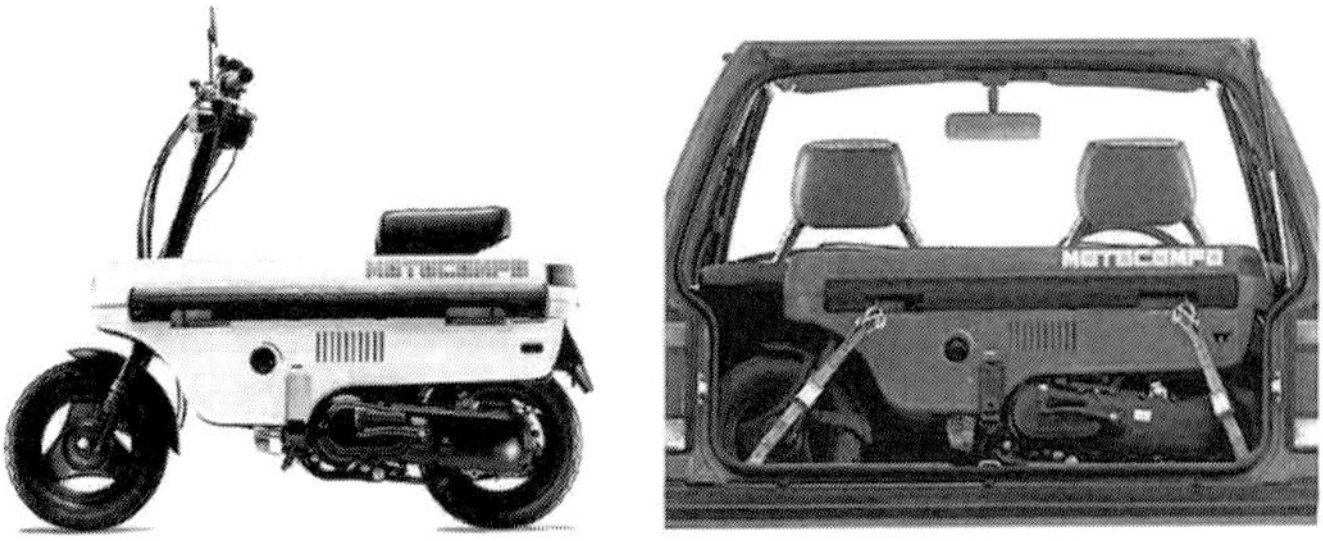

図6　**モトコンポ**

シティと同時に発表・発売された50cc原付バイク。全長118.5mmで折り畳み式ハンドル式。シティのトランクルームに収納できるのがセールスポイントだったが、8万円の別売品である。1985年までに5万台も売ったという。乾燥重量42kg、燃料タンク容量2.2ℓ。本稿エンジン設計者はモトコンポの苦い思い出を語ってくれたが、私には当時流行していたポケバイの類に比べれば高価だけどマトモだったという記憶がある。いまでもチューニングしてサーキットを走っている熱烈なファンがいるらしい。

載式の50㏄バイク「モトコンポ」（当時8万円）だったですけど、当時友人のを借りて大学から家まで15㎞くらい走ったら、あまりのひどさに途中でリタイヤしそうになりました。エンジンをフレームにダイレクトマウントしてるんでとにかく振動がひどい。もちろん直進安定感も低いし「法的に公道も走れるよ」というだけで、実際にはバイクとしては使い物にならなかった。せいぜい旅行先で駐車場を走り回るくらいですよ。そのために後部座席畳んで二人乗りにしなきゃいけないし、満タンで45㎏もあるから一人じゃとても積み下ろしできない。誰がどう考えてもスケボーでも積んでった方がマシという。

シャシ設計者　1年後にでた「シティターボのすべて」にシティをドレスアップした実例を紹介してるページがあるけど、モトコンポのモの字も出てきてない。

エンジン設計者　ウィキペディアによりますとモトコンポはシティのモデルチェンジまでもたず一足先に1985年にディスコンになったらしいですが、それでも5万台も生産したとか。今でもオークションで高値がつくようですね。

サスペンション

——　ではメカにいきましょう。

シャシ設計者　リヤサスは逆Aアームとラジアスロッドをロワに使ったストラット（図7／図8）です。逆Aア

図7　**前後サスペンション**

1981年11月発行のカタログから。筆者の勝手な判断で図上のホイルベースを切り詰めている。テンションロッドの途中にスタビライザーをマウントしたかなり風変わりなフロントサス、前後の位置決めを行うラジアスロッドを後席前端くらいまで長く伸ばしたリヤサスなど、特徴的でかつ効果のほどが判然としない奇妙な設計も見て取れる。

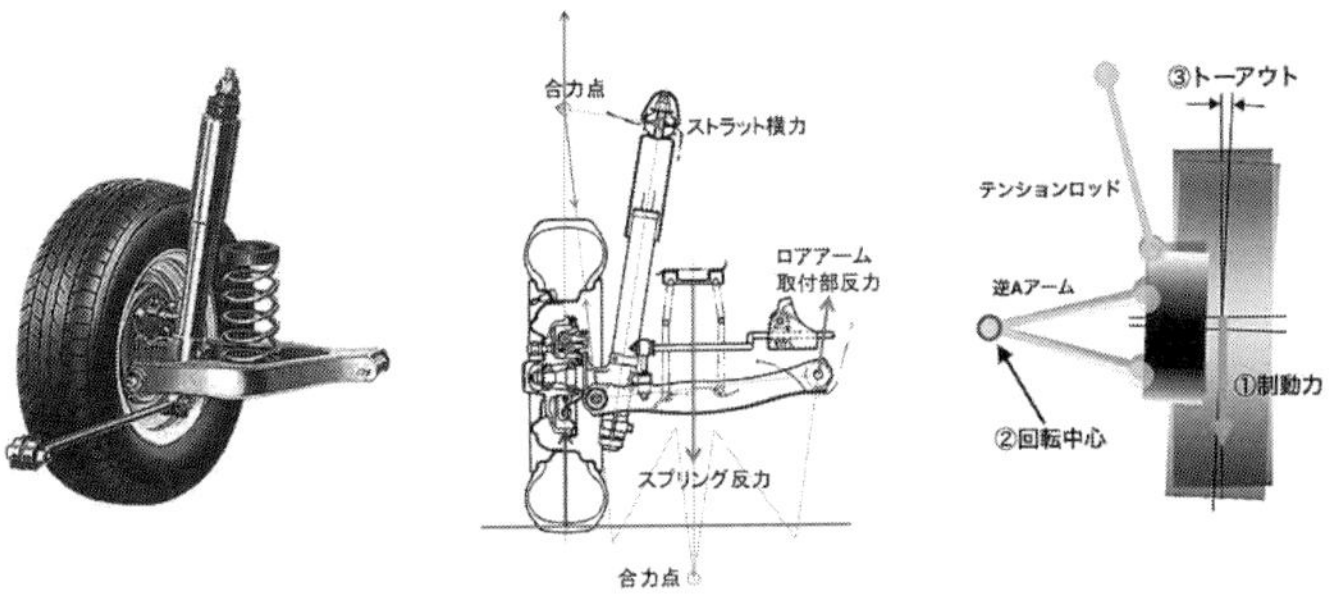

図8　**リヤサス**

リヤはコイルばねを逆Aアームの上に配置、モトコンポ搭載のための荷室横幅を稼いだストラット式。本稿シャシ設計者氏による簡単な図上検討（中央）では、コイルばねをアーム上に配置していてもリンク配置が適切なためストラットの曲げモーメントはかなり小さくできている。ただしロアアーム車体側ブッシュの反力は大きくなる。右端は逆Aアーム式サスの持つ欠点である制動力がかかったときのコンプライアンスステア（制動時トーアウト）を模式化した説明。

ームのストラットは初代／2代目シビック（1972〜）から使ってましたが、シティではトランクの横幅を広くしてモトコンポ（50cc小型オートバイ）搭載のスペースを稼ぐため、アームの上にコイルばねを乗せてます。リヤサスの背面図に作図してみました（図8中央）。アームの上にばねを乗せているのでロアアーム車体側ブッシュの反力が大きくなりますが、リンク配置をうまく工夫してあるのでストラットの曲げモーメントはかなり小さくなっています。またロアアームのピボットに加わる軸方向の分力もほぼゼロになっています。図を見ていただくとロワアームのアウターブッシュを通って上下の合力点を結んでいる線と、ロワアームのインナーブッシュ↔アウターブッシュを結ぶ線がほぼ直交してますよね。こうすると1Gではブッシュに横力がほとんど入らなくなるわけです。手慣れたいい設計だと思います。

自動車設計者　ストラット同軸配置ではオフセットスプリングを使えば横力をさらに減少できますが、すべてシリーズを読むと若いエンジニアたちが『乗り心地なんかよくしないでいい』と言ったのでやめたとか。ストラット式ではばねを別にマウントしたのは、シティの翌年の1982年12月に出たベンツ190E（W201）のフロントですね（日本発売は1985年）。あのクルマに関しては当時リヤのマルチリンクの話題ばかりでしたが、私が驚いたのはむしろフロントです。一人でサスとブレーキとステアリングを設計したのかと思うくらいスペース的にぎりぎりの空間レイアウトで、アームとアームはこれで本当にぶつからないのかと思って、台上でステアリングをめいっぱい切った状態でサスをフルリバウンドにしてみたら、ロワアームにえぐったクリアランス用凹みとタイロッドとの隙間が1㎜しかありませんでした。反対側もやってみたらこれもぴたり1㎜。

シャシ設計者　それってサスがすごいってより、ボディがすごいな。

自動車設計者　その通りその通り。当時の日本車のモノコックの組み立て精度はおおむね±1・5㎜ですからね。サスアームのクリアランス＝1㎜の設計が成り立ってことは、ベンツのモノコックの精度は±0・5㎜以下かよと。あのときは日本車とのそのあまりの実力差に、その場に立っていられないくらいの衝撃を受けました。

――すごい話だなあ。聞けば聞くほどあのクルマは凄かったんですね。いまのベンツとは別の会社ですねえ。絶対W201はいつか取り上げましょう。

自動車設計者　余談すみません。どうぞシティに戻ってください。

シャシ設計者　透視図を見るとリヤのラジアスロッドのピボットが後席前端あたりにあります。なんでこんなに長くしたのかちょっとわかりませんが、ラジアスロッドで前後方向の位置決めをしているストラット式の場合、タイヤがバンプ／リバウンドするとクルマを横から眺めたときにラジアスロッドが描く円弧運動によってハブキャリアが前方側に引っ張り込まれます。このときロワが逆Aアームだと、クルマを上からみたときアーム全体が車体側のピボットを中心に前方方向に少し回転させられて、タイヤにトーイン方向（安定化）の変位が生じますが、ラジアスロッドが長いとその変化が小さくなります。

――ジオメトリー変化的にはこのサス形式は基本バンプトーインということですね（バンプトーイン＝コーナリングで外側輪が沈み込むとトーインに変位→ロールでアンダーステアになって挙動が安定する＝ロールアンダーステア）。

シャシ設計者　ラジアスアームの角度次第でもロールアンダーにできるでしょうが、実際に走行して加速・減速でタイヤに横力や前後力が加わったときは、NV対策のために各ピボットに使っているゴムブッシュの追従たわみ性に起因するコンプライアンス変化が生じます。このサス形式の場合は横力ではトーインに変化しますが、制動力が入ったときはクルマを上から見たときに逆Aアームがボディ側を中心に後方に回転することによってトーアウトへの変化が起きます（図8右）。つまり旋回ブレーキングでの挙動が不安定になる。これが逆Aアーム形式の欠点です。なので横力でも前後力でもトーがコンプライアンス変化しにくいパラレルリンク＋ラジアスロッド式がストラット式FF車のリヤサスでは主流になりました。

自動車設計者　これ、フロントのロワはテンションロッドの途中にスタビをマウントしてるなあ（図7）。

——あ、うわホントだ。なんですかこれは。

自動車設計者　引っ張り力を受け持つロッドの途中に上下荷重を入れるというのは普通はやらない設計です。アホかと思われるんで。

——ロールしたらテンションロッドがぐんにゃり曲がりそう。ホンダのことだから「テンションロッドの曲げもスタビ効果の一部」と言い張ったとか。まあテンションロッドは中実でスタビは中空ですが。

シャシ設計者　ロワがIアーム＋テンションロッドというのはこの時代のフロントのストラットのスタンダードでした。強度的にいうとFRならフロントには制動力しか加わらないからこれでいいのは当然として、前輪に駆動力がかかるFFでも結局駆動力は制動力の半分以下なので、同じようにロッドを引っ張りで使うこの方式が正しい設計です。ただテンションロッドの前方のブッシュを地面近くに持ってこない限りはフロントのアンチダイブ効果がマイナスになります。アンチダイブが取れないのと衝突安全との兼ね合いでテンションロッド方式はいまではすっかりすたれ、ストラット式のロアはＬアーム主流になりました。シティに関しては「リヤサスはなかなかいい設計だがフロントは凡庸」という印象です。

エンジン

――エンジンの所見をお願いします。

エンジン設計者　ウィキペディアにもホンダの資料を元にした記述がありますが、ＣＶＣＣは１９７２年10月に世界で初めてマスキー法（アメリカの排ガス規制）の規制値をクリヤできる技術として発表、73年12月に初代シビックＳＢ１型に追加で搭載しました。燃焼室上部に副燃焼室を設け、リッチ

図9

シティ用ER型エンジン　水冷直列４気筒　ボアxストローク66x90mm　総排気量1231cc　圧縮比10.0　排ガス対策：コンバックス方式CVCC＋エキマニ直下配置式酸化触媒＋２次エア導入　最高出力67PS/5500rpm　最大トルク10.0kgm/3500rpm　燃料供給３バレルキャブレター

なガスにまず着火してから、トーチ孔から噴射する火炎で主燃焼室のリーンなガスを燃焼させるという方式ですが、当然のことながら希薄混合気が一気に燃焼して温度が上がるとＮＯｘが出るため、当初のシステムではシリンダーの混合気をゆっくり燃焼させて燃焼温度を抑制しＮＯｘ発生を抑えるというスロー燃焼方式でした。その後１９８０年４月に副燃焼室の位置を燃焼室のほぼ中央に移動、トーチを多孔化して燃焼速度を安定化させるとともに、ＥＧＲ率を負荷に応じて制御することで燃費を向上したＣＶＣＣ-Ⅱをアコードとプレリュード（どちらも初代）に搭載してます。で１９８１年11月にシティに採用したＥＲ型１・２ℓエンジンは、スロー燃焼から一転して急速燃焼を採用、短時間に熱を発生させて高い燃焼圧と燃焼温度で図示熱効率を向上する方式を採用しました。排ガス対策には酸化触媒を使っています。これを「コンバックス」と呼んでました。

――ＣＶＣＣはCompound Vortex Controlled Combustion、直訳すると「制御された複合的な渦による燃焼」、ＣＯＭＢＡＸはCompact Blazing combustion axiom「高密度に急速燃焼する原理」。こういう馬鹿真面目な英語を使うのがこのころのホンダの特徴で、石油ショックでホンダ車がバカ売れしたアメリカでも「なんでクルマに『シビック』とか『アコード』なんて名前つけんだ」って言ってました。犬に「市民」とか「調和」とかいう名前つける人がいないのと同じ感覚で。

シャシ設計者　ＣＶＣＣは副室式なのでもともとアンチノック性が高いとこ持ってきて、さらに66×90㎜というウルトラロングストロークにして燃焼室をコンパクト化し火炎伝播距離を短くすることで圧縮比をあげ（10：１）、これで図示熱効率を上げたということですね。

エンジン設計者　82年9月20日にシティ・ターボが登場しますが、そのターボエンジンの開発責任者がのちにホンダF1チームの総監督（1984〜87年）として有名になった桜井淑敏さん（後藤治さんも同じチームにいたとか）ですが、どういうわけか図示熱効率のことをいつもあの方は「燃焼効率」と呼んでいて、当時モーターファンに「毒舌評論」という人気連載を執筆していた元いすゞの神様級エンジニアの兼坂 弘さんにからかわれていました。ホンダのエンジニアは「いえ（間違えてるのは）桜井だけです！」と弁明してたらしいですが、桜井さんの影響で評論家や自動車雑誌も長らく「燃焼効率」と書いてましたからいい迷惑でした。

―― 燃焼効率と図示熱効率ではなにがどう違うんですか？

エンジン設計者　「燃焼効率」は供給した燃料のうち実際に燃えた燃料の割合（不完全燃焼などの状況を示す指標）ですが、「図示熱効率」は供給した燃料が持つ熱エネルギー量のうち燃焼室で得られた熱エネルギーの割合ということなので、同

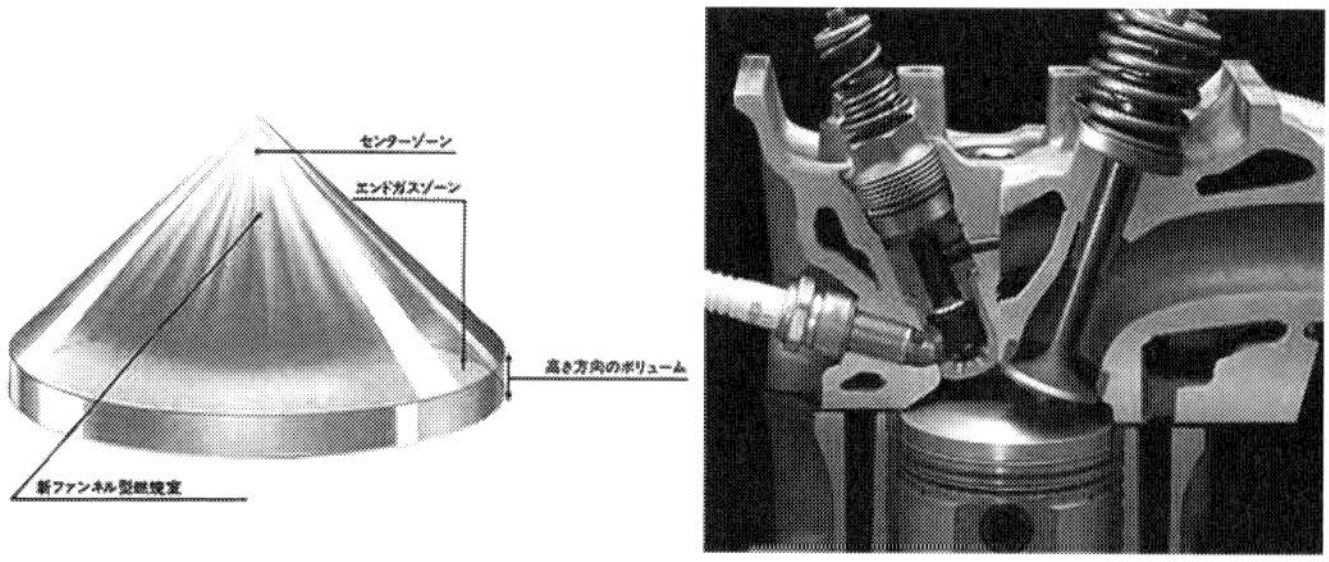

図10　ファンネル型燃焼室

CVCCの副燃焼室（副室）はヘッドの燃焼室上部にあり、ねじ込み式の副室用バルブがついている。プラグによって空燃比の濃い混合気にまず着火、この火炎を副室下部の放射状に孔を開けたトーチから主燃焼室に噴射して、燃焼室内のリーン混合気の燃焼を促す。これがCVCCの基本概念だが、シティのER型ではボア径の小型化と燃焼室形状の工夫で圧縮比をあげ、燃焼速度を高めて図示熱効率を上げた。

じ燃焼効率であっても図示熱効率のほうは燃え方次第で結果が違ってきます。ホンダの発言内容が図示熱効率を指していることは明白です。

自動車設計者　ウィキペディアを読んでると、ＣＶＣＣってのは日本機械学会の機械遺産に選ばれたりとか、どんだけ画期的なエンジンだったのかって印象を受けてしまいますが、その割には2代目のシティはＳＯＨＣ４弁になってるし、ＣＶＣＣエンジン自体も１９８９年で生産中止ということで、実際は短命だったんですね。

エンジン設計者　図示熱効率を上げたとかいっても結局１・２ℓでトルクがグロスでざっと１００Nm、最高出力がグロス67PSしか出てない。いまなら６６０ccの軽のＮＡエンジンでもネットで60Nmと50PSくらいは出てますよね。ようするにボア径の小さいカウンターフローで2弁式だから根本的に空気が吸えてないんですよ。ＮＡはキャブレターだったからその絞り損失もある。

シャシ設計者　副燃焼室つけるとレイアウト上どうしても2弁になっちゃうと。

エンジン設計者　１９８３年7月1日発売の初代ＣＲ-Ｘに積んだＥＶ型１・３ℓとＥＷ型１・５ℓでは副室を再び片方に寄せてクロスフロー化し、吸気2、排気1の3弁ＳＯＨＣ12バルブをやったんですが、それでも出力が出ないんで、ＣＶＣＣはすててＤＯＨＣ４弁にした。

自動車設計者　シティターボはまだＣＶＣＣなんですよね。

エンジン設計者　そうです。インタークーラーなしの最初のタイプでブースト圧０・75kgf／㎠で１００PS／15・０kg・m、１９８３年10月26日発売の空冷インタークーラー付きが過給圧０・85kgf／㎠で１００PS／16・３kg・

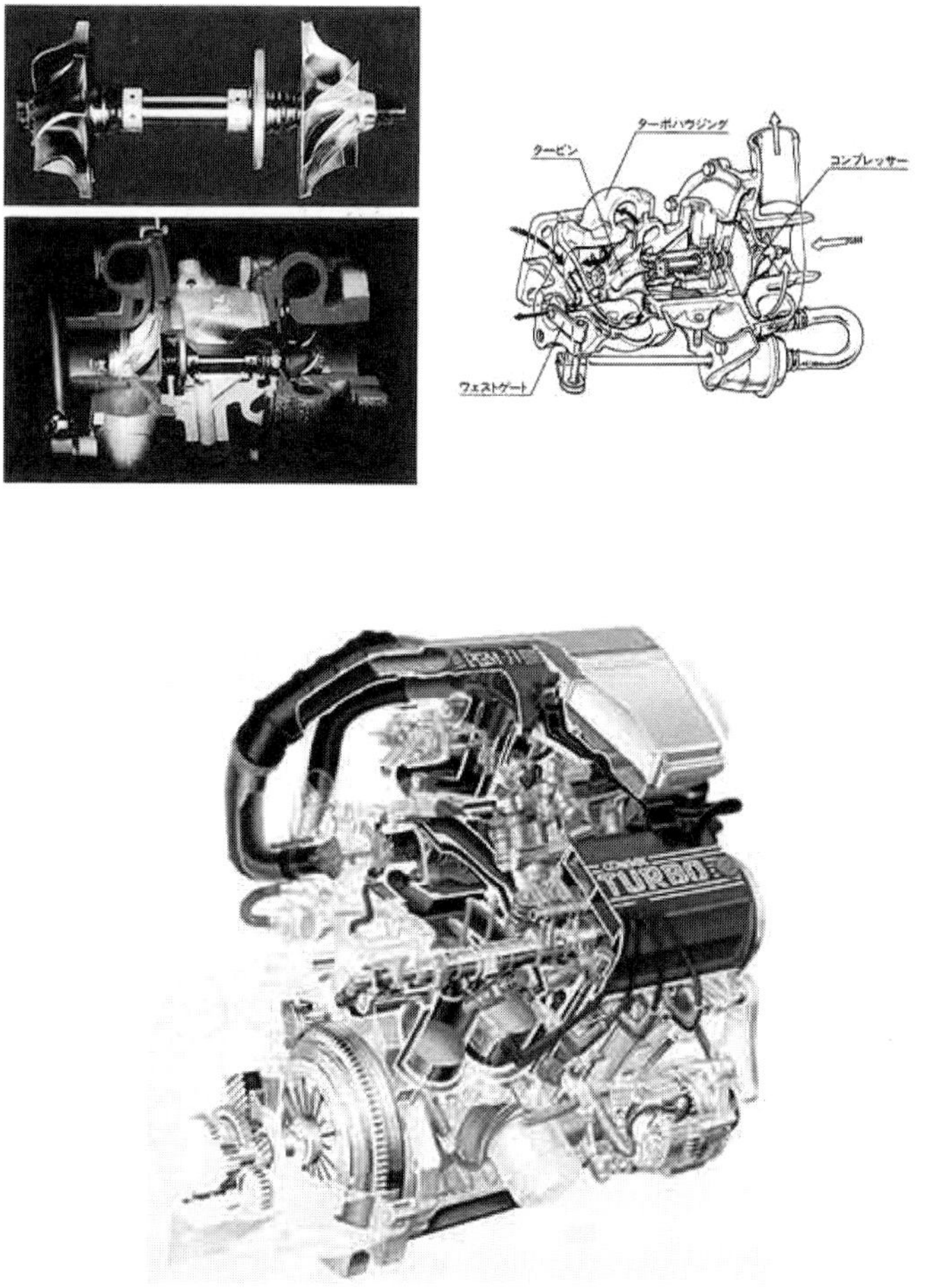

図11　シティターボ

1982年9月発売のターボはコンプレッサーブレードが薄かったIHI製のターボチャージャー（左と中央）を装着、インタークーラーなしでブースト圧を0.75kgf/cm²に設定、出力・トルクともに約50%増の100PS／15.0kg・mを達成した。1983年10月発売のターボIIは空冷インタークーラー＋過給圧0.85kgf/cm²で110PS／16.3kg・m。ただしいずれもグロス表記のため、現在の感覚では「ハナシ8割5分」、排気量と過給圧の割に出力もトルクも低い。これがCVCCが短命だった大きな理由だ。

m。桜井さんはインタビューで「どうせ過給するなら出力が倍くらいにならないと意味がない」と言ってますが、インタークーラーなしで0・75kgf／cm²まで過給圧を上げられたのは確かにCVCC＋コンパックスがノッキングに強かったからでしょうが、ネット値換算すると過給圧の割にはやはり出力が出てません。基本的に「空気が入っていない」ということです。

――ターボはIHI製ですが、桜井さんはずいぶん持ち上げてますね。

エンジン設計者　当時のギャレットや三菱にくらべてIHI製はコンプレッサーブレードが薄いから同じ径なら空気量を多く、同じ空気量なら径を小さくできるという理屈ですね。ただ真冬の雨の日などに氷を吸い込んでブレードが割れたというような事例も当時はありました。

図12　シティターボのエンジンルームレイアウト

ターボは燃料噴射になったので丸型エアクリーナーがあった位置に箱型エアクリーナーを置いた。ボンネットのバルジはこれを誇示するためだった。そこでターボIIでは向かって左のトランスアクスル上にインタークーラーを置いた。こんな奇妙なレイアウトになった一因はディーラーオプションのエアコン用コンプレッサーを右手前のスペースにつけるためだ（CVCCは逆転エンジンなので、正転コンプレッサをここに向かい合わせに装着する以外、後付けに適した場所がない）。

シャシ設計者　福野さんは当時シティに対してはどんな感想でした。

――アシが硬くて乗り心地が荒い反面、キビキビした操縦性と、高くて広い視界に共感しました。いまでいうBMWミニみたいな。ただなにせNAはノロかった。ターボでやっとフットワークを楽しめるようになりましたが、ターボⅡで軟弱化してがっかりでした。

自動車設計者　軟弱化。

――外観と真逆に、アシがソフトになってロールも大きくなって岡崎宏司先生と「やっちゃったな」「わかってないっスね」などと語り合ったのを覚えてます。

シャシ設計者　全幅が50㎜拡大、トレッドがフロントで30㎜、リヤで20㎜拡大。外見がいさましい割にはトレッドはそれほど変わってないので、やっぱり当初無視した乗り心地を考慮したということかな。

――2代目シティでホンダに失望したと言いましたが、シティの発表に先立つ1981年9月22日発表の2代目アコード、シティターボ発売直後の1982年11月25日に出た2代目プレリュード、この両車への失望感に加えてターボⅡのがっかりで「ホンダは一体どうしちゃったんだ」と、どんどん落ち込んでいきました。1963年のT360に始まって64～66年のS500／600／800、67年のN360とタミヤ1／12のRA273、69年の1300、70年のZと71年のライフ、72年のシビック、76年のアコード、そしてもちろん1960年のCB72スーパースポーツから69年のCB750Four＝Kゼロに至るオートバイ、出るもの出すものマニア的感興を鼓舞してくれたホンダに対する共感も、自分的には1983年9月発売のワンダーシビックで最後でした。

いくらＦ１で活躍したって、売ってるクルマがＮＳＸとかＳ２０００なんかじゃ自分にとってはなんの意味もなかったです。ホンダファンには悪いですけどこれがホンネでした。

ホンダ シティ（AA型）R（スペック＝1981年1月発売当初型）

全長×全幅×全高：3380×1570×1470mm

ホイルベース：2220mm　トレッド：1370mm/1370mm

カタログ車重：665kg

MFRT実測重量：714.5kg（前軸450.0kg=63.0%／後軸264.5kg=37.0%）

前面投影面積：1.73m²（写真測定値）　燃料タンク容量：41ℓ

最小回転半径：5.1m

MFRT時装着タイヤ：ダンロップ SP4 165/70SR12（空気圧前後1.8kg/cm²）

駆動輪出力：47.3PS/5250rpm

5MTギヤ比：①2.916 ②1.764 ③1.181 ④0.846 ⑤0.714

最終減速比：4.428

MFRTによる実測性能（5MT車）：0-100km/h 13.6秒　0-400m 18.7秒

最高速度（リミッター解除）：145.5km/h

発表当時の販売価格（1981年11月発売時）

シティE：79.5万円（3速AT車）　シティR：78.0万円（5速MT車）

シティターボ（1982年9月発売時）：109.0万円

シティターボII（1983年10月発売時）：123.0万円

発表日：1981年10月29日

1981年11月〜1986年10月の累計生産台数：34万4259台（平均5737台／月）

モーターファン・ロードテスト（MFRT）シティR

試験実施日：1981年12月7〜27日（82年5月号掲載）

場所：日本自動車研究所（JARI）

モーターファン ロードテスト

現在の視点 2

マツダ・コスモ（3代目HBS型）

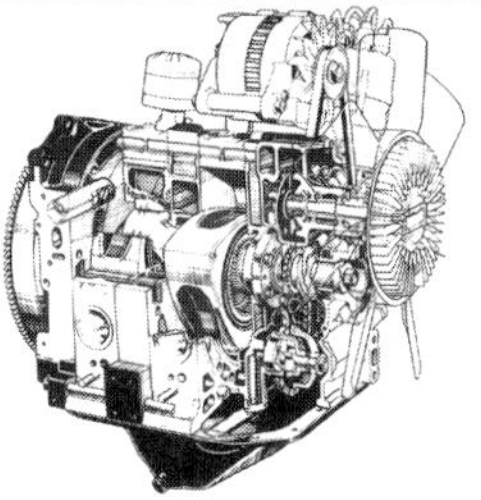

モーターファン ロードテスト再録
マツダ・コスモ
□https://car.motor-fan.jp/tech/10017049

座談収録日　2020 年 9 月 5 日

出　席　者
自動車設計者 …… 国内自動車メーカー A 社 OB　元車両開発責任者
シャシ設計者 …… 国内自動車メーカー B 社 OB　元車両開発部署所属
エンジン設計者 … 国内自動車メーカー C 社勤務　エンジン設計部署所属

――初代ソアラ、初代ピアッツア、R30スカイライン、初代シティが登場したのと同じ年、1981年の10月1日に発売された3代目マツダ・コスモです。4代目ルーチェとはこのときだけの兄弟車で同時に登場しています。2ドア・ハードトップ（以下HT）はコスモだけの設定、両車4ドアHTと4ドアセダンがありました。エンジンは2ℓ4気筒MA型SOHC120PSと、573cc×2の2ローター型12A型ロータリー130PSの2種、82年10月には両車とも12Aロータリー・ターボ搭載車を追加しています。図1は上段が初代～4代目のコスモ、下段が初代～5代目のルーチェです。

自動車設計者　途中でホイルベースを150㎜も伸ばした初代コスモ・スポーツ（67～72年）、アメリカ車的なデザインのスペシャルティカーになった2代目（75～81年）、バブル絶頂期に出た3ローターの4代目コスモ（90～96年）は記憶にありますが、この3代目というのは完全に失念してました。1981年から1990年まで9年間も作ってたんですねえ。ルーチェともなるとジュジアーロ時代のベルトーネがデザインした美しい初代（1966～72年）以外ほと

図1　上段左からコスモの初代～4世代　下段左からルーチェの初代～5世代

コスモ、ルーチェはロータリーエンジンを採用したマツダの意欲的な車両企画としてともに60年代に華々しく登場。ジヤトコ設立を契機にフォードとの資本提携を模索し始めた70年初頭から、両車ともアメリカ車風スペシャルティカー路線にシフトした。ルーチェはマークIIやスカイラインなどの影響を受けた車両企画へとさらに転じたが、どちらも商業的成功は得られずバブル崩壊後の90年代半ばに消滅した。マツダはフォード傘下で業務体質を改善、デミオの大ヒットなどもあって持ち直した（フォードが撤退する2015年まで36年間、関係継続）。

んど記憶にありません。

シャシ設計者　ルーチェが先に2代目でアメリカンテイストになって（72〜78年）、3代目（77〜88年）で当時のマークⅡみたいなベンツ風グリル付きの親父クルマになったんでしたね。

――なぜ3代目コスモを取り上げたかというと、ロータリーエンジンの話題とともに「悲運の力作」という感がないでもないからです。パワートレーンを4気筒とロータリーに絞ったことでショートノーズ＋キャビンフォワードにした基本パッケージ、パーソナルカーといえば2ドアが常識だった時代に4ドアHT（↓ドアのガラスフレームがないスポーティな4ドアセダンの当時の一般的呼称）も並行して採用、リトラクタブルライト＋グリルレスマスク、リヤハイデッキ、フラッシュサーフェスなどでCD：0・32の空力的デザインを実現したスタイリング、そしてハンドリングの良さなどはいずれも当時の評論家には高評価だったんですが、コスモが1981年度〜90年度の累計（販売期間は1981年10月〜1990年4月）で1万4869台、ルーチェが同じく6年で1

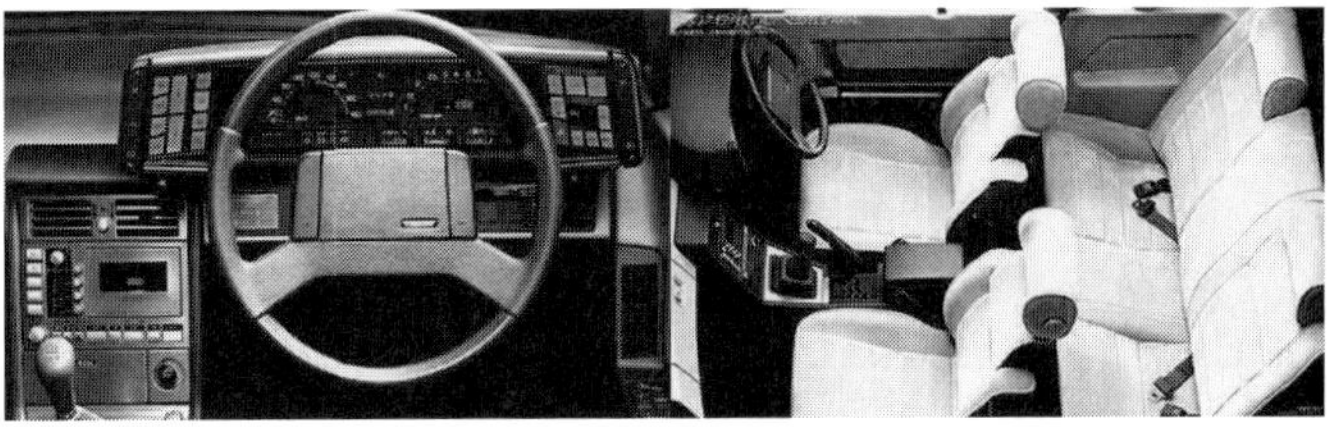

図2　**コスモのインテリア**

ソアラ、ピアッツァ、R30スカイライン同様「1981年」を象徴するインテリア。デジタルメーターとその左右にサテライトスイッチを配したインパネ、モケット織物を採用したシート表皮など。当時の車両開発期間は4年以上、インテリアデザインが決定するのも発売1年以上前だったはずだから、同時期に同じようなデザインを模索しながら開発していたことになる。コスモの売りはホームオーディオ風フェイシアの豪華な「カーステレオ」だった。

万128台（注1）と、販売的にはまったくふるいませんでした。ルーチェは5年目の86年9月に兄弟関係に見切りをつけ、より徹底したオヤジ路線へモデルチェンジしてます。

自動車設計者　MFRTの座談のタイミングは発売から約6ヶ月たった82年4月ですが、販売不振がすでに明らかだったせいか、チーフエンジニアの徳永泰雄さんが4ドアHTについて「ちょっと先を行き過ぎたかな」、ルーチェとの双子車も「ちょっとやりすぎたかな」と早くも反省してますね。レパードの評判と販売実績を見れば4ドアHTなんか出しても売れないということは発売前にすでにわかってたはずで、「やっぱだめか」という落胆もあったのかもしれませんが。

——　広報の吉田愼夫さんも座談のまとめで同じようなこと言ってます。余談ですが、愼夫さん以降マツダの東京広報は同社ラグビー部出身者で固められてて、みなさん体育会系の好人物ばっかでした。クルマを褒められると子供みたいに喜ぶし、スポーツマンだから「負け」も潔くあっさり認めちゃう。それもあって自動車雑誌関係者には隠れマツダ・ファンが多かったです。私も日比谷のマツダ広報に行くのはいつも楽しみでした。こちとらどこ行っても相手にされないガキなのに「よお礼ちゃん元気？　今度お好みでも食べ行こうな！」って、ちゃんとかまってくれるの（泣）。一生忘れない。

自動車設計者　東大の平尾先生や芝浦工大の小口先生が「もっと上手に宣伝したらいいのに」とかメーカーの立場になって発言してますが、そういうことがあったのかな。

——　ていうか先生方はロータリーの時点でもうやられちゃってたんで。

エンジン設計者　うーん。でも正直言ってカッコ悪いですよねえ。４ドアＨＴは２ドア共用のリトラクタブル式ノーズとマークⅡみたいなボディ＋キャビンが全然合ってないし、２ドアは２ドアでセンターピラーというかオペラウインドウというのか、この２本のピラーが後傾しつつしかも平行しているのがどう見てもへん。データ的には空力は悪くなかったようですが、視覚的には２本のピラーが突出して見えてフラッシュサーフェス感が台無しになってます。フルドアを使ってキャビンをすっきりまとめたソアラやピアッツァはいま見てもなかなかかっこいいと思いますが、レパード４ドアＨＴとそれに似ているコスモ２ドアＨＴはどちらもグラスエリアがガタガタで、スタイリングの意図の通りにクルマができてない感じがします。進んでようが遅れてようが、これじゃ売れないだろうなというのが正直な印象です。

シャシ設計者　この平行２本ピラーは小さなウインドウ

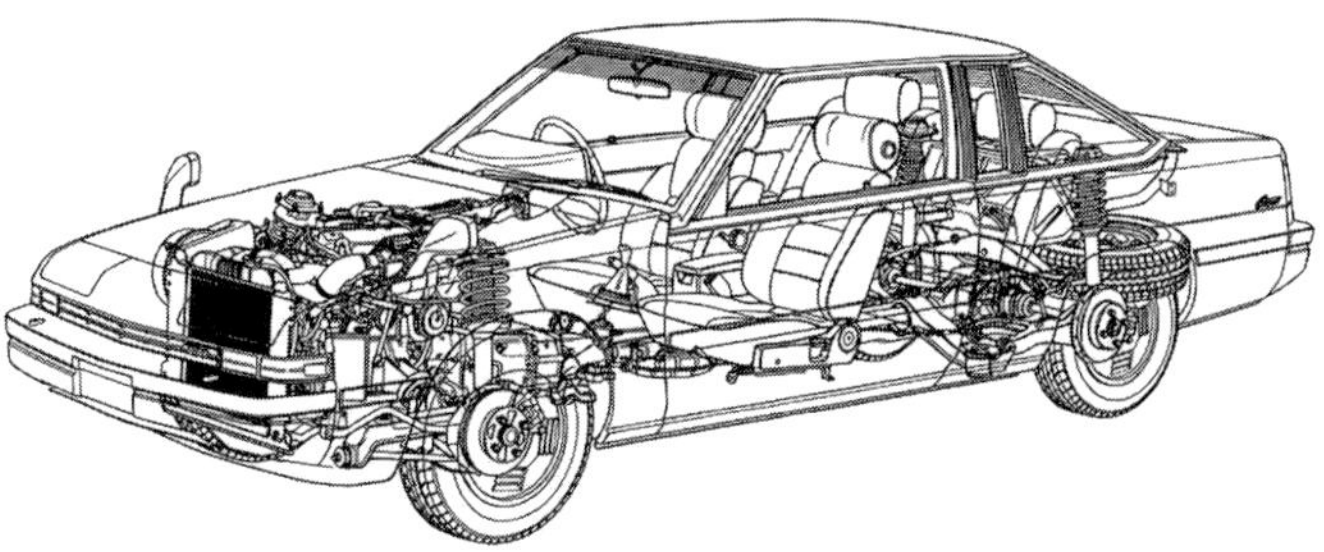

図3　コスモ２ドアHT

コスモの発表と同時に公開した透視図。2ℓ4気筒MA型SOHCエンジン（120PS）を搭載した「2000EFI XG-X」で描いてある。R30スカイラインと違ってエンジンはちゃんと短いエンジンコンパートメントの後端に搭載している。ただし「ラジエーターサポートフレームがリトラクラブルユニットの後方にあり、ラジエーターはさらに後退した位置にあって奇妙なレイアウト（エンジン設計者）」という指摘も。いまも当時も「コスモ＝ロータリー」のイメージがあるが、このモデルでは販売の約6割がレシプロ搭載車だった。

を昇降させるためかと思ってたんだけど、真横からの写真見るとドアに干渉して開かないね。なんのために平行／後傾にしたのか意味不明。

――　2ドアHTは83年10月のマイチェンで並行ピラーをやめて普通のシングルのBピラーにしてます。4ドアHTもマイチェンでリトラクタブルをやめて、セダンと同様の固定ヘッドライト＋グリル式にしてる。いまの講師の感想がまさに当時の市場の反応そのものだったということでしょうね。

エンジン設計者　だからといってこの時代のマツダ車のデザインや技術がだめだったってことではないですよ。なにしろこの前年の1980年6月に5代目ファミリアを出してるんだから（1980～1985）。

自動車設計者　ゴルフ（I型）っぽい角ばったあの大ヒットしたファミリアね。あれはカッコよかったしサスもよくできてた。当時かなり感心しました。

――　80年代の国産名車の1台に入ると思います。すべてシリーズの刊行が81年のソアラからだったので本連載には入れませんでしたが、第1回のソアラで話題がまったく盛り上がらなかったときは「ファミリアから始めりゃよかった」ってちょっと反省しました。

自動車設計者　テーマが「バブルへの死角」なんだからソアラからのスタートでいいんですよ（笑）。

サスペンション

エンジン設計者　福野さんの当時の感想はどうだったんですか。ロータリー車を褒めているのをあんまり読んだことがないですが。

――　正直、苦手でしたね。ジャーっという荒れた燃焼感と、常に分銅をぶん回しているようなフライホイール感がどうにも好きになれなかった。多少感銘を受けたのはアマさん（ＲＥ雨宮）のペリ・ターボと4代目コスモの3ローターくらいですか。3代目コスモもみんなで褒めてる割には重くて鈍いクルマだなあと思いながら試乗してました。ＭＦＲＴの全開加速試験結果では0‐１００㎞／ｈでソアラが８・６秒、Ｒ30のＲＳが８・９秒、１Ｇ‐Ｇ型24バルブ搭載のセリカＸＸ２０００ＧＴが８・３秒と、当時の最高性能ＮＡ車はいずれも８秒台に突入してますが、ピアッツァＸＥは12・０秒、コスモは11・７秒でがくんと落ちた。一般路で普通に乗ってもこの数値の差そのままの感じで、加速感は１・６ℓ車レベルでした。

エンジン設計者　ＭＦＲＴ座談の中で平尾先生が「40㎞／ｈで下り坂を流していてアクセルを離すとカーノックが出る」と指摘してますが、これはどういうことかわかりますか。

シャシ設計者　エンジン開発部の池田さんが「従来はフルードカップリングをつけて対策していた」と発言してるので、アクセルを戻したときや微妙に踏み込んだときなどに数Hzで前後Ｇが何回か連続する、ＦＲ車のマニュアル車によくあった挙動のことでしょう。

――　スナッチのことでしょうか。

自動車設計者　ああ、当時の自動車雑誌ではよく「スナッチ」と呼んでましたね。

シャシ設計者　エンジンのトルク変動によって励起され生じる駆動系の共振ですね。駆動系はもともとねじり共振が低いから。いまはＡＴ車全盛だからほとんど問題にならないですけど。

――　数年前うっかりＢＭＷの旧３シリーズ（Ｆ30→２０１２〜19年）のマニュアルを新車で買ったら、オンオフでのスナッチと、あと急加減速時に生じるどすーんというドライブトレーンの揺動のひどさに本当に閉口しました。優れたＡＴ用のシャシセッティングのままＭＴに積み替えて最適化を手抜きすると、クルマはかくもひどいことになるものかと。新車で買ったクルマの中では３６０スパイダーに次ぐひどさでした。

自動車設計者　フェラーリはまあ納得としても（笑）ＢＭＷも最近はそんなんですか。しかしロータリー車にスナッチ対策でフルードカップリングをつけてたことがあるとは初めて知りました。

シャシ設計者　２代目コスモＡＰの13Ｂ搭載車のＭＴ車のフライホイールに「トルクグライド」という名前でフルードカップリングがついてました。なのでＭＴのシフトレバーに「Ｐ」ポジションがあった。

自動車設計者　坂道でギヤをバックに入れても後輪がロックされないから「Ｐ」ポジションは必須でしょうね。

エンジン設計者　カーノックの話題のすぐ後で、振動実験の河野さんという方が「セミトレの右側のマウントを液体封入式にして3〜4HZという周波数のワインドアップ現象を減衰してる」と言ってますが、サブフレームの片側だけ液封マウントとは？

シャシ設計者　Gをかけて加速したりぐーっと減速したりした場合はサス系のゴムブッシュはどっちかに縮んで剛性が高くなってるけど、コースティングやクルージングの場合はゴムの非線形特性の一番柔らかいところで使っているから、ぐにゃぐにゃしていろんな不安定な挙動が出やすい。なのでチューニング的にそういう奇策を取ったということでしょうね。

――　ストラットとセミトレという当時お約束のサス形式ですが、フロントはソアラやR30同様フォアラウフなしのハイキャスター、ただしこちらはソアラもR30もやってなかったオフセットスプリングです。

シャシ設計者　作図してみたんですが（図4下）、サスアームのボディ側マウント↕ボールジョイントを結んだ線とタイヤ接地面からの垂直線とが交わる合力点に対して、ばねの軸線の方向がぴたりと向いてました。こうするとストラットにかかる横力がほぼキャンセルされます。

自動車設計者　ヨーロッパ車をみてオフセットスプリングの効能は当時わかってましたけど、どの方向にむけてオフセットすればいいのかという最適解については社内でも議論があって、幾何学的に鮮やかな解法を明示した人はいませんでした。この作図は当時ここまでちゃんとわかってやってたという動かぬ証拠でしょうね。ファミリアの台形リンクにも感心しましたが、当時のマツダのサス設計は進んでたんですねえ。

シャシ設計者　あと当時の一般的な設計では、ストラットバーのブラケットはサスペンションメンバーとは別体で、サイドメンバーとクロスメンバーにボルトで結合する方式でしたが、本車はすべて一体の大型サブフレームになってます。ここも凄い。

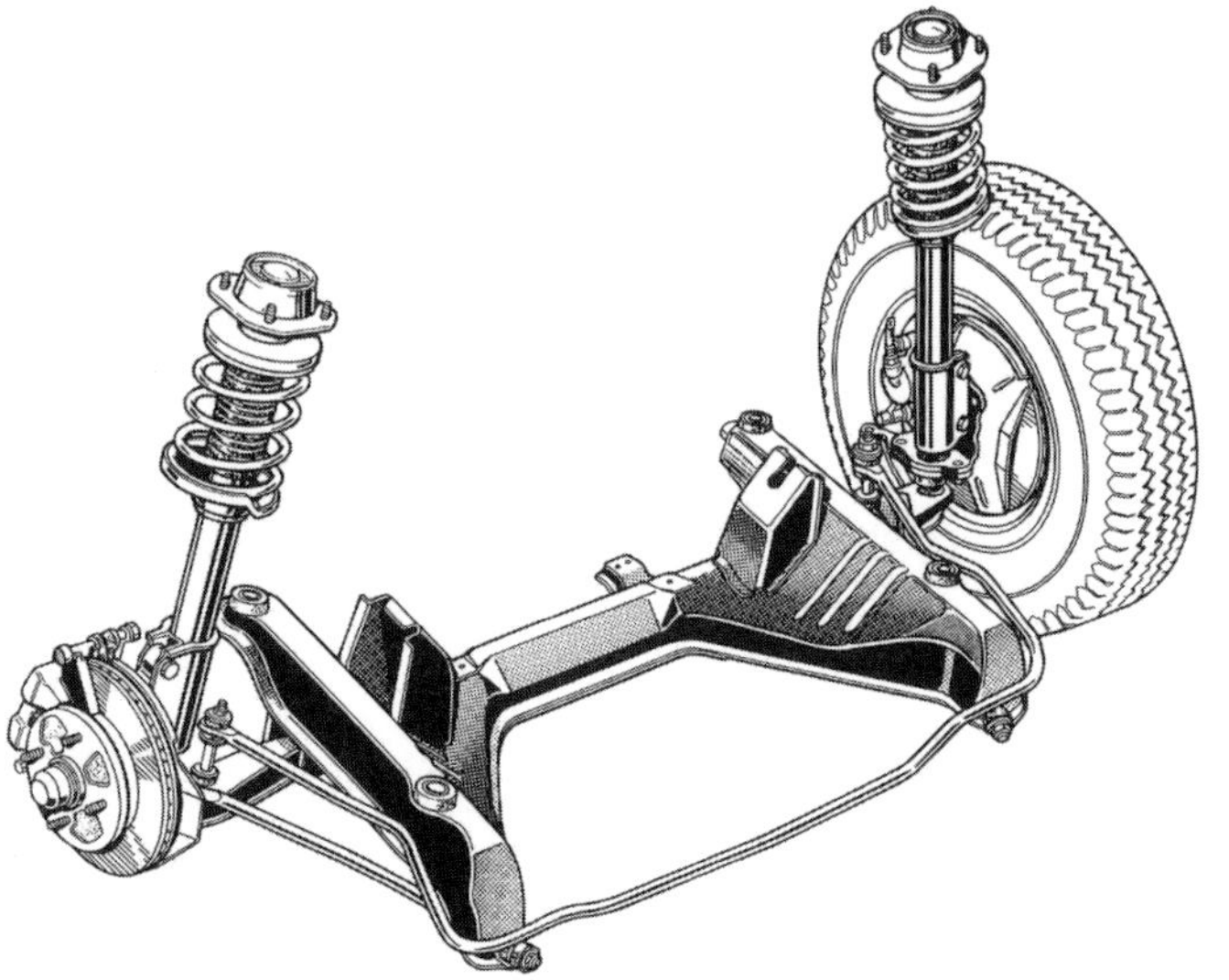

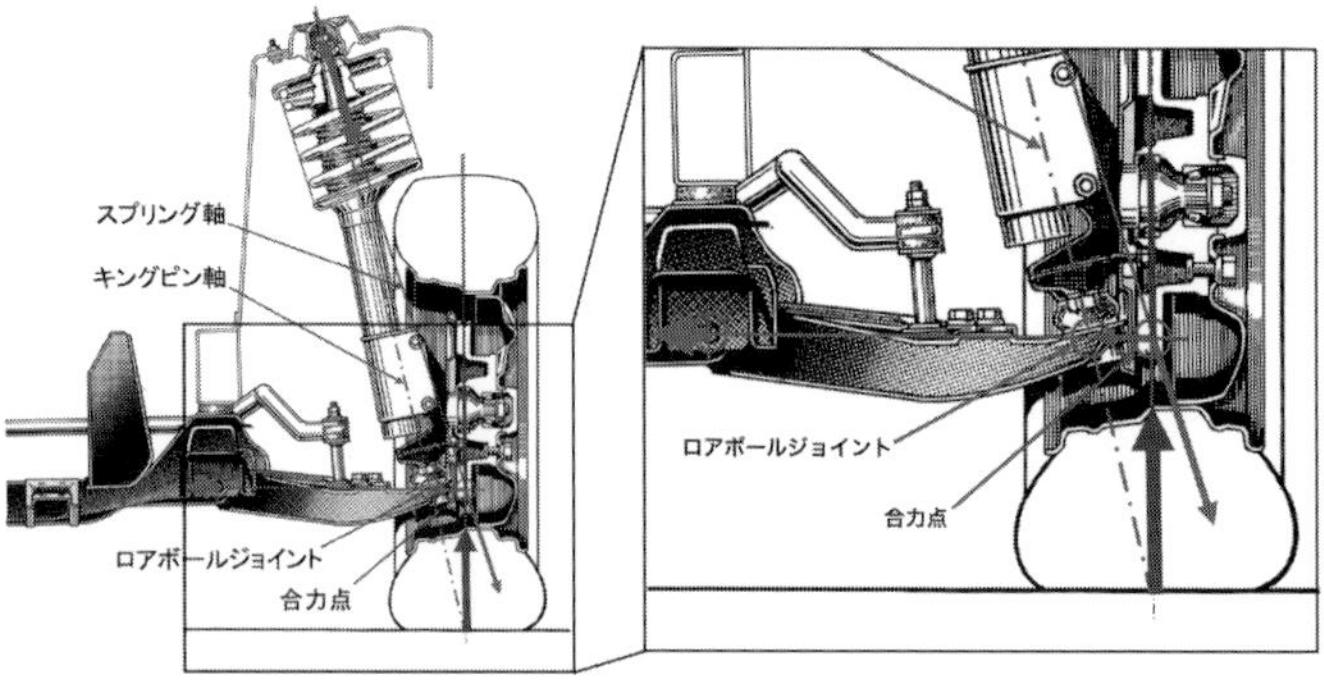

図4　フロントサスペンション

当時としては進歩的な一体型のサブフレームに注目。Iアーム＋テンションロッド式のストラットには本車も5°03'のキャスター角を与えている（フォアラウフなし）。背面視の図の灰線は講師（「シャシ設計者」）が描き入れたもので、右端の拡大をみるとばねの軸線がサスアームとタイヤの合力点に向いていることがわかる（ストラットにかかる横力をキャンセルする目的→「オフセットスプリング」）。ハブベアリングはベアリング別体式の第１世代だが、なんとハブとブレーキローターを一体化している。これでローター交換が当たり前のヨーロッパに輸出したのか。

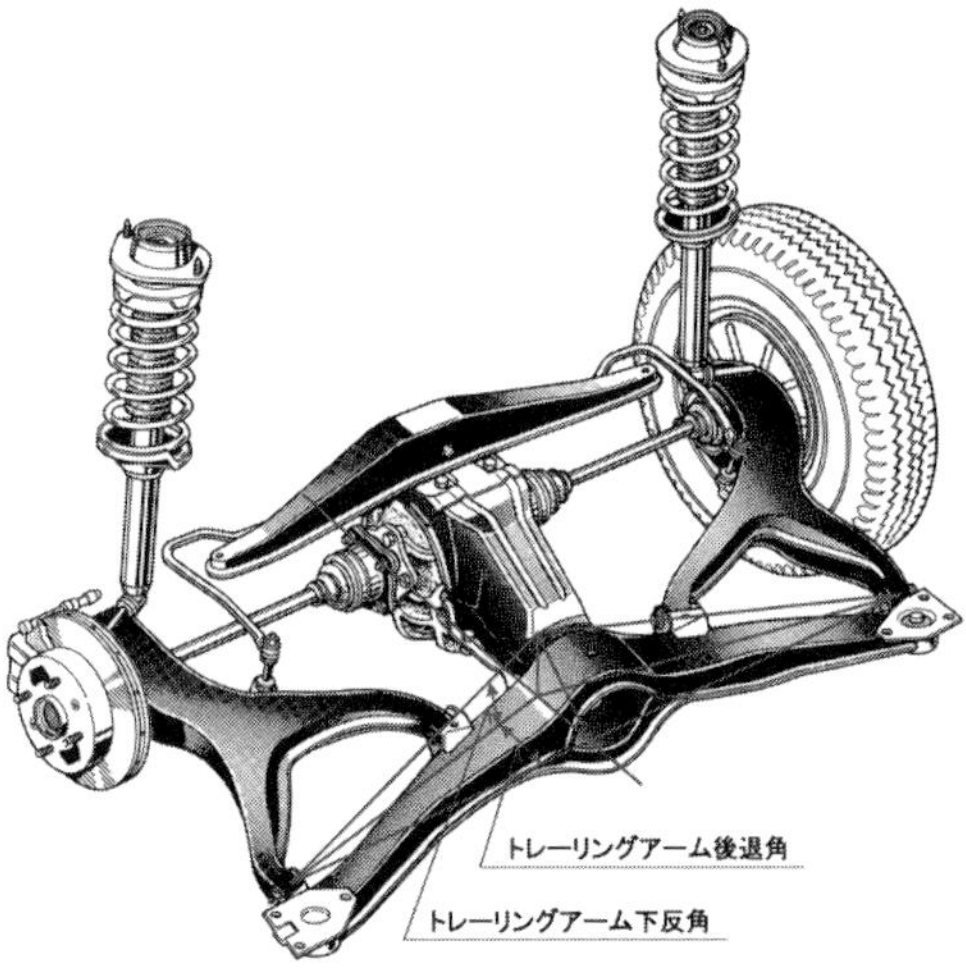

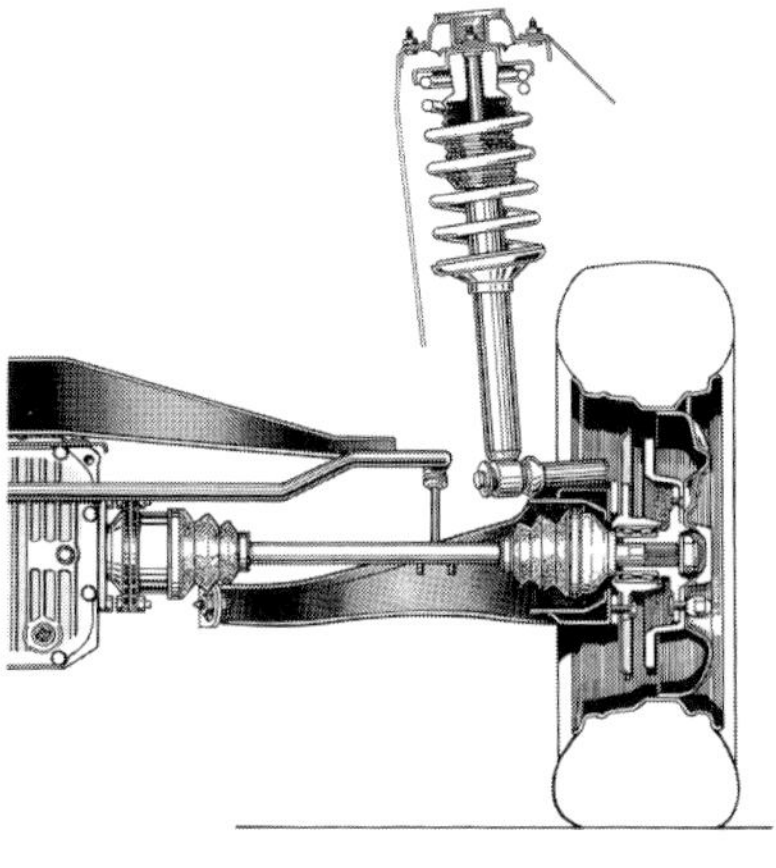

図5　リヤサスペンション

講師が立体視の図に灰線で作図し、セミトレのアームの後退角が小さいこと、アームに下反角がついていることを確認してくれた。セミトレはバウンド・リバウンドともアライメント変化でトーインがつくが、後退角を減らせばその傾向も減る（→後退角ゼロのフルトレではトー変化はゼロ）。ただしアームに下反角を付けるとバウンド時のトーイン化傾向が強まり（リバウンドでは弱まる）それを補うことができる（旋回外側後輪がトーインにステアすれば操縦性が安定化する＝ロールアンダー）。だがいかに頑張っても横力に即応してコンプライアンス・ステアしてしまうセミトレの欠点は治らない（上記のジオメトリー変化はロールにともなって安定化の効能がスタートする）。

―― MFRT座談では操安性の官能評価もなかなか高く、シャシ実験の保田さんがそれを受けて、トレッド変化を抑えるジオメトリーにして直進性を高めたこと、セミトレ固有の欠点であるコンプライアンス・ステアをロールステアでキャンセルしたことなどを論理的に説明してますね。

シャシ設計者 背面図にトレーリングアームの外側マウント部が書いてないので、立体視の図の上に作図してみました（図5）。トレーリングアームの後退角は当時30°前後というのが主流でしたが、本車では20°を切ってて、ジオメトリー変化的にはフルトレーリングアームに少し戻ってる。こうするとトレッド変化が小さくなりますが、セミトレの美点であるバウンド時のトーインへの変化傾向も減るので（＝後退角ゼロであればトー変化もゼロ）、その対策としてアーム内側のマウント位置を高くしロールアンダー傾向を高めた（→旋回外輪がバウンド時にトーインへジオメトリー変化する）ということです。

自動車設計者 この時代は各社血道をあげてセミトレの改良に取り組んでましたが、マツダは後発だったから国産各社やBMWなんかのサスを研究して設計・開発したんでしょう。

シャシ設計者 リヤサスのチューニングのひとつのポイントがさっき話題に出たサブフレームのボディマウント部です。サスのブッシュはしっかり固めといてサブフレームのマウントブッシュでNV対策をするとか、後部でデフを吊ってるマウントブッシュはデフノイズを減衰するためにはソフトにしときたいので上下だけ柔らかくしといて横方向はしっかり固めるとか。

―― 以前のマルチリンクサスの特集のときにも出ましたが、サブフレームの設計とチューニングは我々素人のサスペンション談義では見逃しがちな点で大変面白いです。

ロータリー係数

シャシ設計者　初代コスモ・スポーツをやったとき（拙書「福野礼一郎のクルマ論評3」に収録）もロータリー談義が出ましたね。1961年2月に当時の東洋工業が高額のパテント料（10年契約で2億8000万円＝初任給の約2万1500人分→現在で言えば約40億円）を支払ってバンケルから製造権を購入、1台販売ごとにロイヤリティを支払い、さらに開発途上で取得した特許もすべてNSUに無償譲渡するというとんでもない契約だったが、送られてきた

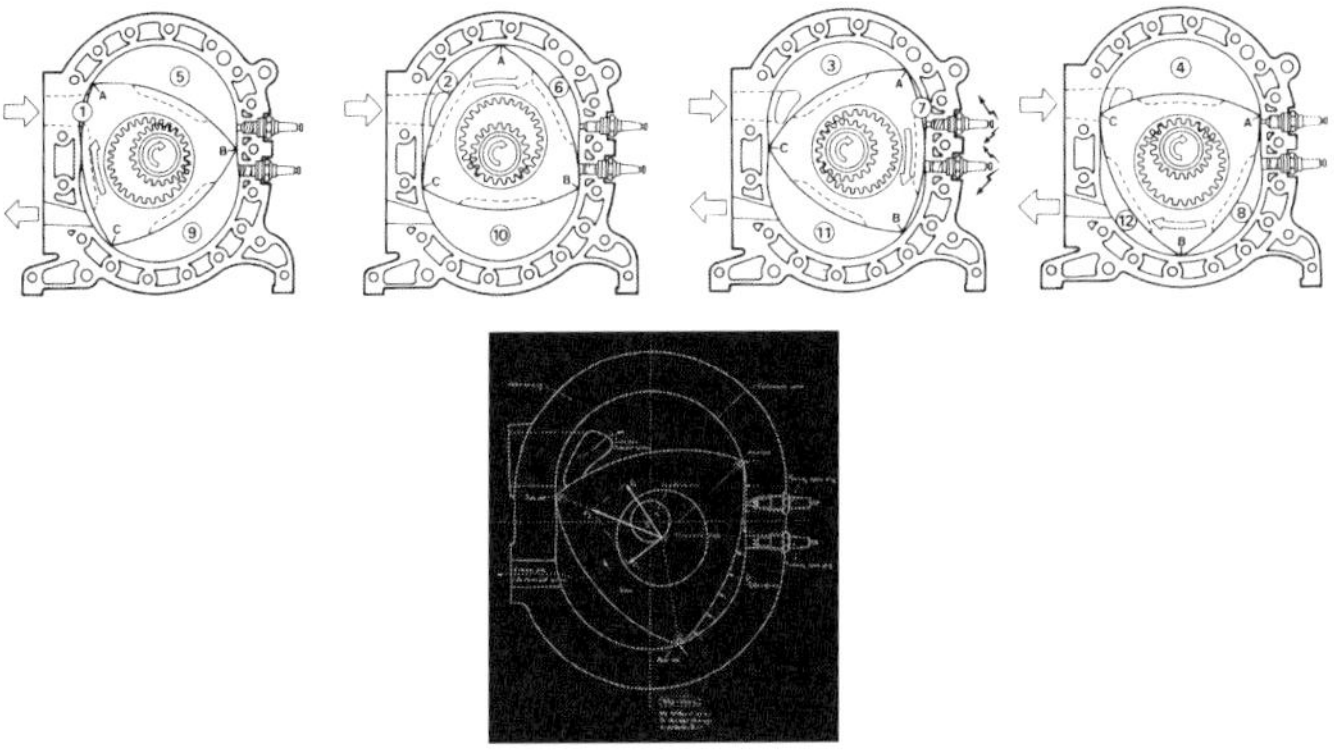

図6　ロータリーエンジンの基本

エンジン前方から見る。ローターは時計回り。中央のエキセントリックシャフト3回転でローターは1回転するが、ここではエキセンシャフトの1回転（弱）分だけ描いている（A点だけを見ると1/3回転弱分だけ移動）。燃焼室容積の変化を各図上で追うと、吸気行程①→②→③→④、圧縮行程⑤→⑥→⑦、燃焼膨張行程⑧→⑨、排気行程⑩→⑪→⑫。黒い図はマツダが初代10A型のときに発表したものでガスの膨張が回転力に変わる理屈をベクトルで示しているが、ローターがすでに時計回りに少し進んだ状態なのでローターを押す力が回転方向の力と、軸を直角に押す力の分力になっているが、膨張のより初期の時点では講師の指摘通り膨張のエネルギーはバックワード方向にも作用しているようにも感じる。とすれば燃焼が遅く「あと燃え」する傾向があるとすれば逆に都合がいいのかもしれない。

試作エンジンがたった40時間の台上運転で壊れてしまうくらい未完成な代物を売りつけられたことが判明、カーボンシールの開発、失火対策の2プラグ化、オイル消費量対策と潤滑対策、テイクオフギヤの破損対策など丸4年間に渡った苦難の開発でなんとか市販にこぎつけ、これによってマツダのロータリー開発史は一種の浪花節調の神話にもなったんだけど、まあようするにロータリーエンジンというのはレシプロエンジンでいえば20世紀初頭くらいの技術レベルで、性能や熱効率を追求するどころか、そのずっと前段の初歩の技術開発だったんだろうという話でした。

―― 4サイクル・レシプロエンジンはクランク2回転につき1回燃焼なのに、バンケルロータリーはエキセントリックシャフト1回転で1回燃焼、つまりエンジン回転数に対する燃焼回数はレシプロの2倍なんだから、自動車税制におけるロータリーエンジンのレシプロ換算率「1・5」という係数をそのまま性能比較に使うのは根本的に間違いであって、性能比較はあくまで換算係数「2」でやるべきだという話がなによりも目から鱗でした。

エンジン設計者 はい。初代コスモ・スポーツに搭載した10A型ロータリーの排気量は、491cc×2ローター＝982ccですから係数1・5で計算すれば1473cc、最大トルクは13・3kg・m（グロス値）ですから、当時の1・5ℓ4気筒エンジンもグロスで14kg・m程度、これならなんとかレシプロ並みといえなくもない。しかし回転数に対する燃焼回数から考えて係数2を適用すれば、換算排気量は「1964cc」ということになって評価は一転、レシプロの6割しかトルクが出ていない、という話になります。14年後の3代目コスモ発売の時点でも12A型は573×2＝1146ccで最大トルクはグロス16・5kg・m、係数1・5＝レシプロ1719cc相当ならばともかく、係数2＝2292cc相当ならレシプロの7割レベルしか行ってない。コスモは1982年8月に世界初のロータリーターボ（12A型＋ターボ）を搭載していますが、これでグロス23・3kg・mになってやっとレシプロNAをわずかに超えたということです。

自動車設計者　そもそもロータリーの排気量って3室の合計ですか？

エンジン設計者　いえ単室です。単室の最大容積－最小容積です。ローター1回転に対しエキセントリックシャフトは3回転しますが単室あたりの点火は1回です（図7）。

自動車設計者　知ってるようで知らないもんだね。

シャシ設計者　どういう経緯でロータリーの自動車税は係数1・5の計算になったんだろう。

エンジン設計者　ロータリーは当時のハイテク技術だったんで、税制区分上で排気量を厳密に適用すると産業としての振興を阻害するとかなんとかいう理由で当時の通産省が横槍を入れて係数1・5になったという話を聞きました。

——通産省が運輸省に横槍？

エンジン設計者　車両法（道路運送車両法）は運輸省の管轄ですが、自動車税は地方税法ですから。

自動車設計者　重量税は国税だけど自動車税は普通税。

——430のセドリック／グロリアに日本初のターボエンジン＝L20ETを積んだとき（79年10月マイチェン時）、「これは燃費向上デバイスなんだ」と日産がゴリ押しして係数1にさせたという話が前に出ましたね。

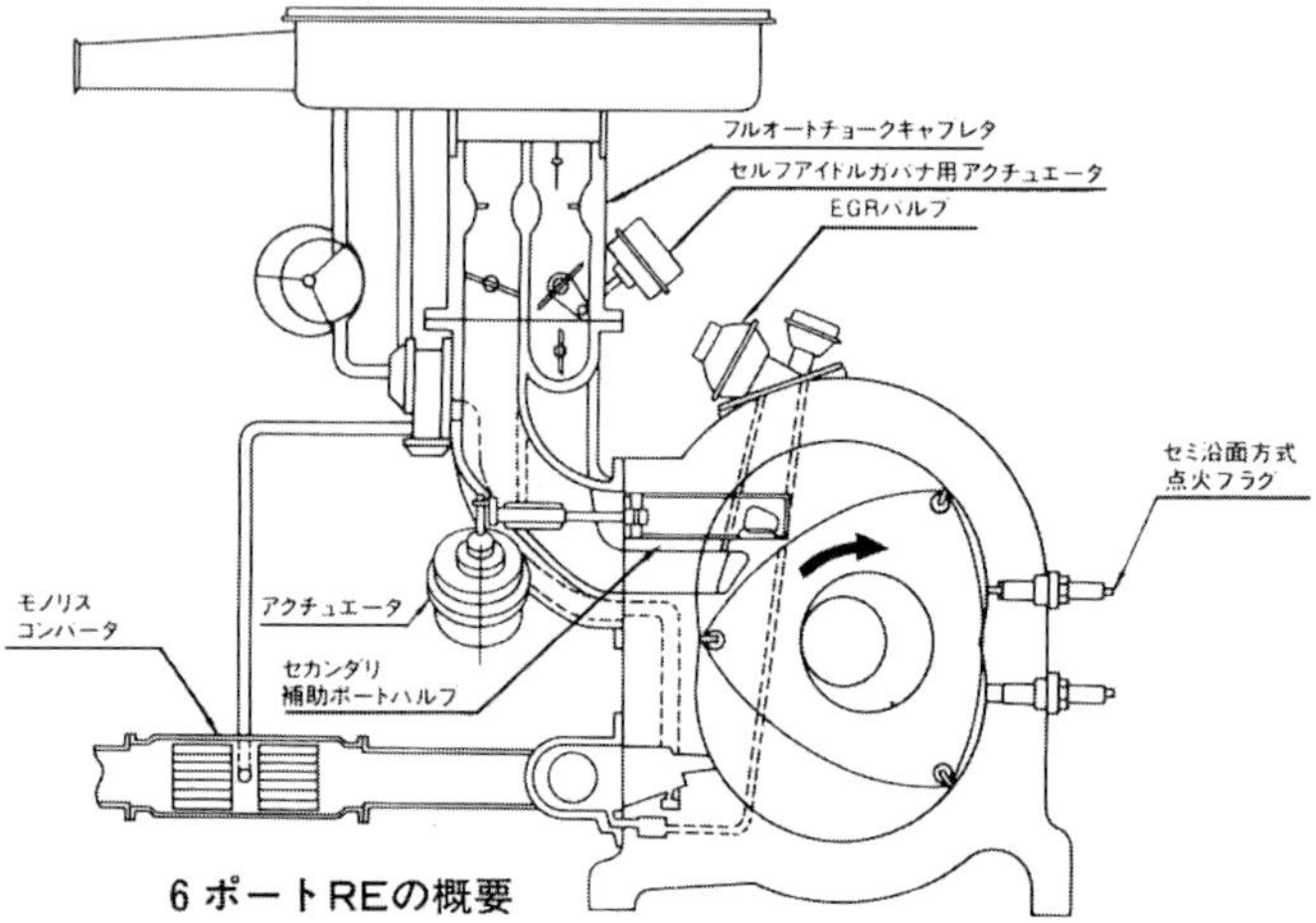

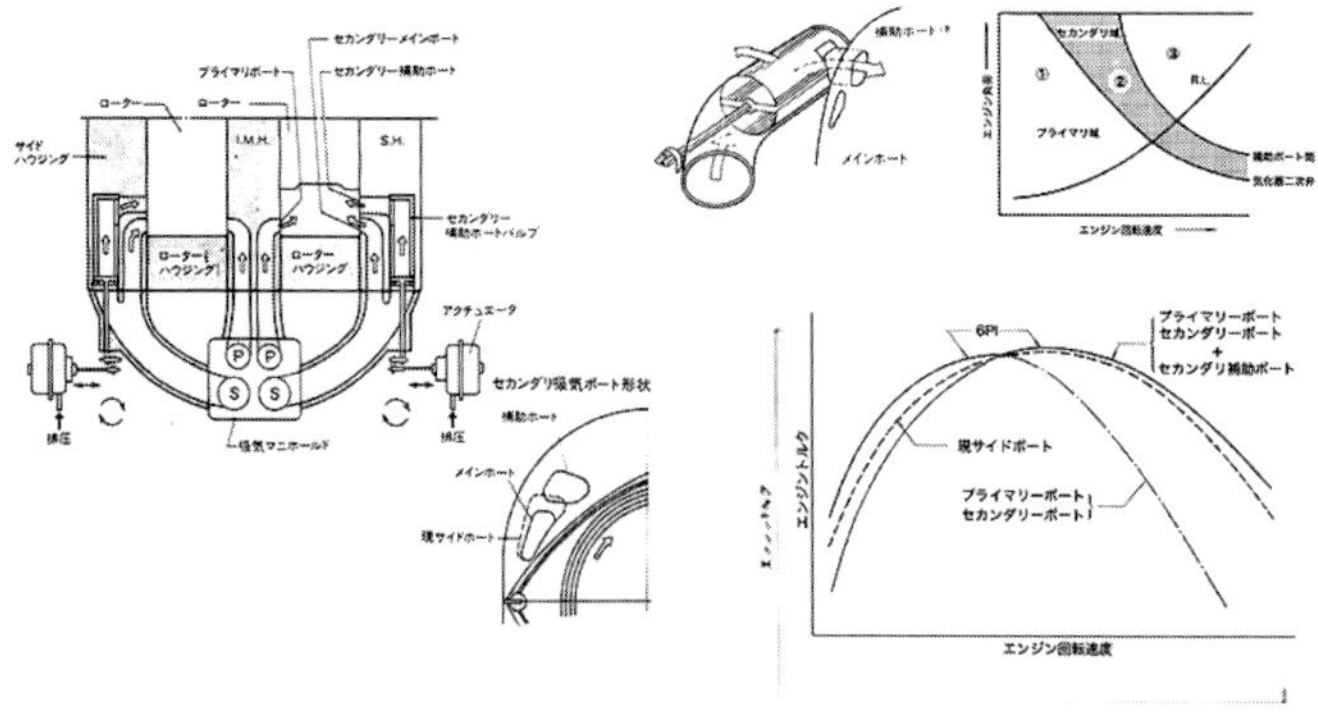

図7　3代目コスモの6PIキャブレター方式

レシプロでいう吸気の角度面積はマツダ・ロータリーの場合サイドハウジングにうがった穴の大きさと形状で決まる（＝「サイドポート方式」）。そこで低速用ポート（ATDC58°-ABDC40°）と高速用ポート（ATDC32°-ABDC40°）のふたつを設定し、それぞれに２バレル式キャブのプライマリー側とセカンダリー側を連結、バルブタイミングと空燃比をキャブの操作によって２段切替してモード燃費向上を図ったのが「6PI」式。MFRTの座談では東京大学の平尾教授が「(自動車エンジンに残された技術的テーマのひとつである）可変バルブタイミングを先取りした機構」と称賛している。ただし低速側ではモード燃費を意識してかなり空燃比もバルブ開度も絞っていたためか、低回転域でパンチがなかったようだ（私には「まったくパワーがない」という記憶しか残っていない)。

自動車設計者　回転数に対する燃焼回数という考え方で言ったら2ストロークはどうなるの。

エンジン設計者　モトGPでは4ストロークが出てきたときに2ストロークに対して換算係数2にしましたが、さすがに2ストも4ストの倍の出力までは出てなかったので4ストが有利になり過ぎて、のちに修正しました。

シャシ設計者　マツダがシャンテを開発してたとき、当初シングルローター360cc級のロータリーを積む予

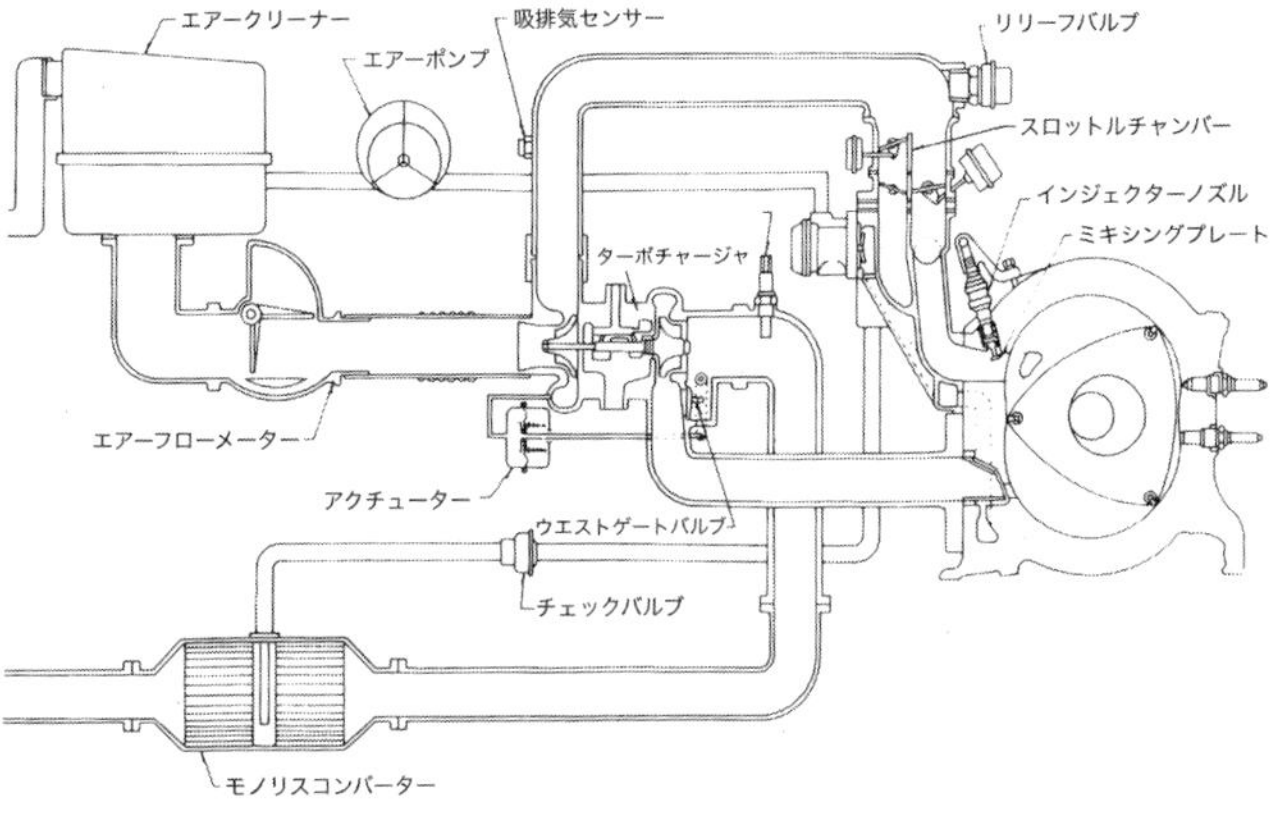

図8　**世界初のロータリーターボエンジン（1983年8月）**

発売から1年後に3代目コスモに追加搭載した12Aターボ。ターボチャージャーは日立製HT18-BM型、当時主流だったギャレットT3型よりタービンもコンプレッサーも大径だった（A/R不明）。圧縮比8.5、過給圧0.42bar（42kPa）、電子制御燃料噴射＋吸気温度センサー式ノッキング制御で160PS／6500rpm、23.0kg・m/4000rpm（いずれもグロス値）。出力自体はレシプロ換算係数「2」ならNA並みというレベルだが、車重が1145kgと軽かったこともあって、当時内外の評論家を日本自動車研究所（JARI）に呼んで開催したデモ走行では、レーサーの寺田陽次郎が運転して0-400m15.16秒、最高速度213.8km/hというその時点での国産市販車トップの全開性能を発揮した（翌年2月のスカイラインRSターボ登場で抜かれる）。

定だったんだけど、ライバルメーカーからロータリーに360cc以下の優遇税制を適用するなという圧力がかかって挫折したと言う話がありました。

自動車設計者　だって当時の軽だってホンダ以外全部2ストロークなんだから係数2じゃないの（笑）。

シャシ設計者　はははは、おっしゃる通り。

エンジン設計者　そういえばロータリー・チューナーのRE雨宮さんが当時シャンテにロータリー・ターボ積んでましたね。

――　12Aペリです。NAです。1982年ですね。横に乗せてもらって東名高速 海老名SA→東京料金所24・8km区間を走りましたが、私の人生でもっとも恐ろしい7分半でした。

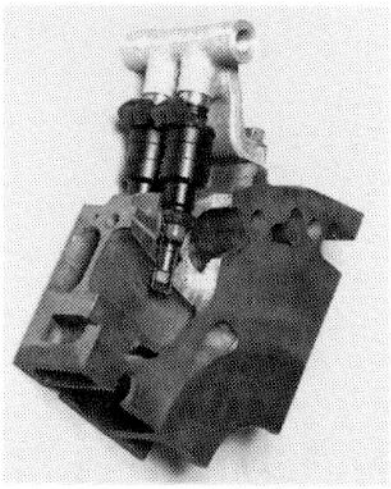

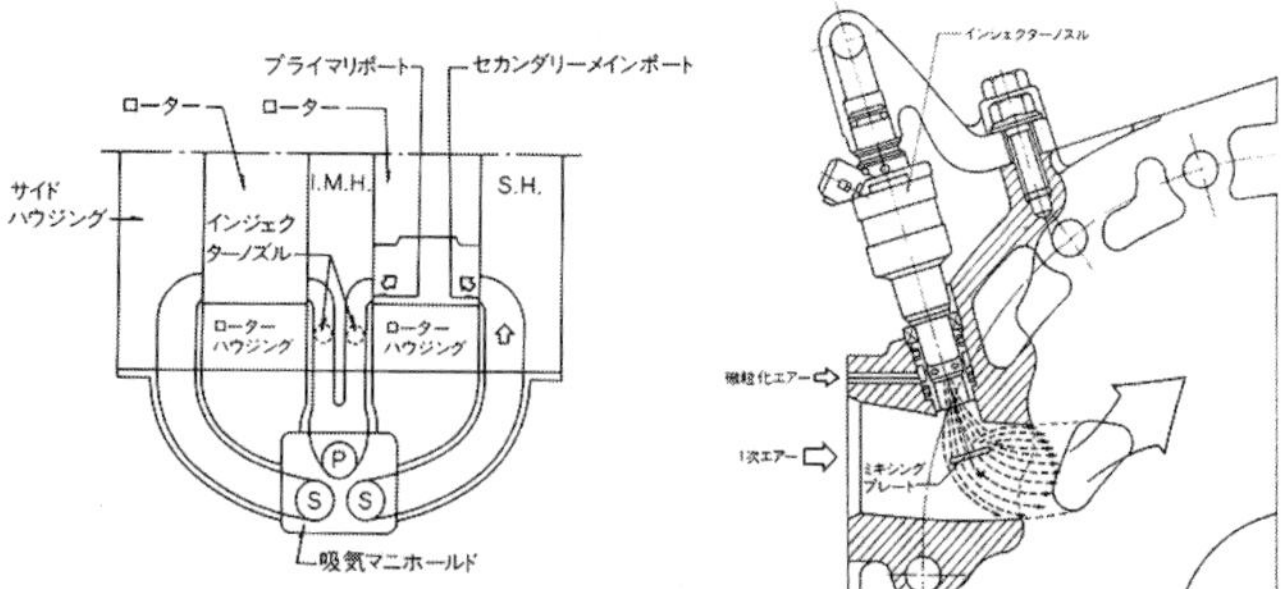

図9　**12A型ロータリーターボエンジン**

ターボ仕様は日本電装製電子制御燃料噴射（Lジェトロニック）を採用、プライマリーポートとセカンダリーポートを使うのはNAの6PIと同じだが、燃料はプライマリーポートにしか噴射しない（セカンダリーポートからはエアのみ）。インジェクターはレスポンス向上をねらって上図のようにプライマリーポートのすぐそばに設置しているが、当時のインジェクターは霧化性能が悪かったため、小穴をうがった直径約10mmの円盤状のプレートをノズル前方に置いて高負荷時の霧化性能を補った。また低負荷域ではスロットル上流からバイパスエアをエアブリードから導入している（エアアシストインジェクター）。

自動車設計者　7分半？　24・8kmを？

――　恐怖でした。恐怖。

6ポートインダクション／ターボ

シャシ設計者　3代目コスモの12Aの「6ポートインダクション」というのは、ロータ－ハウジングに低速型と高速型の2つの吸気ポートを開けといて、2バレル式キャブのプライマリー側を低速型ポートに、セカンダリー側を高速型ポートに連結してモード燃費をよくするというアイディアですが、MFRTの座談では星島さんも景山先生もやっぱり「出足が良くない」と言ってますね。

エンジン設計者　プライマリー側をめっちゃ絞ってるんでしょうね。景山先生は「高速道路では結構すごい」とおっしゃってますからセカンダリーからはようやくパワー空燃比かと。

――　平尾先生が、ようするにこれぞ夢の可変バルブタイミングそのものなのに、なぜそう喧伝しないんだと突っ込んでます（ホンダVTECの登場は1989年4月＝インテグラ＋B16A型）。確かに「6ポート」なんて言ってるけどポートの数なんかこの技術の本質じゃない。

自動車設計者　エンジン開発リーダーの大関さんという方が、排ガス対策を乗り越えてやっと10モード10km／ℓ台とレシプロ並みの熱効率になった、と発言してますが。

エンジン設計者　いえいえこのあとレシプロはインジェクション化などで一気に10モード15㎞／ℓ台に入っていきますから、すぐにまた突き放されてます。

――「ロータリーは燃費が悪い」という風評（というか事実）はいまもついて回ってますね。83年8月にターボ版が出たわけですが、RE雨宮さんは1980年秋の時点で初代RX7に13Bサイドポート＋KKK製ターボ＋インタークーラー付きエンジンを積んで、すでにがんがん走ってましたから「マツダよ、やっとか」という印象でした。どうせなにやったって燃費最悪なんだから、早くアマさん見習ってパワーで勝負しろと。

エンジン設計者　ターボが出たときのすべてシリーズ（第16弾「コスモ・ロータリーターボのすべて」）のメカ解説で星島さんが、「ロータリーは排気温度がレシプロより50～100℃高いからターボチャージャーの熱対策が難しい」みたいなことを書いてるんですが、そんな数値を評論家が知ってるわけないんで、マツダから聞いた話でしょう。だけどロータリーはSV比が非常に悪いので壁面にどんどん熱が逃げ

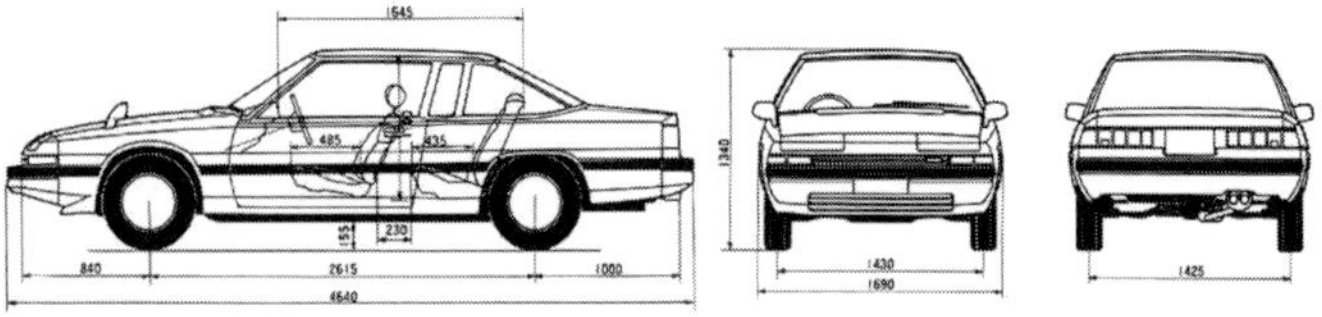

図10　3代目コスモ 2ドア（1981～1990年）

ホイルベースは現代のCセグメントなみ（ゴルフ級）だが前後オーバーハングが長く全長4640mmはDセグなみ、しかし全幅が1690mmしかないという細長いプロポーションである。ただし衝突安全性などの要求が低かった時代だけにNAでもターボでも車重は現代のBセグなみのたった1145～1150kgだ。当時の160PSといえばネット換算で140PS弱程度しかないが、そこそこの全開加速性能が発揮できたのはこの軽量性ゆえだろう。

ていって本来排気温度は低い（＝冷却損失が大きい）はずです。なぜ排気温が50～１００℃も高いのか。レシプロでは一般的に上死点付近で燃えるガスが少なく、「あと燃え」分が多いと排気温度が高くなるんですが、同じ話なんじゃないかと。プラグで点火しても火炎がうまく燃え広がらず、膨張行程に入ってからようやく燃え進むから発生した熱が十分膨張しないうちに排気行程に入っちゃって、それで排気温度が上がってるんじゃないのか、と。アペックスシールを改善して吹き抜けを改善したり吸気損失を下げたりいろいろやってるけれども、根本的な燃焼改善にはまだぜんぜん手がついていなかったのかも。

自動車設計者　学生時代ロータリーエンジンの模型を見ながら、これで燃焼・膨張したらローターの回転方向と同時にバックワード方向にも力がかかるんじゃないかと首をひねったものですが、その点、あと燃えにすれば逆転方向にかかる力は少なくできますね。

シャシ設計者　星島さんは排気温度が高い理由を「排気バルブがないから」と書いてますが。

エンジン設計者　いかにも評論家が考えつきそうな理由ですが、排気温度下がるくらい排気バルブで熱奪ってたらバルブ溶けますから（笑）。マツダも当時から「排気バルブがないから排気ブローダウンエネルギーで効率よくターボが回せて、ロータリーとターボは相性が良い」とか主張してましたが、さっき言ったように係数２なら12Ａの実質排気量は２・３ℓ、これにターボつけてやっとＮＡ並みのグロス23・３kg・mですから、相性がいい割にずいぶん性能でてないねと。タービンホイールの羽根形状はレシプロで使っていたスプーン型ではなく、確かに昔ながらのラジアル型でＯＫだったみたいですが、出力の割に豊富なガス流量（→皮肉）にもかかわらずターボラグが少なかったという話も聞いたことありません。当時チューンドカーの世界で13BとRB26を比べても（2・6ℓターボ同士）状況は同じだったろうと思います。

―― うーんどうでしょう。同じ120kPa前後のブースト圧をかけたレシプロ車、例えば私が当時乗ってたセリカXX2800GT＋5M-GターボチューンにくらべるとRE雨宮チューンのRX7ターボは明らかにターボラグは少なかったという記憶があります。ただまあこれはロータリー云々よりもアマさんの気合と根性の違いも相当あったでしょうが（笑）。80年代後半になるとさすがのアマさんも大排気量化＋高性能化していくレシプロにかなわなくなっていって、自分でもいっときロータリー捨ててフェラーリF40買って乗ってましたね。

レシプロ

―― MFRT座談で広報部の吉田氏が「発売5ヶ月で月平均3000台販売し全体の約30％がロータリー」と発言してます。実は3代目コスモと4代目ルーチェの販売の主力は2ℓレシプロエンジンだったというのは忘れがちな側面です。これは当時のマツダ車全体にももちろん言えることですが。

エンジン設計者 デビュー当時にコスモとルーチェが積んでいたレシプロは1975年から使われていたMA型SOHC4気筒2ℓ。80×88㎜のロングストローク、インジェクションで120PS、圧縮比8・6、機関質量161㎏というスペックでとくに見るべきところはないですね。2ℓ直4としては重い。1983年のマイチェンで次世代のＦＥ型ＳＯＨＣ４気筒２ℓが出ますが、ＦＦカペラ（４代目ＧＣ型　１９８２〜１９８７年　フォード・テルスターと兄弟車）にも横置搭載してました。86㎜×86㎜のスクエアで圧縮比も馬力も据え置きでしたが、とりあえず質量だけは１４５㎏と当時のトレンド並に軽量化してます。

――トヨタの１Ｇ－Ｅ型ＳＯＨＣ６気筒が１５０㎏で、これが各社に大きな影響を与えたという話を聞いたことがあります。

エンジン設計者　Ｒ30型スカイラインをやったとき（「クルマ論評５」に収録）、２ℓ直６のＬ20型エンジンがモデル末期にもかかわらず大幅な改良をして軽量化したという話題が出ましたが、当時のエンジン軽量化のムーブメントを物語るエピソードです。マツダの横置ＦＥ型は80年代の終わりころになってＤＯＨＣ化されていますが、縦置のＦＲ用はずっとＳＯＨＣのままで、ロータリーやＶ６ ＤＯＨＣの廉価版としての扱いだったようです。

（注１）ＭＦＲＴ座談で広報部の吉田氏が「発売５ヶ月で月平均３０００台販売」「うち約30％がロータリー」と発言しているところから、この生産累計はロータリー車だけの台数だと思われる（いくらなんでも）。ただしロータリー専用車に戻った４代目コスモ（１９９０年４月〜96年６月）は６年間で本当に８８７５台しか生産していないようだ。

マツダ コスモ（HBS型） 2ドアHT リミテッド（スペック＝1981年10月発売当初型）

全長×全幅×全高：4640×1690×1340mm　ホイルベース：2615mm

トレッド：1430mm/1425mm　カタログ車重：1170kg

MFRT実測重量：1260kg（前軸694.0kg=55.1%／後軸566.0kg=44.9%）

前面投影面積：1.84m²（写真測定値）　燃料タンク容量：60ℓ

最小回転半径：5.2m

MFRT時装着タイヤ：ブリヂストン RD-116steel 195/70SR14
（空気圧前後1.9kg/cm²）

駆動輪出力：93.3PS/6500rpm

5MTギヤ比：①3.622 ②2.186 ③1.419 ④1.000 ⑤0.858

最終減速比：4.100

MFRTによる実測性能（5MT車）：0-100km/h 7.4秒　0-400m 17.7秒

最高速度：185.8km/h

発表当時の販売価格

2ドアHT リミテッド（1981年10月発売時）：203.0万円（5速MT車）

2ドアHT GT（1981年10月発売時）：187.6万円（5速MT車）

2ドアHTターボ GT（1982年10月発売時）：188.2万円（5速MT車）

発表日：1981年10月1日

1981年度～1990年度の年度別累計生産台数：コスモ1万4869台？（広報調べ→注1）

モーターファン・ロードテスト（MFRT）

試験実施日：1982年1月14～22日（82年7月号掲載）

場所：日本自動車研究所（JARI）

モーターファン ロードテスト

現在の視点 3

三菱・スタリオン（初代A182型）

モーターファン ロードテスト再録
三菱・スタリオン
□https://car.motor-fan.jp/tech/10017849

座談収録日　2020年10月16日

出席者
自動車設計者……国内自動車メーカーA社OB　元車両開発責任者
シャシ設計者……国内自動車メーカーB社OB　元車両開発部署所属
エンジン設計者…国内自動車メーカーC社勤務　エンジン設計部署所属

概要

――　１９８２年５月に登場した三菱スタリオンは、同社のＦＲ車シリーズだった４ドアセダンのギャランΣ（シグマ）／エテルナΣ、２ドアクーペのギャランΛ（ラムダ）／エテルナΛを母体としたフルドア＋テールゲート式２ドア車です。同月14日の報道発表会場で三菱自工の常務が「総合性能でポルシェ９２４ターボと互角の実力を持つことを開発目標にした」と名指しでぶち上げたりしたことからも、かなり気合の入った開発だったことがうかがえます。ＭＦＲＴ座談でも商品企画部の和気部長が「三菱自動車のシンボルカーとして企画した」と言っていますね。

自動車設計者　「スタリオンのすべて（１９８２年５月発売）」では星島 浩さんがインタビューで三菱側が「スポーツカー」という呼称を堂々使ったことに驚いて

図1　三菱 スタリオン GSR-X

82年5月の発表時のメーカー広報写真に適切なものがなかったので、83年7月のマイチェン時の最高級仕様GSR-Xの写真を掲載。このとき空冷インタークーラーを装着して145PS→175PSにパワーアップしたが、外観の違いはドアパネルからTURBOのステッカーが消えたことだけ。なにせフィルム撮影の時代なので、車体の側面に映り込みを入れるため床に黒布を敷いたり、背景は切り抜きやすいように黒バックにしてるのに窓ガラスの部分だけは白い紙を貼ってあったりと、スタジオ撮影は大変だった。面白いので39年後の今回はあえてこのまま使ってみた。写真からいって車体上部に白い天幕を貼って天井光をデフューズしたり、壁面にライトをあててフロントにバウンスさせたりもしているはずだ。私はスタジオ撮影が大好きだったので「Car Ex」の時代は毎月クルマをスタジオに持ち込んで、こうやって撮影していた。

ますね（1973年の石油ショック以降、運輸省への忖度でこの用語は自動車メーカー内では事実上の禁句だったので）。

――車名は「星＝スター」とギリシャ神話に出てくる人間の言葉を話す神馬「アリオン」の合成語ということで、コルトとの馬つながりということですね。この車名のまま北米、ヨーロッパ、オーストラリアなどに輸出してますから海外でもそれほど奇妙な語感ではなかったのかと。

エンジン設計者　ジャッキー・チェンの映画で世界的に有名になりました（1984年のハリウッド映画「キャノンボール2」に「三菱ファクトリー改造車チーム」としてリヤにパチもんの京都ナンバー?をつけて登場、運転するのは007シリーズの「ジョーズ」役で有名なリチャード・キール、チェンは兵器操作と格闘担当）。

――北米では三菱ブランドと並行してコンクエスト＝Conquestの車名で84〜86モデルがダッジとプリムス、87〜89モデルはクライスラーの冠で販売してました。国内仕様の変遷も

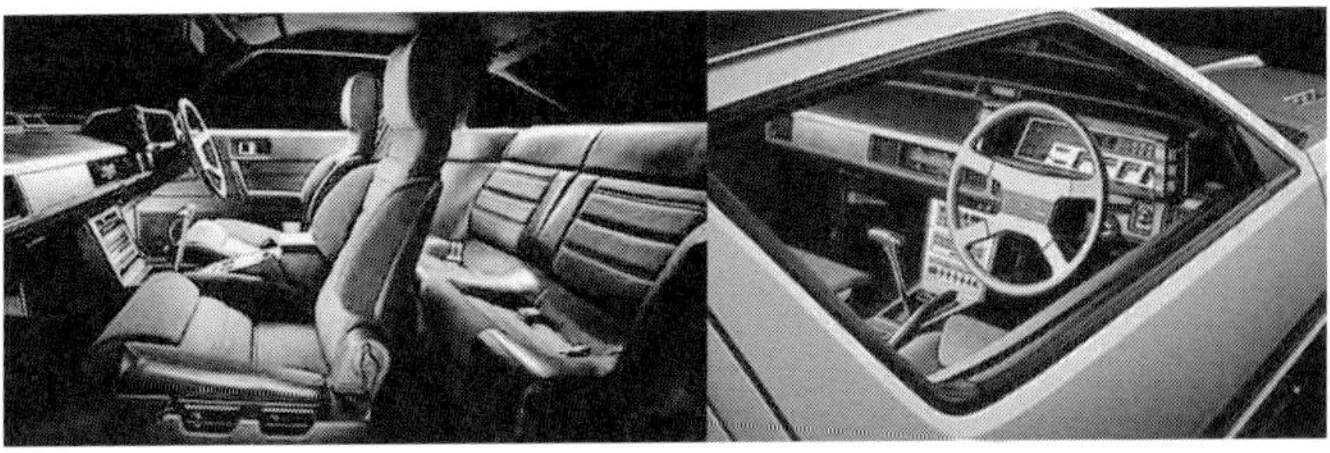

図2　インテリア

82年5月発表時のメーカー写真。当初GSR-X、GSR-III、GSR-II、GSR-I、キャブ＋リジッドのGXの5グレード展開で、上位2車種がご覧のようなデジタルメーターだった。シートは「フルサポートシート」と称したスポーツタイプだったが「肝心の腰部分のサポートがまったくないのはシート本来の設計思想と逆行している（自動車設計者）」。フルドアのピラー部にシートベルトのラップベルトのアンカー＋リトラクターを内蔵したのはアメリカでのシートベルト規制を意識したもの。

ざっと書いときますと、82年5月発売時は電制燃料噴射式2ℓ直4ターボ145PSのG63B型に5速MT／4速ATを組み合わせた4グレード展開に加え、最廉価版として110PSのキャブ仕様エンジン＋リジッドサス車（「GX」173万円）も設定してたようですが、翌83年7月に175PSのインタークーラー装着車が追加投入された時点でラインアップから落ちています。84年6月にG63Bのヘッドを大改造してMCA-JETを捨て、吸気2＋排気1と3バルブ化し、吸気側に日本車初のバルブ数＋タイミング切り替え機構を搭載した「シリウスDASH3×2（のち「サイクロンDASH3×2」に改称）」＝200PS（グロス）エンジン搭載のGSR-Vを発売、さらに85年9月にマイチェンをしています。

シャシ設計者　ブリスターフェンダーがついたのはマイチェンのとき？

――　ブリスターは87年2月の限定車「GSR-VR」でまず登場、88年4月にUS仕様に設定していた2・6ℓ（デボネア用SOHC直4のG54B型をターボ化したG54BT＝1985年4月からネット表記化→175PS）を乗せた2・6GSR-VRにモデルラインアップを1本化したときに、標準ボディになったということです。

エンジン設計者　ブリスターフェンダーの2・6GSR-VRは日本初の50タイヤ装着車でしたね。バブル絶頂期には調子こいて、それベースで石原プロのドラマに出てたガルウイング特装車を作って売った（→5台限定）。

――　90年2月に生産終了するまでの7年9ヶ月間の総生産台数については「国内1万3000台、総生産台数11万台」という説があるようですが、ピアッツァが10年間で11万3419台ですから、そんなものだったかなとは思います。

自動車設計者　ホイルベースは2435㎜。924は確か2400㎜でしたね。

――はい。1980年5月発売のΣとΛがともに2530㎜なのに対して100㎜近く縮めてます。ライバルと名指ししたポルシェ924がおっしゃる通りで2400㎜、924をかなり意識した初代RX-7（1978年〜）が2420㎜、GM・Tカー起源のピアッツァが2440㎜ですから、当時のトレンドに合わせたということでしょうか。ボディサイズでいうとRX-7やピアッツァより少し長くて背高です。

自動車設計者　MFRTの実測値だとフロントオーバーハングが970㎜もあるんですね。改めて見返してみたらピアッツァも985㎜。当時のスポーツカーは無駄にハナが長くて全長の割にホイルベースが短いこういうプロポーションも普通だったんですねえ。

――MFRTの座談によるとスタイリングの着手は78年ご

図3　スタイリング

MFRTの座談ではスタイリング作業の開始を発売4年前の78年ごろとしている。ピラーレスドアで描かれているところから見て、このレンダリングはクルマができた後から描いた「やらせアイディアスケッチ（当時はこれが主流だった）」ではなく、当時のものと思われる。オーバーハングを伸ばしてフロントを極端にスラント化、グリルレス＋リトラクタブルと顎下のエアインテーク＋スポイラーを組み合わせるというアイディアはすでに出来上がっている。リヤはラップラウンドしたリップ状のスポイラーなども含め初代RX-7（1978〜）の影響を強く感じる。

ろということなので、924はもちろん、RX－7や79年3月のジュネーヴ・ショーにでたアッソ・ディ・フィオリの影響も受けてるでしょう。ただヨーロッパはすでに先を行ってて、さきほどの話題のブリスターフェンダーは1980年秋発売の924カレラGTがまず採用、スタリオンと同じ82年秋登場の944では924カレラGTでボルトオンだったリヤフェンダーをプレス成形にしてます。これを早速パクったのが1985年の二代目RX－7（FC3S型）。余談ですが88年にポルシェ社に呼ばれて日本から一人取材に行ったとき、開発中のモデルの内覧会場で広報の女性に「あら、またマネしに来たの？」と大声で言われ、各国から集まった報道陣がどっとウケて、死ぬほどなさけない思いをしました。会場にいた全員が私を見て笑ってた。

エンジン設計者　「マネじゃねえ、追求したら同じ結果になっただけだ！（マネエンジニアリングの常套句）」とは言わなかったんですか（笑）。

シャシ設計者　でもポルシェが944に自社製の2・5ℓ4気筒積んだときは、バランサーシャフトの特許を三菱から買ったじゃないですか。パテント売って食いつないでる会社にパテント売りつけたってことで、当時は随分溜飲を下げましたよ。

エンジン設計者　英語版Wikiによれば一台あたり$7～$8ドルのロイヤルティを支払ったそうですね（出典は1982年5月発行のAutoweek誌記事）。944系の総生産台数（1982～91年）はWikiによると約17万1000台、3ℓのみ積んだ968（92～95年）が約1万3000台で合計ざっと18万4000台、全車サイレントシャフト付き4気筒を搭載してたはずですが、それでもたった1億3000万～1億5000万円の特許料にしかならない。まあ「鬼の首を取った」ことに変わりないけど。

自動車設計者　日本版ウィキには「トランスアクスルとのクロスライセンスだった」と書いてありますが。

エンジン設計者　出典が書いてないから、日本語しか読めないポルシェのケツ持ちの脳内妄想じゃないですか。ちなみにドイツ語wikiの944にはMitsubishiのMの字も出てきません。ははは。

シャシ設計者　うん。なんかやっぱ溜飲下がった（不平・不満・恨みなど、胸のつかえがおりて、気が晴れること▲▲goo辞書）。

――スタリオンは924や944、ピアッツァなみのボディサイズだった割には、セリカXXなみの押し出しの強さがありました。

自動車設計者　ハナが長過ぎ、上屋（キャビン）が大きくトレッドが狭く、924やRX-7に比べると不細工なプロポーションです。

――グリルレス＋リトラクタブルライトにしてアゴの下にインテークを開けたフロント周りの造形なんかは、なかなかまとまってると思いますが。

エンジン設計者　ホイルハウスのオープニングから見るとボンネットがやたら高くて水平です。こんなに高い位置にヘッドライトがあるならリトラなんかにしなくてもUS法規通るだろうと。

――コスモ（三代目）よりはかなりマシだと思いますが。

自動車設計者　ボンネットが高いしエアスクープまでついてるので、エンジン全高がよほど高いのか搭載位置が前寄りなのかなと思いましたが、「すべて本」の発表会ページの黄色いキャブ車のボンネットを開けた写真を見ると、エンジン高はフェンダーの稜線よりかなり低く見えます。ボンネットのスクープはエンジンとのクリアランスを稼ぐためではないこともわかります。キャスター角5°20'ですからストラットタワーは前輪に対してやや後方にあるはずですが、エンジンの3番と4番の中間くらいの位置だからそんなに前寄り搭載でもない。

エンジン設計者　この時代の三菱車は輸出仕様に比べて国内仕様があからさまにスペックダウンしてるのが嫌でしたね。「すべて本」でも編集者がヨーロッパに招かれてドアミラー付きでDIN170PS、195／70VR-14のミシュランXWXを履いたヨーロッパ仕様に乗って「かっこよかった」「速かった」「アシもよかった」とこれ見よがしに褒めてて、実に感じ悪い（笑）。

——　メーカーとしてはこっち（日本仕様）はお役所指導の強制自粛の産物、あっち（ヨーロッパ仕様）が実力なんだよ、とアピールしたかったんでしょう。

リヤサスペンション

シャシ設計者　サスペンションは当時のΣとΛと同じ形式で、上位4グレードのターボ車のリヤサスはロワ台形アーム式ストラット。MFRTの記事中のキャプションに「バンプ・トーインのジオメトリー」と書いてありますが、確かに平面視で見ると台形アームが車両の前後軸に対して10°ほど傾いています。側面視でのジオメトリーもアンチリフト／アンチスクォートです。いずれも大した量ではありませんが、かしこいレイアウトです。ただお気づきの通りこれは過拘束サスペンションです。

―― ストラットユニットとハブ一体で構成要素1、台形アームで1、ストラットのピストン1だから構成要素3で総自由度「18」、拘束はストラットのピストンの拘束「-4」×1ヶ所、ストラット頂部のピン拘束「-3」×1ヶ所、ロワアームの軸拘束「-5」が2ヶ所、ピストンロッドの軸回転はサスにとって意味のない自由度だから最後に「-1」すると合計「18」。……確かに残自由度「0」の過拘束サスですね。ということは昔のスーパーカーの上下台形アームのダブルウイッシュボーンと同じで、ロワアームのボディ側とハブ側の軸が平行じゃないと動かないんですね。

シャシ設計者 いえいえボディ側とハブ側の軸が平行で、なおかつ台形アームの回転軸とストラット軸が直交してないと動きません。当時の三菱発表のリヤサスの絵の上から作図し

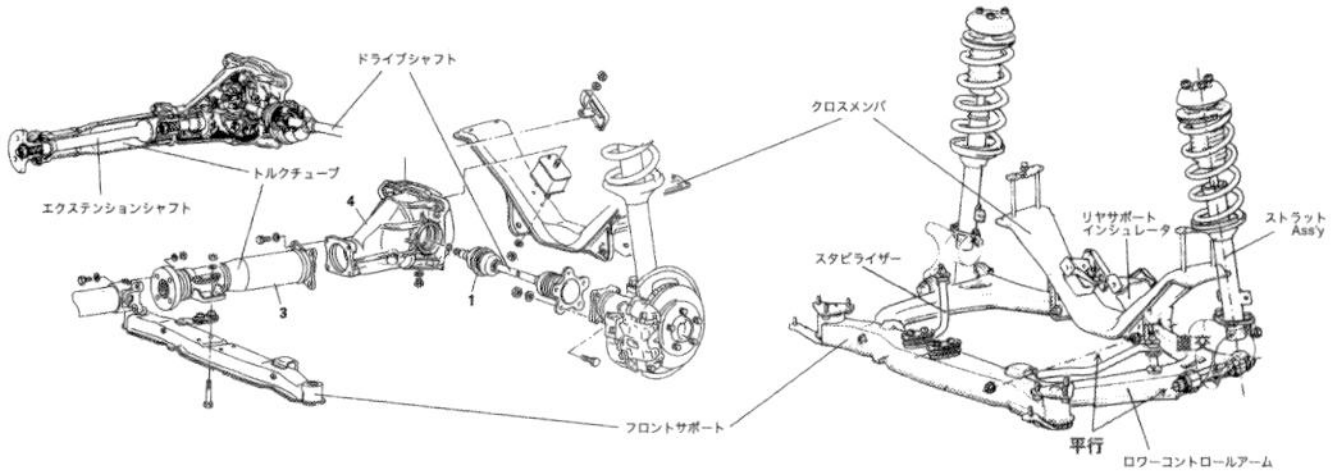

図4 リヤサスペンション

リヤサスは台形ロワアーム式のストラット。総自由度「18」なのに拘束も「18」あるという自由度「0」の過拘束設計で、作動するためには台形アームの2本の作動軸が平行で、かつストラットがそれに対して直交している必要がある。1969〜78年の初代フェアレディZも同じ形式だが、三菱は台形アームの作動軸に後退角を設けてバンプ・トーインのジオメトリーにしたところが進化点。独立懸架のためデフはばね上にあるから、トルクチューブ方式はピアッツァのようにサスの作動には関係ない。

てみたら（図4右）、車体側ロアアーム軸とアクスルキャリア側の軸が平行になってなくて思わず首を傾げました。そんなはずはないので、手前側のサスだけ無理やり図を修正して赤線を引きましたが、反対側のサスは元絵のままです。

自動車設計者　自由度ゼロのストラット式リヤサスは、初代フェアレディZ（Z30系 1969～78年）が使ってましたね。左右の台形ロワアームを共用して裏返しに使ってたのは有名な話です（タミヤ1／12もちゃんとそうなってて、これを作った人は当時みんな感心した）。この形式はロワアーム軸が平行で、それに対してストラット軸が直交してない限り動かないというのはサス設計の常識ですから、このスタリオンのポンチ絵は素人が書いたんでしょう。組み上がったサスを撮影してトレースすればこんなパースの狂った絵にはならないから、おそらくばらばらの部品状態でそれぞれ描いてから組み合わせて全体図にしたのでは。コイルばねのいびつな形状からしても絵を描いた人間の観察眼のレベルの低さが推察できますね。

シャシ設計者　作動軸に後退角を設けたこの形式でブッシュを全部平行配置にすると、横力でサス全体が前後に動いてしまいます。なのでよく見るとロワアームの車体側後端ブッシュだけはブッシュ軸線が車両前後軸方向を向いてます。サスの揺動時にはこのブッシュにこじり力が働く。なかなか面倒くさいサスです。

――　三菱のFRが過拘束リヤサスだったなんて初めて知りましたが、なぜミスアライメントが即リンク干渉→フリクションになってしまうこんなサスにしたんでしょう。昔のスーパーカーの上下台形ダブルウイッシュボーン同様、横剛性の高さに魅了された？

シャシ設計者　それしか取り柄はないですからね。実は当初設定されていたリジッドも過拘束サスです（図5）。ロアが左右とも変形逆Aアーム、アッパーがハの字リンクですから構成部品5で総自由度「30」、軸拘束2ヶ所＝「-10」、ピンジョイント6ヶ所で「-18」、アッパーリンクの回転自由度2ヶ所で「-2」、合計「30」で自由度「0」。リジッドサスは自由度「2」でないと動きませんから、ただの過拘束ではなく「超」過拘束。当時の三菱にはきっと過拘束フェチのサス設計者がいたんでしょう。

自動車設計者　がちがちに固めるならともかく、ロールすればこのリジッドは破綻する。

エンジン設計者　ランサーEX（1979〜87年）は全グレードこのリジッドでしたが、大内 誠さんのランサーEX2000ターボ・ラリーカーの透視図にもちゃんと超過拘束サスが描かれてます。

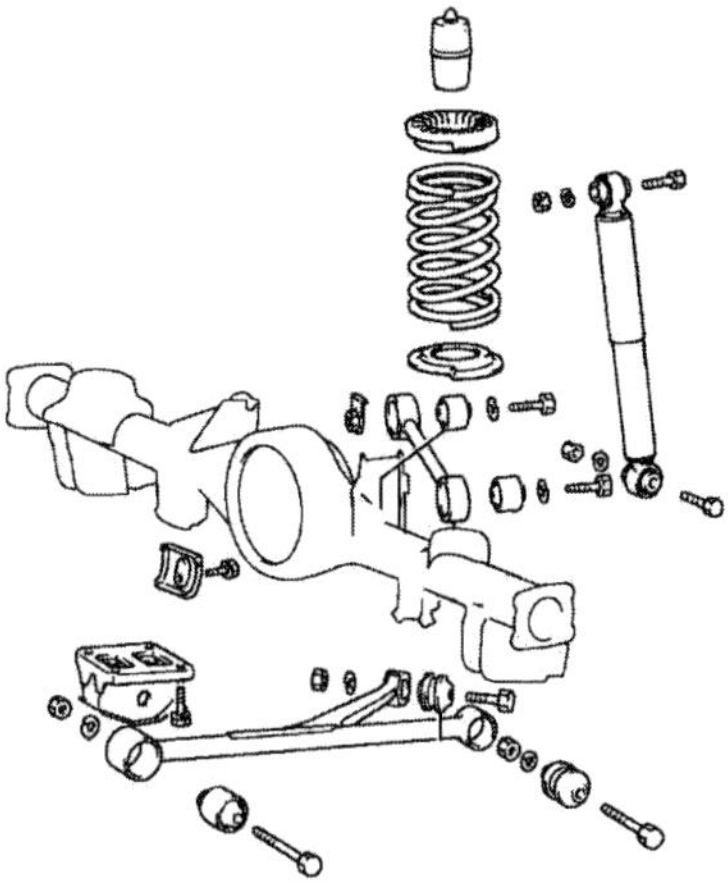

図5　リヤのリジッドサスペンション

パーツ図より。ホーシングを左右の上下アームで支持するが、ロワアームの途中からアームが生えているという「気色悪い設計（自動車設計者）」だ。この結果自由度「0」の超過拘束サスになっている（リジッドは自由度「2」でないと作動しないので）。側面視で4節リンクが成立していれば左右同相のバウンド／リバウンドは可能だが、ロールは許容しない。横剛性が高いのが取り柄でランエボも初期はこのサスである。「へたな独懸よりリジッドのほうがマシ」という実戦思想をさらに推し進めたような設計で、現場ではそれなりに説得力があったのだろう。

自動車設計者　途中からアームが突き出てて機構学的に見てなんとも気色悪いね。いかにも現場（実験部署など）の発想っぽい。

――　独懸はトルクチューブも使ってますね（図4左）。

シャシ設計者　このトルクチューブはリジッドのピアッツァと違ってジオメトリー上の意味はなく、デフマウントのスパン拡大とプロペラシャフトの2ジョイント化が目的です。

――　あちこちで語り尽くされてきたはずのクルマなのに、これまで誰も指摘したことがないサス設計の重要なノウハウポイントが（ランサーEXまで含めて）39年後のいまになって明らかになるとは、やっぱプロに聞いてみるんもんだと思いました。

エンジン設計者　1年半くらい前に突然出た84年型RACラリー仕様ランタボの1／24プラモ（青島文化教材社製）も、ちゃんと改造車みたいな逆Aアームの超過拘束リジッドになってましたよ（笑）。

シャシ設計者　MFRTの座談では岡崎宏司さんが、最終でオ

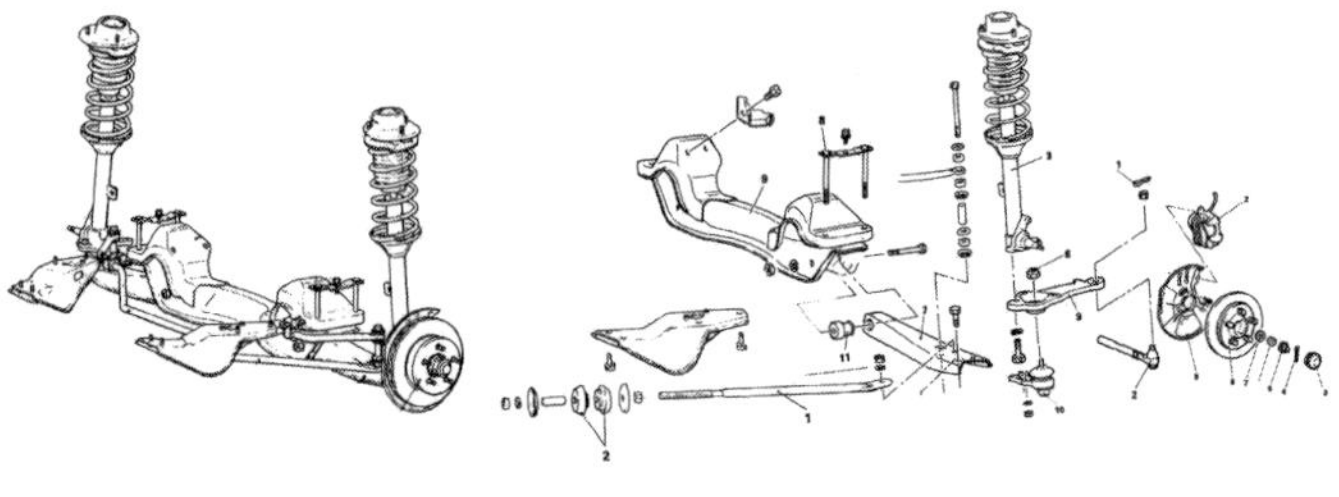

図6　フロントサスペンション

スタリオンのフロントもIアーム＋テンションロッド式のストラット。基本的にはアンチダイブがマイナス（荷重移動分よりも大きくノーズダイブ）になる形式だが、コンパクトでエンジンルームのスペースへの干渉が低いため、当時隆盛を極めた。衝突安全設計に対応しにくいことから現在ではほぼ絶滅している。右は1988年型のクライスラー・コンクエストの部品図4点を筆者がそれらしく合成した図。この図で見る限り3代目コスモが使ったオフセットスプリングは採用していない。

ーバーステア気味になるミドシップ的なハンドリングは非常にスポーツカー的だが、パワーステアリングの操舵力が軽くて剛性感も物足りないので、コーナリングパワーは高いがニュートラル付近が甘い特性のポテンザ（RE47）を履いている場合は、切り始めに舵角を入れすぎて一気に0・5Gくらいの領域に入っちゃう、と指摘しています。それを受けた自動車評論家先生方が「ダンパーが弱いのにばねが固いからだ」とか「自分はパワステは軽いほうが好き」とか口々に言い始めて、景山先生が操舵力の重さに関する官能評価実験の結果を紹介すれば平尾先生もヒステリシス論を開陳したり、例によって訳わかんなくなってるのがかなり面白かったです。

――でも岡崎先生の発言だけは明快ですよ。いくら操安性のポテンシャルが高くて限界操縦性のいいクルマでも、中立から切り込んだ瞬間の操舵感が曖昧だと気持ちよく運転できないと岡崎先生は言ってるわけで、これは好みの問題じゃなくクルマの運転フィールの真相ですから。

エンジン設計者　さすが弟子（笑）。

シャシ設計者　このころの三菱車はRBS（リサーキュレーティング・ボール式）のパワーステアリングでしょ（図7右）。RBSはニュートラルでしかバックラッシュを合わせられないから、半回転でも舵角を切り込むと遊びが数㎝も出ちゃう。ラック&ピニオンはラックにプリロードをかけるから誰が設計してもまあまあのフィーリングにはなる。岡崎さんの操舵感の指摘はそれもあると思います。

自動車設計者　80年代中盤に出たばかりのベンツ190E（W201）とBMWの3シリーズ（E30）を乗り比べたことがあるんですが、W201のおとなしいけどしっかりしたフィーリングに対し、E30はちょっとやん

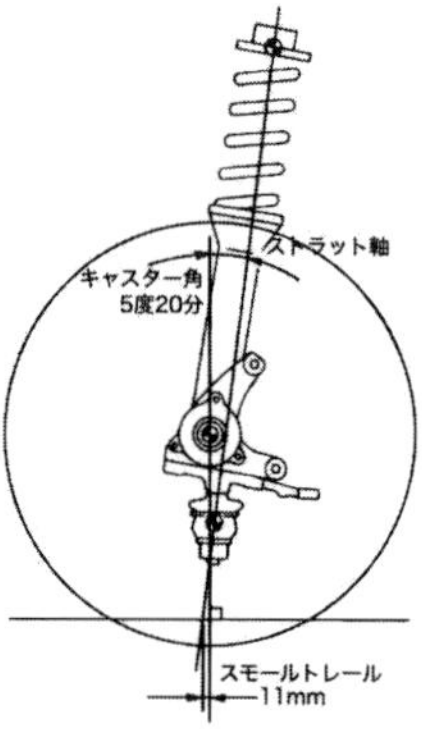

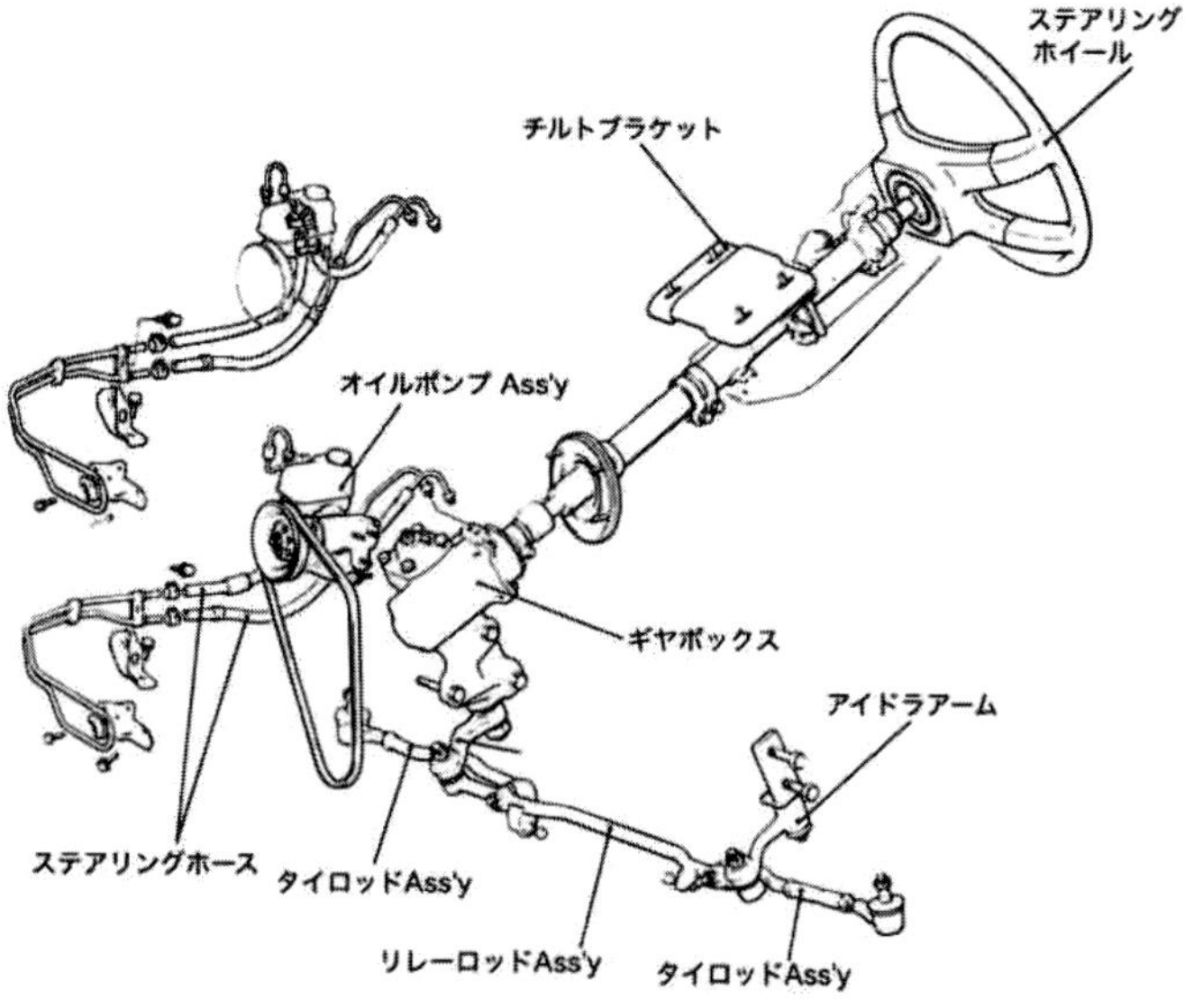

図7　ステアリング

キャスター角はソアラより50分、コスモより17分大きくスカイラインより30分小さい5°20'だが、本車はフォアラウフを採用している。シャシ設計者の計算ではキャスターオフセット量は17mm。80年代前半に登場したクルマのステアリング機構はほぼラック&ピニオンに変わっていたが、三菱車はまだ旧式のRBS（リサーキュレーティング・ボール式）のパワーステアリングだった。

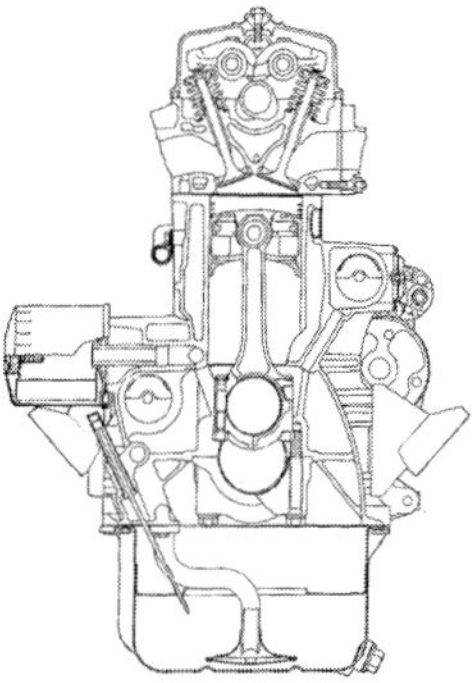

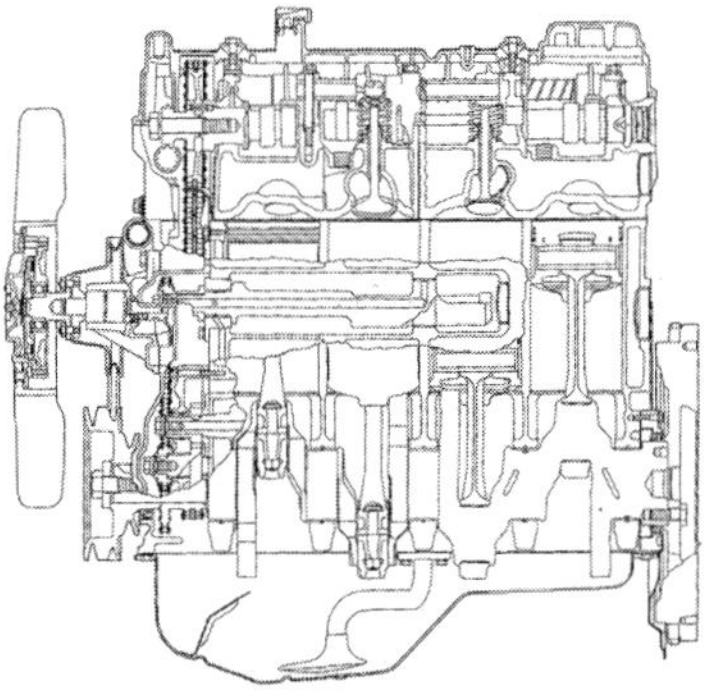

図8　**2.6ℓ G54B型**

88年のクライスラーの資料より（ジェットバルブが描いてないが）。吸気バルブ径46mm、排気バルブ径38mm、リフト10.5mm。「サイレントシャフトの慣性力トルク変動バランス率は図面から計算できます。2本のバランサーの高さ方向の距離がコンロッドの長さと等しければバランス率100%です。三菱もポルシェもバランス率70%でしたから、慣性力トルク変動を30%残して筒内圧トルク変動と釣り合わせたわけです（エンジン設計者）」。右端はamazon.comでEvergreen CHHB5001という名称で販売されていた再生産シリンダーヘッド。こういうものが広く出回っているのはクラックなどのトラブルが多いせいか。吸気ポートフランジにのたくっている長い溝がJET流の分配通路。

ちゃなお転婆娘的だという印象は持ちました。でもそれをＲＢＳとラック＆ピニオンの差のせいだけにはとてもできなかったですよ。

シャシ設計者　Ｗ２０１／Ｗ１２４はギヤボックスも操舵系の配置設計も完璧だったから、むしろＲＢＳとしては例外ですよ。

――ともかく岡崎さんはミシュランを装着している状態に比べてポテンザの場合は操舵力とタイヤの特性との

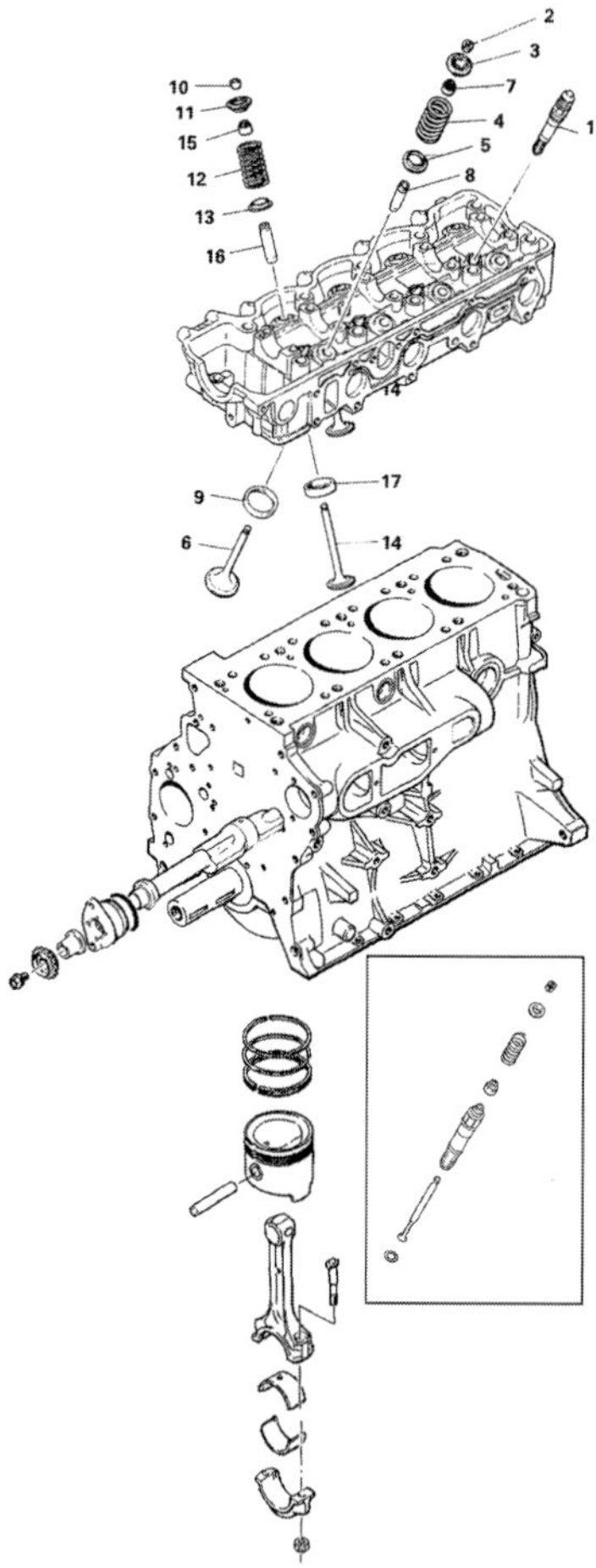

図9　2.6ℓ G54B型

部品図５点を合成し、三菱の発明に敬意を評してサイレントシャフトの正転バランサーとジェットバルブも入れてみた（三菱のサイレントシャフトの４気筒用ではクランクシャフトと同回転のシャフトを上に、逆転を下に置かないと２次トルク変動はバランスできない）。ヘッド右端「1」がMCA-JETのジェットバルブアッシー（枠内が分解図）。二股に分かれた吸気ロッカーアームで開閉していた。

バランスがよくないと指摘しているだけで、操縦性自体は褒めてます。

シャシ設計者　三菱は駆動力制御に一歩長けていて、当時から摩擦式ＬＳＤを多用してました。ラリーでのノウハウも積んでからは電制４ＷＤやトルクベクタリングも積極的に導入した。

――　岡崎さんが褒めたスタリオンの限界操縦性には、剛性の高い過拘束サスとＬＳＤのコンビが相乗効果として効いてたのかも。

シャシ設計者　あとスタリオンのフロントはフォアラウフがついてます（図７左）。キャスター角5°20′でトレール11㎜ということなので計算してみると、３００×ｔａｎ５・３３３。＝28・０（㎜）、28－11＝17（㎜）で、キャスターオフセット量は17㎜でした。

エンジンについて

――　エンジンです。発売当初ラインアップは主力が電制燃料噴射式２ℓ直４ターボ１４５PS（グロス）のG63B型。翌83年７月にインタークーラー装着仕様を投入（１７５PS）。84年６月にG63Bのヘッドを３バルブ化した２００PSの「シリウスＤＡＳＨ３×２」エンジン（図10中・右）搭載のＧＳＲ－Ｖ発売。ＵＳ仕様は１９８３年の発売当初からデボネア用の２・６ℓ直４ＳＯＨＣのG54B型１４５hp（ネット）を搭載（図９）しており、86年モデルからは１７６hpネットのG54Bターボをブリスターフェンダーのボディに搭載したモデル＝スタリオ

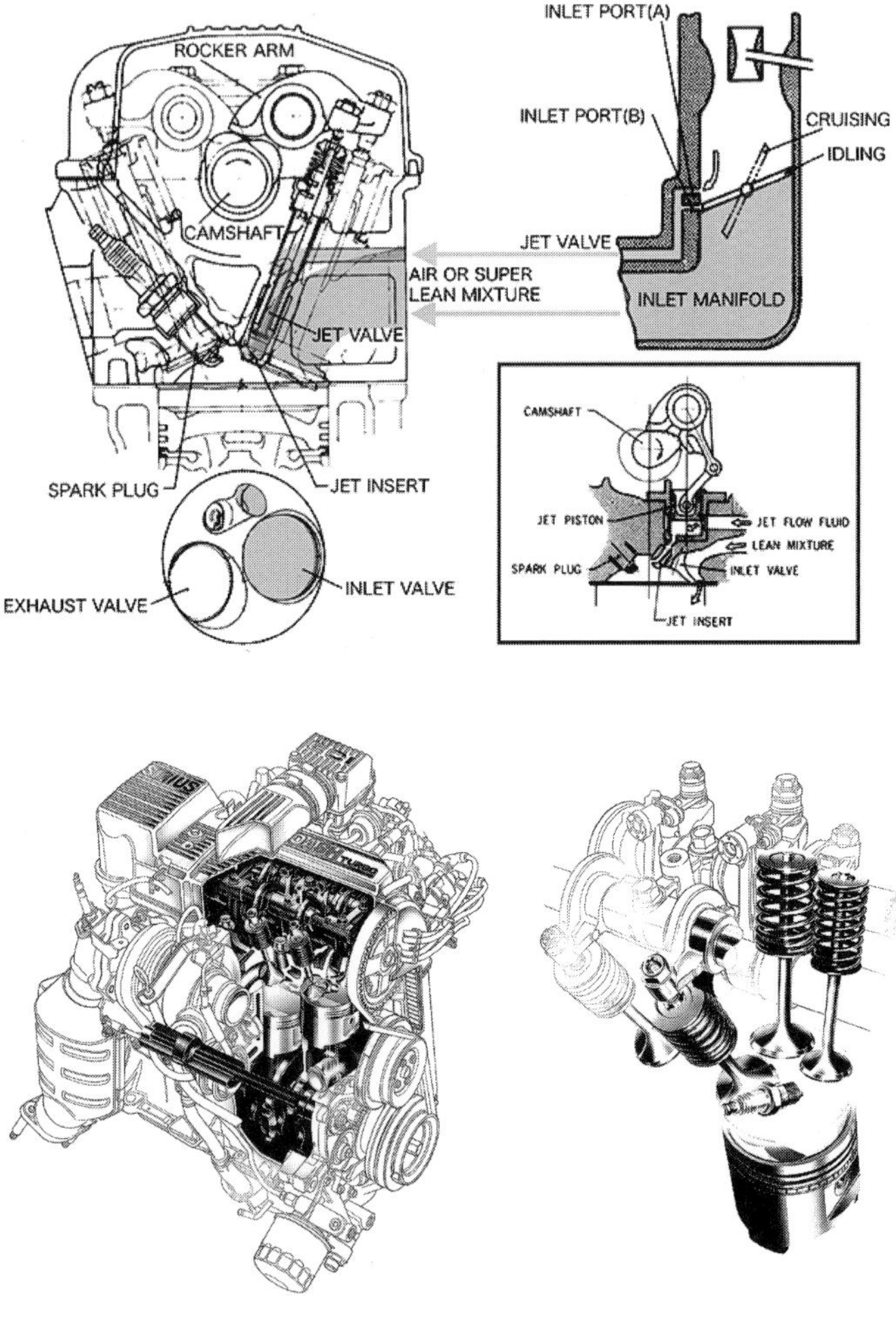

図10　**MCA-JETとシリウスDASH３×２**

左は1979年に三菱が発表した論文に添付されていたMCA-JETの概念図。乱流燃焼を使ってリーンバーンを達成。中央と右は84年６月にG63Bのヘッドを新設計、吸気２弁／排気１弁の切り替え式バルブ作動機構を導入した「シリウスDASH３×２」。４弁DOHC＋ターボがすでに登場していたので市場でのインパクトは低かったが、毒舌の兼坂さんがバルブセレクターの機構を「うまい!!　ホメるよりほかない」と珍しく絶賛した。

ンＥＳＩ−ＲとコンクエストＴＳＩを投入。日本初の50扁平タイヤを標準装備した88年4月発売のスタリオン2・6ＧＳＲ−Ｖはその国内版です。85年4月以降ネット表記に変わったのでネット175PSでした。

エンジン設計者　Ｇ54ＢはＧ52Ｂ系の拡大版で、1976年6月のデボネアのマイチェン時に初搭載、サイレントシャフトの慣性力トルク変動バランス率は70％でした。実はポルシェ944の2・5リッターＭ44／02エンジンもバランス率は70％です。つまりサイレントシャフトの基本原理だけでなく「定常走行状態でトルク変動が最小になるようにバランス率をチューニングする」というサイレントシャフト技術の真髄（単行本「クルマの教室」の168〜171ページ＝「トルク振動論2」参照）まで丸ごと技術供与してたということです。

――　やっぱロイヤルティ安すぎましたね。1台100ドルはふんだくるべきだった（笑）。

エンジン設計者　次世代にあたる4Ｇ63型（当初はＧ63型と呼称）が発表されたのは1979年ですが、2007年にアルミブロックの4Ｂ11型に置き換わるまで長く使ったエンジンで、「名機」と呼ぶ人もいます。3代目コスモの座談のとき1983年のマイチェンで搭載したＦＥ型ＳＯＨＣ4気筒2ℓが145kgに軽量化して「やっと当時のトレンドに乗った」といいましたが、Ｇ63Ｂはデビュー当時からキャブ仕様で120kg、燃料噴射でも145kgと、鋳鉄ブロックながら軽量でした。あとクロスフローＳＯＨＣのまま排ガス規制を乗り切ったというのもこの時代の三菱のエンジンの技術的ポイントです。それがＭＣＡ−ＪＥＴ（図10左）。

自動車設計者　60年代のＯＨＶ時代の後半から各社はロッカーアーム使ってＯＨＶやＳＯＨＣの主力エンジンをクロスフローにしましたが、排ガス規制時代になってトヨタはカウンターフローＳＯＨＣに戻っちゃったし、ホンダのCVCCもカウンターフローで、その動きが一時期退行したんですね。

エンジン設計者　そうですそうです。で1979年に三菱がSAEに発表したMCA－JETの論文を今回もう一度読み返してみたんですが、なかなか興味深かったです。基本的にはCVCC同様、希薄混合気をなんとか安定して燃焼させるという狙いなんですが、副室式はホンダに先を越されちゃって使えないので、燃焼室に直接噴流を吹き込むという仕組みを考えた。最初の実験エンジンはカム駆動の小さなピストンを使うというなかなかそそるメカだったようで（図10上の枠内）、これを使ってテストを重ねたところ、噴流の強ささえあれば吹き込むガスは濃い混合気／薄い混合気の別はおろか空気だけでも窒素だけでもOKだったという結果から、リーンバーンの安定燃焼のメカニズムとは成層燃焼ではなく乱流燃焼であるという真相を発見するんですね。論文というより、ほとんど発見と感動の開発日誌（笑）。

――素晴らしいです。

エンジン設計者　ちなみに三菱は後年になっても「筒内流動」に対するこだわりが強かったように感じます。MCA－JETの仕組みは図10の上の通りで、スロットル上流の大気圧ミクスチャを別経路から引き込んで、小さなポペット式ジェットバルブから点火プラグに向けて吹き込んでいます。部分負荷でスロットルを絞るほどジェット効果が高い理屈ですが、アイドリングでは可動メカなしでジェット流を止め回転数が上がらないように工夫しています。図はアイドリング状態ですが、スロットル全閉状態でも実際にはバルブとボアの間にはアイドル空気量を流すだけの微小隙間があります。その隙間を空気が臨界流速で通るときに負圧が発生するため、図中のＩＮＬＥＴ ＰＯＲＴ（Ａ）から入った空気はＩＮＬＥＴ ＰＯＲＴ（Ｂ）から吸い出されてメイン流路側に戻り、ＪＥＴ通路側には流れないわけです。なかなかにくい設計です。

―― 84年6月に追加されたシリウスＤＡＳＨ３×２エンジン（図10下）は、当時兼坂さんの「毒舌評論」で非常に高く評価されていましたが、これが日本初の切り替え式バルブ作動機構付きエンジンだったんですね。もっとも2輪では一足先にホンダが１９８３年12月発売のＣＢＲ４００Ｆのエンジンに回転域で4弁／2弁を切り替えるバルブ休止機構「ＲＥＶ」を採用、また兼坂さんの記事には１９８１年にキャディラックが、スーパーチャージャーのイートン社が開発したバルブ休止機構を採用した８‐６‐４可変気筒エンジンをオプション搭載（３６８ＣＩＤ＝６０３２ccＶ８）したが「信頼性不足で絶不評だった」と書いてありました。英文ブログ「MotorBiscuit」の「もっともひどいエンジン10選」でも10位に入ってました。

シャシ設計者　ちなみにもっともひどいエンジンの1位は？

―― 北米大陸で売ったクルマが対象ですから、1位は当然１９８５～92年にマルコム・ブルックリンが販売したザスタバのユーゴ55（フィアット１２７ベース）ですが、2位がオイル消費量とその対応で評判失墜したスバルの2ℓ／2・5ℓフラット4です。

エンジン設計者　話を戻しますが、80年代になって排ガス対策技術が三元触媒＋ストイキバーンに移行したため、ＣＶＣＣ同様にＭＣＡ‐ＪＥＴの存在価値も薄れてしまいました。それで出したのがシリウスＤＡＳＨ３×２で、兼坂さんが褒めた通り、それなりに光る要素技術もあったわけですが所詮はＳＯＨＣ３バルブ、すでに日産やトヨタから4弁ＤＯＨＣインタークーラー・ターボが出てましたから市場でのインパクトはなかったですね。エンジンについていえば三菱は技術はあるしすごいものも作るけど、長く使いすぎて時代遅れになり、あわてて進化させて追いつくというその繰り返しで、進歩が階段状だったという印象があります。スタリオンはエンジン的にいうとちょうど階段が平らだった時代のクルマかも。１９８７年に４Ｇ63をやっと4弁ＤＯＨＣ化してギャランＶＲ－４に搭載、これを１９９２年９月の初代ランサー エボリューションに積んでランエボ時代が到来するわけです。

自動車設計者　80年代当時は各社がそれぞれのサプライヤーのターボチャージャーを使ってたけど、三菱車は三菱重工製ターボでしょ。某社の開発者から当時「ターボをｘｘｘ社製から三菱重工に変えたらやっと公称出力が出たよ」って聞いたことがあるんだけど「三菱のターボつけるだけで10～15PS稼げた」という伝説は本当？

エンジン設計者　はい。この時代ギャレット、ＩＨＩ、日立などに比べて三菱重工製ターボが飛び抜けて優秀だったというのは事実のようです。

シャシ設計者　具体的にどこがどのように優秀だったの？

エンジン設計者　排圧に対して過給圧が出る度合いが高い。タービンとインペラーの羽根の効率がいいということです。初期のコンピュータの時代だから複雑な関数を使った方程式から羽根の形状を理論的に定義してたんでしょうが、それが進んでたのかも。

――　私は個人的には当時から比較的近年まで、乗って走った印象だけでいうと、三菱車は同クラスのホンダ車やトヨタ車やスバル車より好きだったことが多かったです。スタリオンはハナが軽くて＞Z31だったし、ランエボはいつ乗り比べても＞WRX、近年でも2代目アウトランダー＞ハリヤー＞フォレスター、初代デリカD：5も＞ステップワゴン＞ノア&ヴォクシーでした。まあR32だけは＞GTOですが。しかしエンジン設計者さんが言った通り商品的魅力という点でもいつも三菱＞他社だったかといえばぜんぜんです。例外はバブル期のディアマンテくらい。そういう意味ではスタリオンは北米では大いにウケて目立って三菱エンブレムを売り込んだクルマだったと思います。

三菱 スタリオン 2000GSR-II（A182型）
（1982年５月発売時発表値／MFRT実測値）

全長×全幅×全高：4400×1685×1320mm　ホイルベース：2435mm

トレッド；1390mm/1390mm　カタログ車重：1210kg

MFRT実測重量：1225.0kg（前軸636.0kg=51.9%／後軸589.0kg=48.1%）

前面投影面積；1.82m²（写真測定値）　燃料タンク容量；60ℓ

最小回転半径；5.2m

MFRT時装着タイヤ：ブリヂストン ポテンザRE47 195/70HR14
（空気圧前後1.7kg/cm²）

駆動輪出力；108.23PS/5500rpm

5MTギヤ比；①3.740 ②2.136 ③1.360 ④1.000 ⑤0.856

最終減速比：3.909

MFRTによる実測性能（5MT車）：0-100km/h 11.5秒　0-400m 16.87秒

最高速度：194.3km/h（リミッターなし時）

発表当時の販売価格（1982年5月発売時）

2000GSR-X：273.5万円（５速MT車）

2000GSR-II：199.5万円（５速MT車）

発表日：1981年5月14日

国内向け生産台数：１万3038台（ウィキペディア）、US仕様４万9659台、総生産台数約11万台？（出典不明）

モーターファン・ロードテスト（MFRT）

試験実施日；1982年7月19〜21日（82年11月号掲載）

場所：日本自動車研究所（JARI）

モーターファン ロードテスト

現在の視点 4

トヨタ・ターセル／コルサ／カローラⅡ（AL20型）

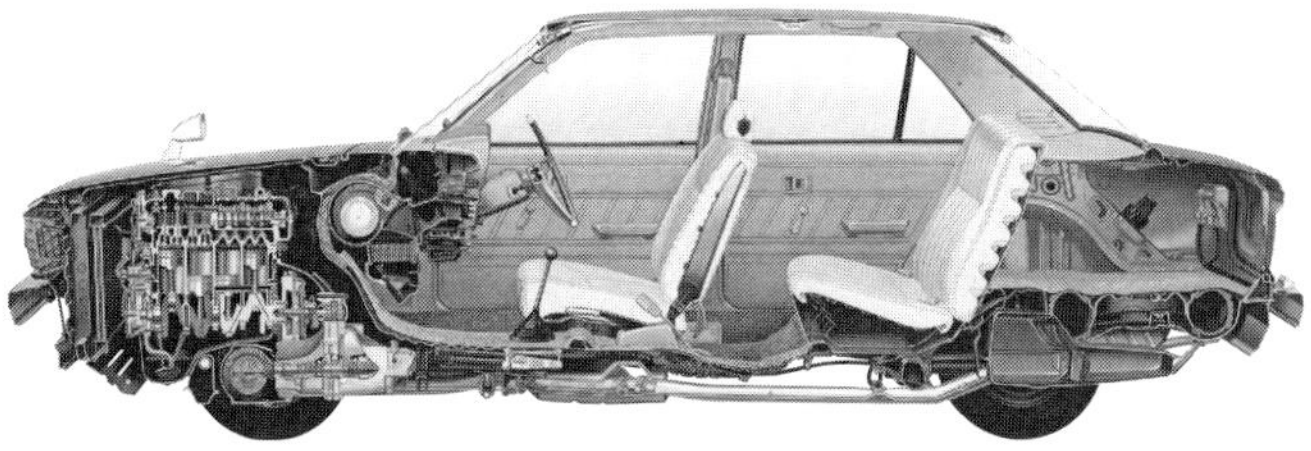

当時のカタログ掲載写真より

モーターファン ロードテスト再録
トヨタ・ターセル／コルサ／カローラⅡ
□https://car.motor-fan.jp/tech/10018504

座談収録日　2020年12月16日

出　席　者	自動車設計者 ……	国内自動車メーカー A社OB　元車両開発責任者
	シャシ設計者 ……	国内自動車メーカー B社OB　元車両開発部署所属
	エンジン設計者 …	国内自動車メーカー C社勤務　エンジン設計部署所属

——１９８２年５月19日発表・発売の２代目ターセル／コルサと初代カローラⅡの３兄弟です。当時モーターファン編集部では「タコⅡ」などと呼んでましたが、ここでは初代モデルとの対比の意味もあって形式名の「ＡＬ20型」を主に使います。ちなみにとびらのイラストはＡＬ20型ではなく、初代のターセル／コルサ＝ＡＬ10型（１９７８年８月〜82年５月）のカタログ掲載のものです。縦置きパワートレーンのレイアウトやクルマへの配置がとてもよくわかるのであえて使いました。初代ＡＬ10はトヨタ初のＦＦ車ですが、１９８６年５月登場の３代目＝ＥＬ30型ではエンジンとトランスアクスルを一般的なジアコーサ式で連結して横置きしたＦＦレイアウトに変えています。初代と２代目だけが２階建てパワートレーンの縦置き搭載だったというわけで、トヨタ的合理主義からすれば「失敗作」ということになるのかなと。そこがこのクルマをテーマに選んだ理由です。

シャシ設計者　ＡＬ20型のＭＦＲＴの座談で星島浩さんに「本当にこれで（縦置きで）いいと考えているのか」と突っ込まれたチーフエンジニアの平井昭好主査が「白紙からの開発だったとしたら違ったかも」と答えてますね。

——まあＡＬ20型の発売３ヵ月前の82年３月に出た２代目カムリ（Ｖ10型）がもう横置きになっちゃってますから（１・８ℓ・１Ｓ‐ＬＵ型）。

自動車設計者　先生方の前で評論家にそんなこと言われて、内心忸怩たる思いだったでしょうねえ。

エンジン設計者　イラストを見るとエンジン高がどんだけ高いかよくわかります。エアクリーナーケースの上部を斜めに削ってなんとかボンネットを下げてるという。

――ボア値80㎜との比で算出してみたらデフ中心↕クランクセンターの距離は「183・5㎜」と出ました。ホイルベースとの比でも「187・7㎜」なのでいいとこでしょう。

自動車設計者 最初見たとき「ステアリングのラックがサブフレームの中に入ってる、こんなのありえない！」と思ったんですが、実際にそういう設計だったみたいですね。どうにもラックを通す場所がなかったのか。

シャシ設計者 福野さんが古本屋で買ってきたAL20型の新型車解説書を見ると、2代目ではサス形式とサブフレームを全面設計変更してサブフレームの上にラックを載せています。

ファミリアとの類似と違い

――MFRT座談会の冒頭では「ファミリア（5代目BD型）に似てる」という話題も出てました。真横の写真の縮尺をホイルベースで合わせて並べてみると（図1）あまりにそっくりなので改めて驚きます。平井さんは「偶然だ」「我々も驚いた」と説明してたし、ファミリアは1980年6月登場ですから、当時の車両開発ペースだと「見てからマネする」には確かに時間が足りないかもですが。

自動車設計者 スタイリングに関してなら2年あれば当時だって結構修正はできましたよ。

シャシ設計者 でも改めてこうやって並べるとパッケージではタコⅡがファミリアに勝ってます。前軸基準だとウインドシールド下端はむしろAL20の方が少し前進してるから、ホイールベースが65㎜長いぶんまるまるファミリアより室内長が長いかも。それでいて前後オーバーハングを切り詰めているから全長はファミリアより75㎜短くなってる。

エンジン設計者　初代から比べるとボンネット前端が低くなってフロントマスクがスラントしてますね。エンジンコンパートメントが全体に短く低くなってる。

自動車設計者　初代はクラッチあたりのボディとの間に結構隙間があるんで、ここを切り詰めたということでしょう。いずれにしろサス形式やサブフレームの設計などがからんでくる基本パッケージの部分は2年じゃ変更できないか

図1　5代目ファミリア（BD型）とのプロポーション比較

本稿テーマ=AL20型の1年11カ月前にデビューし、平均月販台数3万7000台という空前の記録を打ち立てた5代目マツダ・ファミリアと並べて「そっくり」という当時の風評を検証してみた。写真の関係でファミリアは3ドア、コルサは5ドアになっているが、コルサが3ドアでファミリア5ドアでも「びっくりするほど似てる」の印象は変わらない。ただしパッケージの要所となる寸法比較では、フロントが短く、ホイールベースが65mm長く室内が長く、しかも全長が75mm短いAL20型の方が優れている。縦置きの影響でAL20型のボンネットは高いが、バンパーの位置を上げ、ホイールアーチを四角くすることでうまく隠している。

ら、初代のコンセプトを刷新するため頑張った結果として横置きのファミリアを最初から超えていたということでしょう。

――そういうことになりますね。

自動車設計者　フロントホイールアーチのとこで見るとファミリアよりはフードが高いようですが、バンパー上端をタイヤ上端よりも高い位置に上げて、さらにホイールアーチを角形にしてフェンダーが分厚く見えないようにしています。ここはうまい。ついでにリヤのホイールアーチも角形にしてバンパーに繋げてますが、これやっちゃうとアーチ頂点がタイヤと干渉するからリヤトレッドがあまり広げられないんですね。

――鋭いです。全幅はファミリアの1630㎜に対して15㎜狭いですが、リヤトレッドは1395㎜対1370㎜で25㎜狭くなっています。ともあれ妙に細長いプロポーションもスタイリングも凡庸だった初代に比べると、2代目は一気に時代に追いついた感はありますね。初代はターセルとコルサ合わせて45カ月間で23万4650台ですから約5200台／月、対して2代目はコルサがターセルの約倍、カローラⅡはさらにその倍売れて48カ月間の平均月販台数が3車合計で1万1000台を超えていますから、ざっくり初代より倍増しています。ただし5代目ファミリアは発売27カ月間で100万台を生産（平均3万7000台／月）、シボレー・サイテーションを破って世界記録を作ったそうですから（マツダのホームページによる）これには到底およびませんが。

縦置きレイアウト

――初代AL10はそもそもなぜ縦置きにしたのか。平井さんは縦置きの利点としてサービス製の良さとFR車との混合生産性をあげてますが、実際にはFRとの混合生産なんかやってないですよね。

シャシ設計者　ポルシェ911と同じ理屈でカリブ（4WD）を作ったけど。

エンジン設計者　海外のサイトではこの2階建て+縦置きパワートレーンは「トライアンフ1300（1965～）のパクりだ」「サーブ99（1969～）そっくりだ」と散々な言われようですが、トライアンフとサーブはどちらもミニと同様に変速機がクラッチとデフの間にありますが、トヨタ式は変速機をクラッチより外側に置いてる。コピーじゃない（図2）。

シャシ設計者　これがパクりならシトロエンGS（1970～）やアルファスッド（1971～）だってスバル1000（1967～）のパクりだろと。でもそれはあいつら断固認めないわけでしょ。ようするに同じようなことを同じ時期に考えつくというのはどこの国でもあるということですよ。

自動車設計者　FF車の設計に最初に熱心に取り組んだのは戦車の懸架装置で有名なジョン・クリスティ。1920～30年代にはジャン・A・グレゴアールの設計を使った「トラクタ」やDKW・F1が作られてますが、同じころ日本でも川真田和汪（かわまだかずお）という人が設計したFF車が生産・販売されてます（1934年～東京自動車製造「筑波号」V4／750cc）。エンジン設計者FFのレーシングカーを設計して自分で運転

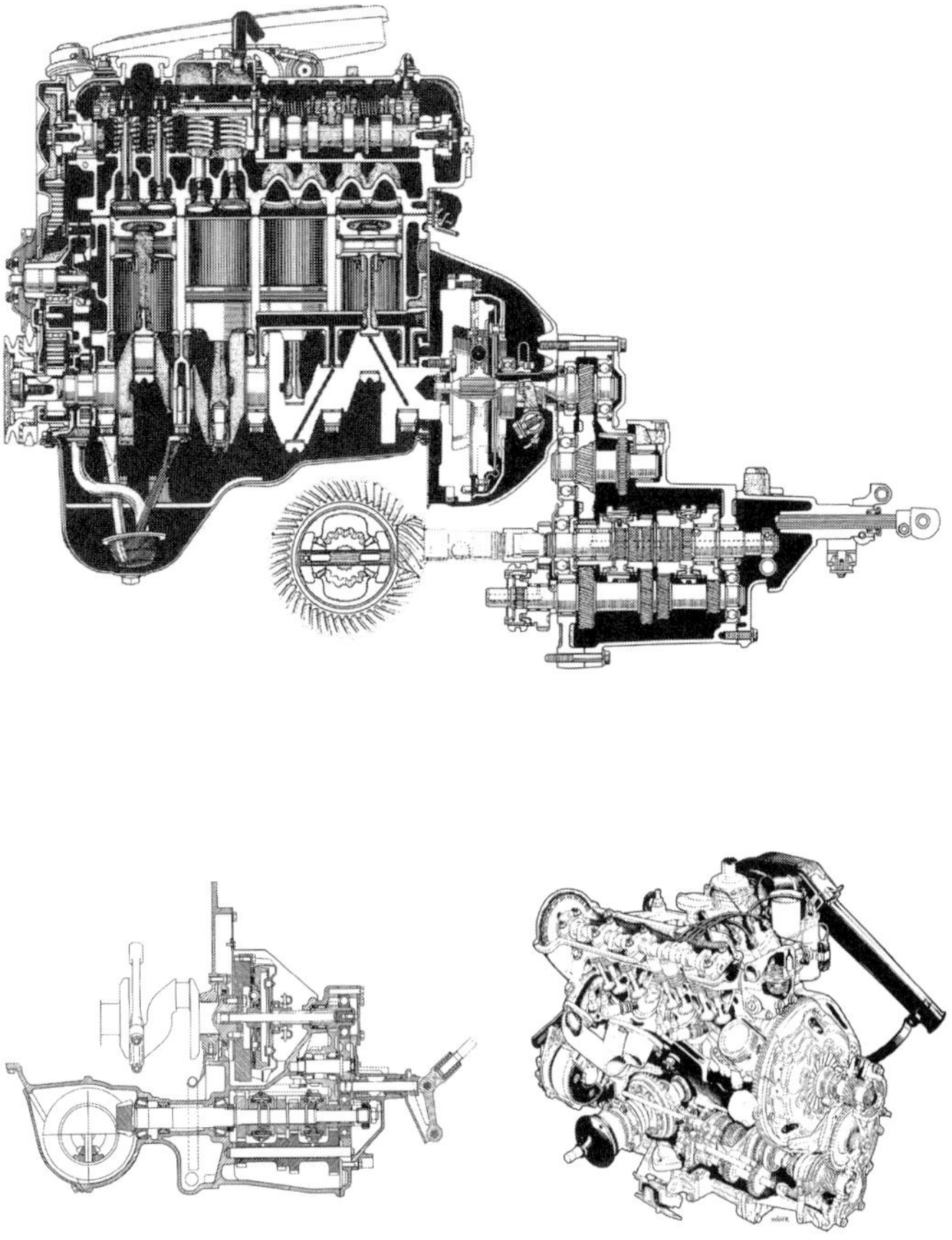

図2　2階建て縦置きパワートレーンの比較

上はAL20型の縦置きユニット。新型車解説書記載の4枚の図を筆者が合成してでっちあげた図なのでデフのケースがない。海外では「コピー疑惑」があるが、トライアンフ1300（下左/1965〜）やサーブ99（下右/1969〜）と並べてみるとクラッチ、変速機、最終減速機の位置関係が異なっており、トライアンフとサーブがパクりパクられ関係だったとしても、AL10/20は無関係だろう。いずれにせよAL10/20型のユニットはデフ中心↔クランクセンターの距離が推定で約185mmほどもあり、縦置きするとボンネット前端が高くなる。エアクリーナー上面を斜めにしたところなどに苦労が見える。

してレースに出た人ですよね（1936年ハネダレーサー）。

自動車設計者　戦後の日本のFF車といえば日産チェリーですが、これはミニと同じイシゴニス式2階建ての横置き。オースチンとの提携関係があったから当然だと思うけど、実はチェリーはプリンス自工が開発してた（笑）。イシゴニス式2階建ての縦置きといえば有名なのはフェラーリのBB／テスタロッサ系ですね（＝ミドシップ）。

――初代AL10が縦置きした理由はマウントですか。

シャシ設計者　マウントでしょう。横置きFFにすると慣性力の反力と駆動力の方向が同じになるから、当時の技術ではマウントをがちがちに固めとかないといろんな問題が生じてドライバビリティが最悪になりがちでした。代表的なのがマン・マシン系の共振（クルマの前後動がドライバーの前後動を励起してアクセルがオン・オフされ、さらに前後動が大きくなるという珍妙な人間とクルマの共振現象）。縦置きすればFRと同じ3点マウントにして接地幅も広げられるからNVとドライバビリティを両立しやすいというのが理屈ですね。

エンジン設計者　うーん。でも日産もホンダもすでに横置きFFをモノにしてたわけですしねえ。

自動車設計者　ホンダはバイクやってたから横置きには抵抗なかったでしょう。F1だって横置きにしたくらいだし。あと横置きFFの安い車種では等速ジョイントをケチってドライブシャフトを不等長にするとトルクステアが出るという問題もありましたね。各社背面視でエンジンを（ドラシャが短い方に）傾けたりして対策してた。

シャシ設計者　でも縦置きにしても結局デフ部がオフセットしてる（車両前方から見て左寄り）のでドラシャは

不等長なんですよ。初代AL10型のカタログを見るとエンジンの両サイドのマウントに加えてエンジン右側（右ハンドルの右側）に油圧ダンパーを追加してます（図3）。「エンジンの上下動を抑制する」とカタログには書いてありますが、実際はアイドル振動を緩和するためマウントを柔らかくした背反で悪化した駆動系の共振を防ぐためでしょう。後部の変速機のところのマウントは、AL10では上下にストッパを設けて非線形ばねにしていますが、AL20型では通常のシア（剪断）マウントになってました（図3の枠内）。FF特有のドライバビリティ問題に対処すべく縦置きにしてみたものの、それだけでは解決できずにじたばたしてる様子がうかがわれます。

フロントサスペンション

シャシ設計者　このクルマはAL10型で新設したサスを2代目で再び前後とも変更してるんですね。フロントはさきほど話題に出た基本パッケ

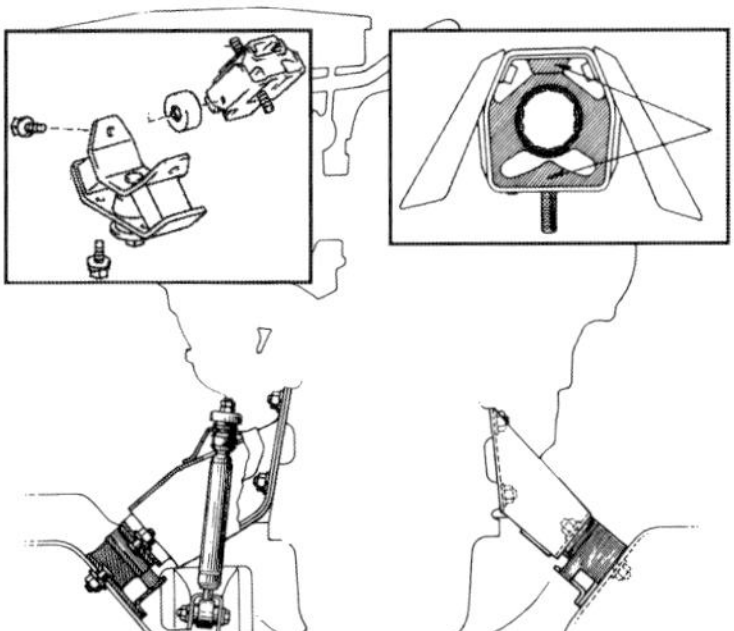

図3　エンジンマウント

エンジンマウントはFR車同様、エンジン左右と変速機部の3点でマウントしている。図はエンジンを正面から見たもので左右対称に箱形マウントがついており、向かって左側（エンジン右側）に油圧ダンパーをつけている（平面視ではデフ部が向かって左にオフセットしておりドライブシャフトは不等長）。上部の枠内は後部の変速機のマウントで、初代AL10型では上下にストッパ（右枠内の矢印）を設けた非線形ばね式にしていたが、AL20型では左枠内の通常の箱形マウントに変更している。いずれもパワートレーンの揺動などによるドライバビリティのチューニングのためで、縦置きにしてもNV対策をすれば当時の技術ではドライバビリティの確保が難しかったことが伺われる。

ージ刷新の関係もあってIアーム＋コンプレッションロッド式からIアーム＋スタビ兼用テンションロッド式へ変更してますが、リヤもトレーリングアーム式からパラレルのラテラルリンク＋ラジアスロッド式へ変えてる。たった4年でサス設計を前後とも完全変更なんて、あんまり類例がないと思います。

エンジン設計者　縦置きパワートレーンをいやいや受け継いだ以外は、2代目というのは初代を全面否定したようなクルマなんですね。自動車設計者初代のチーフエンジニアは誰だったんでしょうね。同じ人間だったらさすがに4年で前後サス新設はしないでしょう。

シャシ設計者　図4が新旧比較で、下はＡＬ20型の図にＡＬ10型を重ねてみたものです。初代は例のラックを中に通したサブフレームにIアームを取り付けてますが、ＡＬ20型はのちの横置きＦＦ車のようにボディのモノコックから下ろしたツノ状の部材にIアームをマウントしてます。パワートレーンを10〜20㎜前進させているのもドライブシャフトにわずかに後退角がついてることでわかります。しかし2代目のフロントサスもいい設計とはいえません。平面視でIアームに大きな後退角がついちゃってるので、原理的にいうと横力が入ると図5の右のようにブッシュに斜め方向に力が加わって横剛性が低くなります。またこのアーム配置では、制動力でタイヤがトーインに変位して旋回制動時の安定性が低くなりやすい（旋回時に車体スリップ角が増加する方向に外側前輪がトー変化すれば、車体前方を内側に巻き込むため操縦が不安定化する）。テンションロッド兼用のスタビも車体との兼ね合いでぐにゃぐにゃ曲がってるからなおさら横剛性が低い。

――アーム兼用にするならスタビの形状も横剛性に関係してくると。当然ですね。

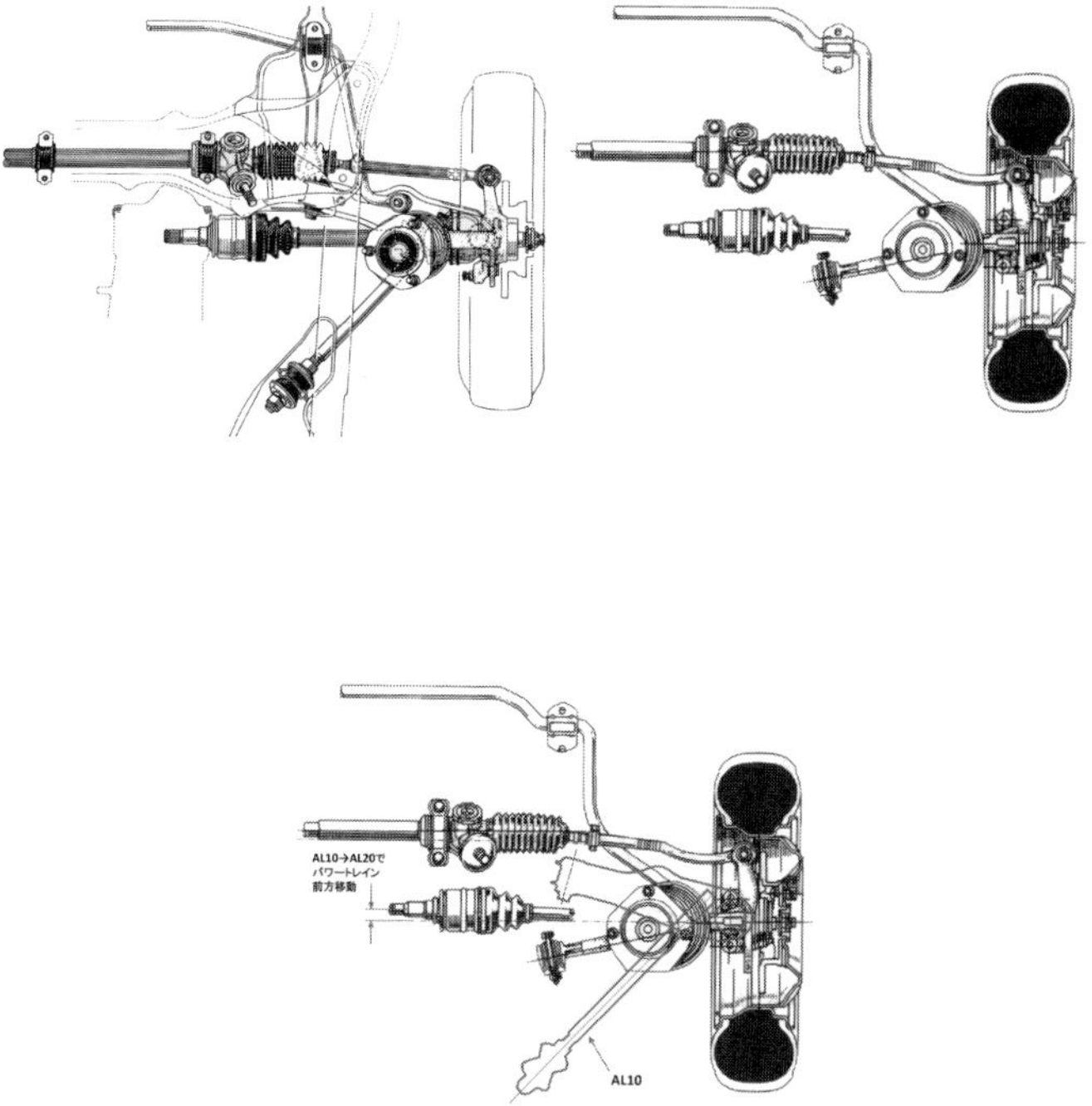

図4　**初代AL10型から一新したフロントサスペンション**

縦置きFF２代目のAL20型はパッケージだけではなくサス形式も前後一新している。たった４年で前後サスともシステムの基本から入れ替えるというのは珍しい。上左がIアーム+コンプレッションロッド式のAL10型、上右がIアーム+スタビ兼用テンションロッド式のAL20型。下は講師：シャシ設計者がAL20の図にAL10のレイアウトを重ねたもの。サブフレーム内にラックを通すトリッキーな設計を改め、さらにパワートレーンを前方に動かす意図もあって、サブフレームもふくめ当時一般的だった形式に変更したようだ。

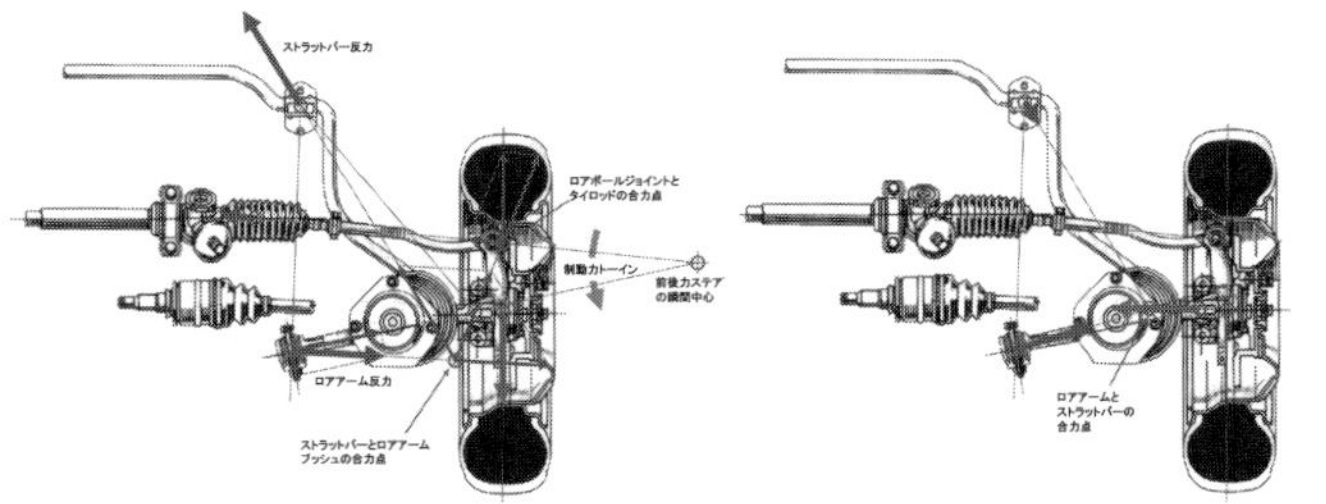

図5　**AL20型のフロトサスペンションの設計的問題点**

AL20型のサスの問題点を講師：シャシ設計者の作図でみる。ドライブシャフトとの兼ね合いでIアームに大きな後退角がついているため、原理的には旋回外側前輪が制動力でトーインに変位し制動時の安定性が低下しやすい（左図）。また横力が入ったときアームのボディ側取り付け部に斜めに力が加わるためサスの横剛性も低くなる。テンションロッド兼用のスタビライザーが搭載の関係でぐにゃっと曲がっていることも横剛性をさらに低下させる要因だ。

シャシ設計者　新型車解説書を見るとアームとスタビの結合部のブッシュを2分割にして片側にナイロンインサートいれたりじたばたやってるようですが。

自動車設計者　そもそもテンションロッドとスタビを兼用するなんてのは心ある設計者のすることではありません。考えてるのはコスト低減だけでしょ。

シャシ設計者　AL20型はこのころから各社導入し始めたオフセットスプリングを採用してますが（図6）作図してみるとオフセットの方向をおおむねキングピン軸に沿うようにしており、これだと横力キャンセルの効果は中途半端です（図6の右参照）。操舵したときにコイルばねが触れ回らないだけで。

——　7ヵ月前の1981年10月発売の3代目マツダ・コスモのフロントサスではぴったり合力点に向かってオフセットしてましたよね。この点についてはマツダは理屈が分かってた。

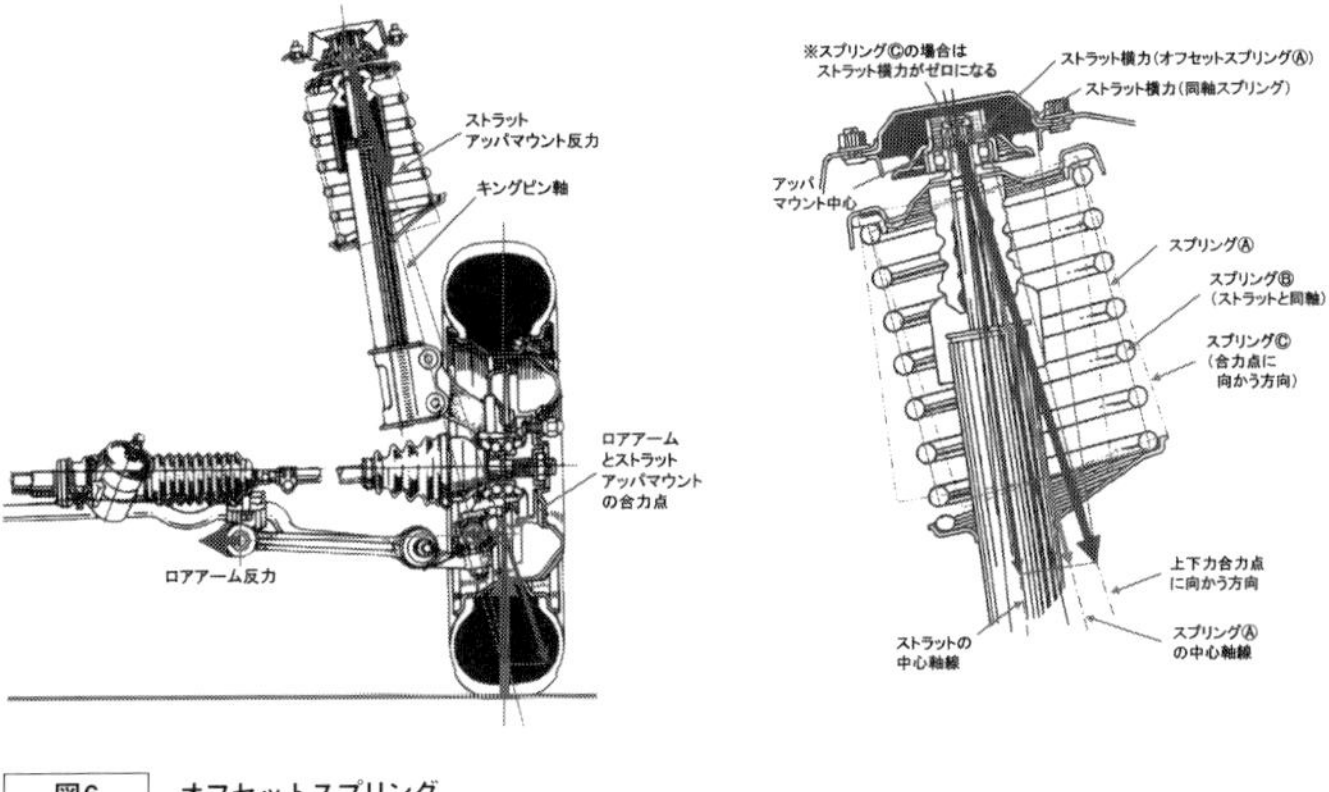

図6　オフセットスプリング

左図はAL20型が採用したオフセットスプリングの効果を講師：シャシ設計者が力の釣り合いで検証したもので、これによるとコイルのオフセットの方向はキングピン軸におおむね沿っている。これではストラットに加わる横力をキャンセルする目的に対しては中途半端だ。横力をキャンセルするにはコイルのオフセットの方向を上下力の合力点に向ける必要がある。連載第9回の3代目マツダ・コスモ（1981年10月～）の検証では、マツダがすでにこの理屈を理解して設計していたことが判明している。

シャシ設計者　でもコスモは売れなかった。ちゃんとわかってる会社ほど伸びないもんだね（笑）。

エンジン設計者　わかってる人間には妥協ができないからですよ。わかってないやつほど簡単に魂を売って営業のいうことをなんでも「はいはいっはいはいはいっ」って聞いて適当なクルマを設計するから、よく売れるダメ機械がじゃんすかできる。

――　ここに来てくださってる設計者のみなさんは飛び抜けて頭脳明晰・能力優秀なだけでなく、クルマ設計の真相を完全に理解してます。だから設計の善悪に対する正義感がものすごく強い。魂を売ることにも徹底的に抵抗してきた方々です。私はむろんただのアホですが正義感だけはある（笑）。我らのこのチームにはしたがってどこぞの国のなんたらブランドだからいいとか悪いとか、そういうくだらないブランド信仰やアンチ思想は一切ありません。「正しいことは正しいし間違ってることは間違ってる」、この信念あるのみ。だからこそ5年間結束揺るがず毎月こんな記事を作ってこれたのです。

リヤサスペンション

――　AL20型2代目ターセル／コルサ／カローラⅡは1982年5月19日の発表・発売、ホテル・オークラで行なわれた豪華な報道発表会に私も出かけて行った記憶があります。ジョン・マッケンローは残念ながら来てませんでしたが、トヨタ自動車工業（トヨタ自工）の豊田英二社長とトヨタ自動車販売（自販）の豊田章一郎社長が二人揃って出席してたのが印象的でした。その4ヶ月前の1982年1月25日、両社は合併の覚書に調印したんですね。終戦直後にGHQが断行したドッジライン（いわゆる経済合理化）で生じたインフレで日本の自動車メーカーは経営危機に陥り、日産が大リストラを敢行して乗り切った一方で、トヨタは「上下一致し家族的美風とすべし」という豊田佐吉の経営理念もあって（→「トヨタ自動車75年史」）リストラなしで経営再建を目指すべく24の銀行に協調融資を申し込んだんですが、その際の銀行団の融資付帯条件が「販売部門の分離・独立」だったということです。社員の首を切らずに己の体を二つに切った。工販分離は1950年4月、AL20型が出たこの年に32年ぶりに再統合しました（正式な合併日は1982年7月1日）。

エンジン設計者　銀行の提案で分離したという話はどこかで読んだ覚えがあります。

――　トヨタ初のFF車であるAL10型ターセル／コルサ（1978年8月〜82年5月）用にトヨタが開発した2階建て構造の縦置きパワートレーン、2代目AL20型もこれを受け継いだ縦置きFF車ですが、エンジンコンパートメントを前後に切り詰め、パワートレーンを前方に移動させてフロントガラス下端位置を前輪に対して大きく前進、ホイルベースを70㎜、全長を80㎜短縮し、全幅を60㎜拡大、全高を30㎜低くするなど、パッケージ的には初代を大きく刷新していました。当時「そっくり」だとさかんに言われた1980年6月登場の5代目ファミリアBD型に対しても、外寸に対する室内寸法などのパッケージングのポイント部分ではむしろAL20型のほうが優れていたくらいだったということも改めて判明しました。サスペンションに関してはAL10型で新設したサスを前後とも設計しなおしているのが大きな特徴です。

シャシ設計者　図7は初代と2代目のリヤサスです。トレーリングアーム式からパラレルリンクとラジアスロッドで支持したストラット式に変更してます。トレーリングアーム式というのは乗り心地のためにブッシュにコンプライアンスを与えると横力トーアウトになってしまうというシステムで、これをさらにサブフレームを介して取り付けるという方法は、現在ならもちろん43年前だって「絶対にやっちゃいけない設計」です。このサスでコンプライアンスを確保しつつハンドリングの安定感も出したかったらイニシャルで10㎜とか15㎜のトーインをつけとくしかない。当然後輪は摩耗しまくりです。

――　図7左のＡＬ10型のリヤサス図は当時の新型車解説書のものですが、意味深にもロワアーム・マウント軸の偏心式調整機構にわざわざ「トーイン調整用カム」と表示していますね。当時感じたＡＬ10型のハン

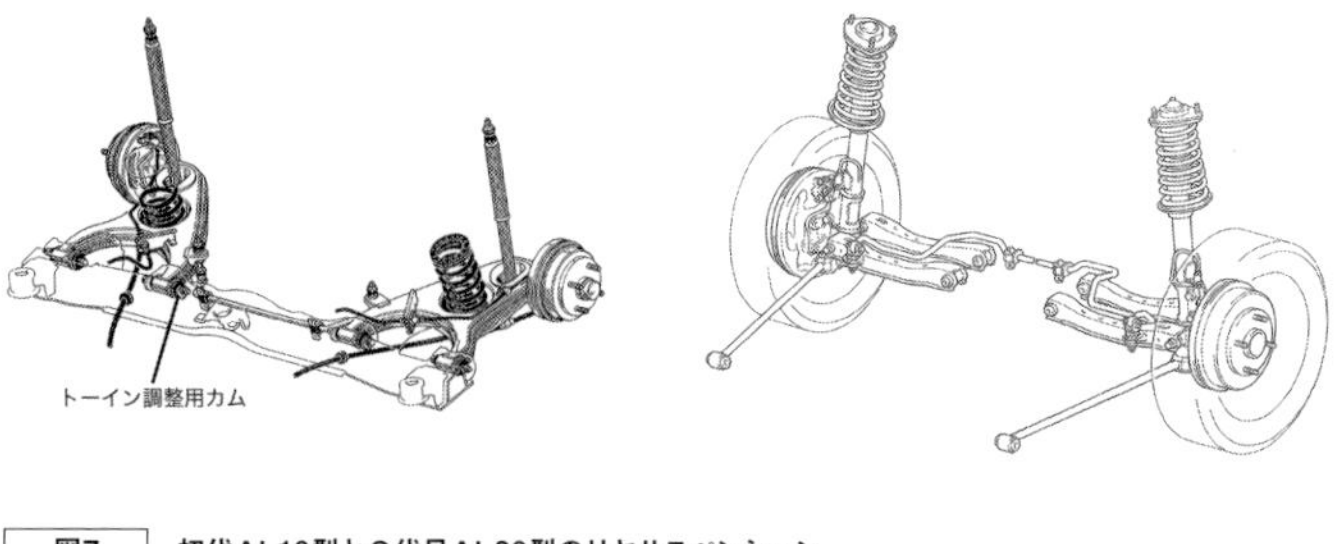

図7　**初代AL10型と２代目AL20型のリヤサスペンション**

初代=左はサブフレームにトレーリングアームをマウントする独立懸架式。マウント部のブッシュに前後方向のコンプライアンスを取ると横力が入った時に旋回外側輪がトーアウトしてクルマの挙動が不安定化(=オーバーステア）しやすい基本設計だ。アームの内側マウント部に偏心式のトーイン調整がついているが、これを使ってデフォルトでトーインのアライメントをつけておくのが安定性対策のひとつだが、転がり抵抗が増してタイヤの摩耗が早まる。２代目=右ではこの時代のFF車リヤ独立懸架で一般的だったパラレルリンク+ラジアスロッド式ストラットに一新している。

ドリングに関する不満にも、このリヤサスの横力によるコンプライアンス・ステア特性が影響していたかもしれません。現代の中間ビーム式ＴＢＡのＦＦ車などでも、操舵の瞬間に後輪外側がコンプライアンス変化によって大きく横力トーアウトしてしまうとハンドリングの安定感に顕著に影響が生じますからね。一方、ＡＬ20型で採用した前後等長パラレルリンク＋ラジアスロッド式ストラットは、ジオメトリー変化とコンプライアンス変化の特性に比較的優れたストラット式リヤサスですよね。バウンド・リバウンド時には、サスを真横からみたとき、タイヤとハブを前後に位置決めしているラジアスロッドの円弧運動によって、タイヤの上下動に応じて車軸を前後に引き込むようなジオメトリー変化が生じますが、リンク機構学的な原理からいえば前後等長のパラレルリンク＋ラジアスロッドならトー変化は生じません。また前後力が入ったときのゴムブッシュの作用によるコンプライアンス・ステアについても、前後力に応じて平面視で2本のパラレルリンクが同じ半径の円弧を描いて回転運動するので、ハブが前後に平行移動してトー変化が起きにくい。ただし横力コンプライアンス・ステアについてはブッシュの作用でトーアウトしてしまうので、その傾向を緩和するためにパラレルリンクのブッシュの硬軟チューニング（前方側を横力方向にソフトに、後方側は横力方向ハードに）するのが一般的と「クルマの教室」で教わりました。

シャシ設計者　原理的にはその通りです。ベストセラーになった5代目ＢＤ型マツダ・ファミリアは2本のリンクを車体側のマウントスパンが広くなるよう平面形で見てハの字になるよう配置、前後力と横力によるトーイン化傾向を高めていました。ただしハの字リンク＋ラジアスロッド式の場合、リンク機構学的にいうとバウンド・

リバウンド時はラジアスロッドが引っ張ることによってむしろトーアウトへジオメトリー変化してしまう欠点が出るため、その対策が必要です。いずれにしてもマツダのパテントだったので、AL20型はパラレルリンクにしたのでしょう。リヤサスの平面図を見ると（図8上）前方側のリンクの軸線を車軸と一致させ、後方のリンクを車軸後方にオフセットするという配置によって、コンプライアンスをとっても横力トーイン傾向になるようにしていることがわかります。

自動車設計者　図8下の左図のFが制動力に対して合力点に生じる横方向の入力ですが、これがタイヤよりも後方にきてるから、てこの原理でタイヤをトーアウトに変化させます。例えばラジアスロッドの車体側マウントをもっと内側に引き込んで、合力点が前後のパラレルリンクのちょうど真ん中にくるようにすれば制動力によるトー変化を原理的になくすことができます。しかしこれをやるとラジアスロッドのマウントが車内スペースに干渉してきますね。

シャシ設計者　背面視（図8上）では、ストラットが直立していてロワアームが地面に対して水平配置のため、静的なロールセンターがかなり低い設定です。上部の巻径を小さくしたコニカルスプリングを使ってさらにこれをオフセットさせていますが、フロント同様、ばねの軸線はロワアームとストラットアッパーマウントの合力点まではオフセットしてない。なので横力によるフリクション低減効果は半分ほどです。

自動車設計者　ストラットを直立させたのも、コニカルスプリングを使ったのも、1次的な目的は室内への突出を少なくするためでしょう。

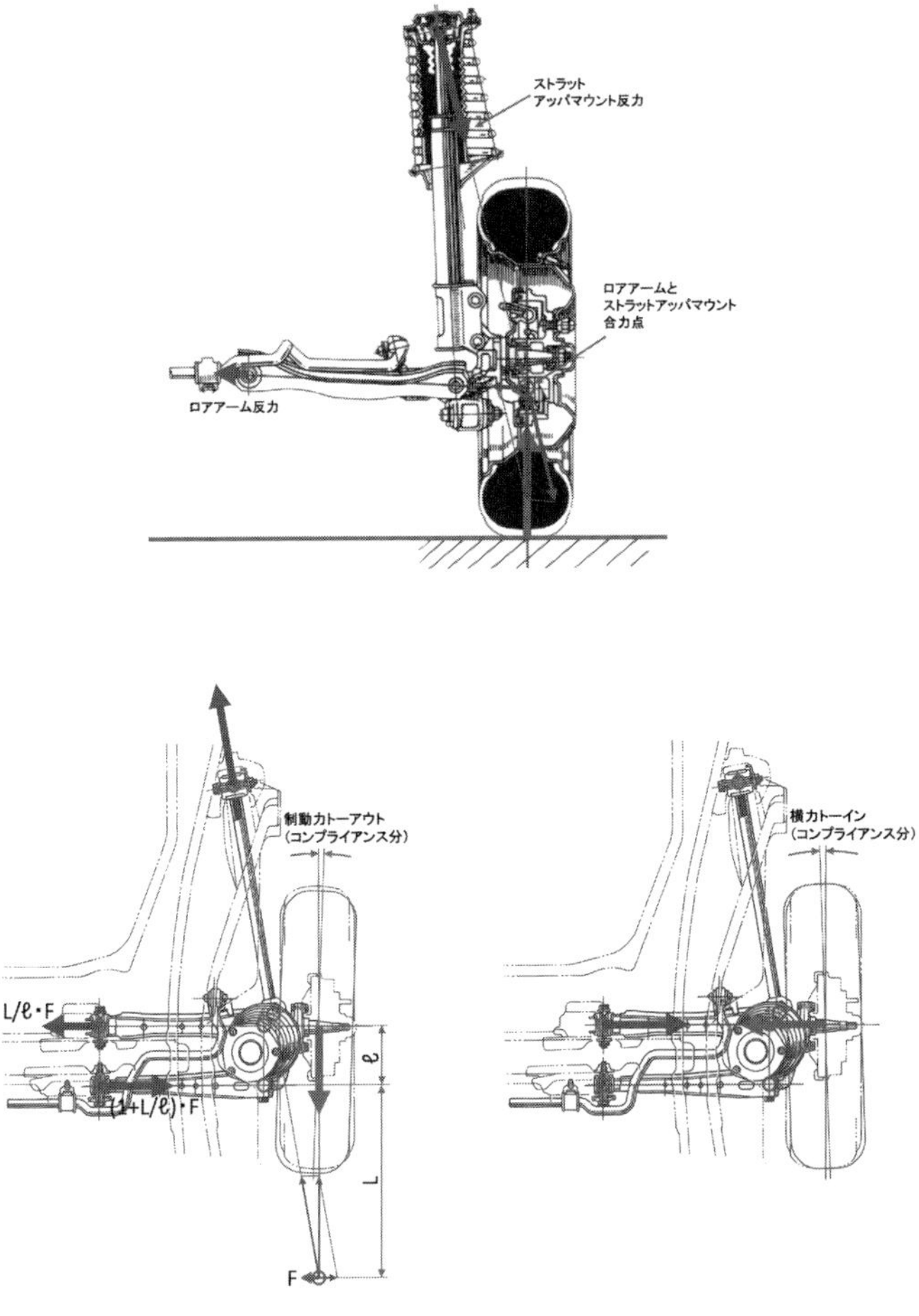

図8　**AL20型のリヤサスペンション**

(左) 背面視バウンド・リバウンドに対するトー方向のジオメトリー変化が起こりにくい基本設計。ストラットが直立しロワアームが地面に対して水平配置なので静的なロールセンターはかなり低い (ロールすると瞬間中心の方向はさらに低くなる)。上部の巻径を小さくしたコニカルスプリングの採用とともに車内スペース拡大を主眼とした設計だろう。ばねのオフセット化によるストラットのフリクション低減効果は、フロント同様中途半端である。中央と右は講師：シャシ設計者による平面視での前後力と横力に対するコンプライアンス変化の分析。アーム配置の工夫で横力トーインを実現している。

――「実際のサス設計というのは車体構造とパワートレーンの間隙を縫うようにアームを配置する隙間設計の技術である」。

シャシ設計者　その通りです。

エンジン

――パワートレーンはトランスアクスルの上に直列4気筒エンジンを乗せた2階建て方式の縦置きFFユニットで、1・3ℓ75PSの2A-U型、1・5ℓ83PSの3A-U型、高性能版の3A-HU型86PSの3種類ともキャブレター式、3A-HUだけは可変ベンチュリー式キャブレター（「Vキャブ」）を搭載していました（図10）。可変ベンチュリー式キャブといえばサイドドラフト型のSkinnersUnion製（SU型）が有名ですが、トヨタのはベンチュリー管が直立しててピストンが水平に動くダウンドラフト式（図11左）。あえてダウンドラフトにした理由はなんでしょう。

エンジン設計者　標準の2バレル型と同じ搭載レイアウトにしてイ

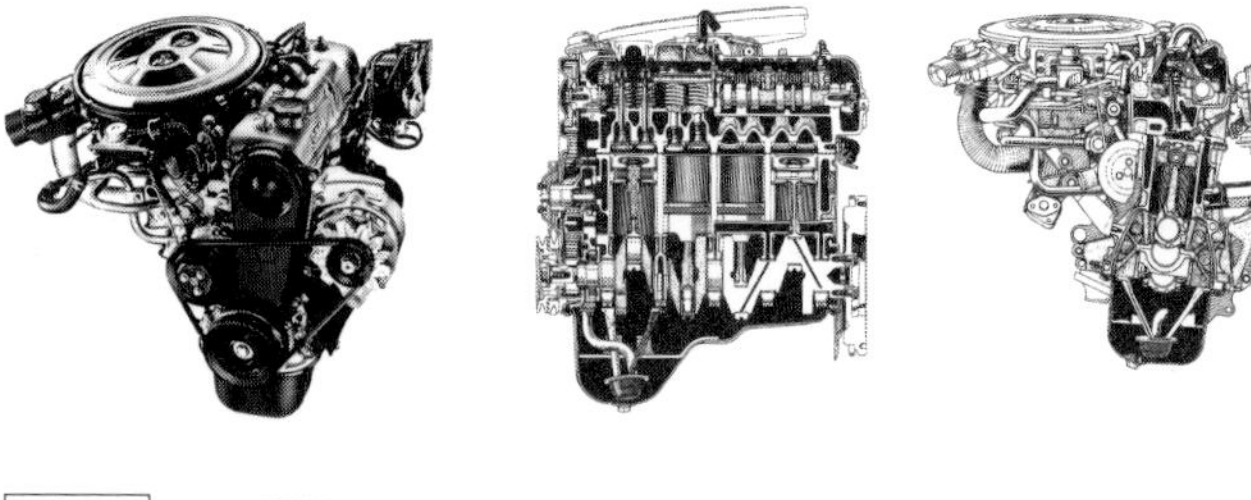

図9　AL20型搭載の3A-HU型エンジン

A型エンジンは初代AL10型用の1.3ℓ=2A-U型/1.5ℓ=1A-U型で登場、2000年代の1.8ℓDOHC4弁=7A-FE型やダイハツの中国生産車に搭載した1.35ℓDOHC4弁の8A-FE型まで長く作り続けられたトヨタの直列4気筒シリーズ。本稿テーマのAL20型のエンジンの技術的ハイライトは可変ベンチュリー式キャブレターを採用した1.5ℓ=3A-HU型（86PSグロス）。三元触媒とノックセンサー/2次エア/EGRによる空燃費フィードバック制御を組み合わせた排ガス対策で昭和53年規制に適合した。2年後の84年8月のマイチェンでは可変ベンチュリーキャブをツイン搭載した3A-SU型（90PSグロス）が登場している（MT車のみ）。

ンマニ共用したかったからでしょう。

――あそうか。当たり前ですね。

シャシ設計者　逆にＳＵはサイドドラフトだったから、マニホールドの設計を大きく変えずにウェーバーなどの2バレル＋2チョークに交換できた。60年代のロータス・エランなどは標準ＳＵ、高性能版ウェーバーと使い分けてましたね。ＳＵは背が高いのでボンネットにバルジつけて。

――可変ベンチュリー式は低速から高速域まで同じベンチュリーを使うからプライマリー↕セカンダリーの段付きがないというのが一般論としてのメリットですが、ＭＦＲＴ座談ではエンジン部の小西さんという方が「ベンチュリーをＶ型に開いた結果ピストンの自励振動が抑制されたのでオイルダンパーをなくすことができて空燃比の精度が上がった」と発言してます。「Ｖ型に開いた」というのは図のどこのことでしょう。

エンジン設計者　正直キャブレターのことはよくわからないんですが、おそらく可動式のサクションピストンの頂部が下方にむけて斜めになっていることだと思います。

――なるほど。ピストンの下流側側面がＳＵみたいに気流に対して垂直になってると、確かに後方乱流が生じて

図10　可変ベンチュリー式「Vキャブ」

3A-HU型搭載の可変ベンチュリー式キャブレター。当時の通称は「V型キャブ」「Vキャブ」。標準の2バレル式ダウンドラフト式キャブとのレイアウト上の共用性を高めるため、SUとは違って可変式のサクションピストンを横向きに置いてダウンドラフト型にしており、さらに全体に小型化している。サプライヤーは大府市の愛三工業。

ピストンに振動が生じるかもしれませんね。

エンジン設計者　ざっと見た感じで気がつくのはサクションピストンの摺動部にボールベアリングを使っていることです。

――　確かに可動軸のとこにボールベアリングが見えてます。なぜかこの図にはその説明が書いてありませんが。ＭＦＲＴの座談によるとこのキャブは昭和51年（＝１９７６年）から開発をスタート、つまり登場まで６年もかかったことになりますが、Ｖキャブによる出力アップは「１PSちょっと」だと発言してますね。

エンジン設計者　図11の曲線グラフは新型車解説書記載の図からグラフを読み取って作った標準のダウンドラフトキャブの３Ａ－Ｕ型との性能曲線の比較ですが、少なくとも線図上においては４０００rpm以下の回転域では差が出ていません。一般論からいえばシングルキャブの場合、キャブの下流でインマニを分岐させるわけですから吸気慣性効果が効かないので、キャブ本体をどういじっても出力はさほどアップしないと思います。高回転での性能差はノックコントロールを採用して圧縮比を９・０から９・３に上げ、吸気のバルタイを６度くらい遅閉じして最高出力発生回転数を４００rpm引っ張り上げたことによる効果でしょう。つまり可変ベンチュリーのメリットは主にドライバビリティということでしょうが、実車に乗ったことがないので２バレルの場合そんなにプライマリーからセカンダリーへの移行で段付き感が出るものなのか、可変ベンチュリー化によってどれくらいそれが改善されたのか、それがコストに見合うものだったのかどうかなどはわかりません。図11下の表はＡＬ20型デビュー の１年後の１９８３年５月に登場したＦＦカローラに横置き搭載した１・６ℓの４Ａ－ＥＵ型との性能比較

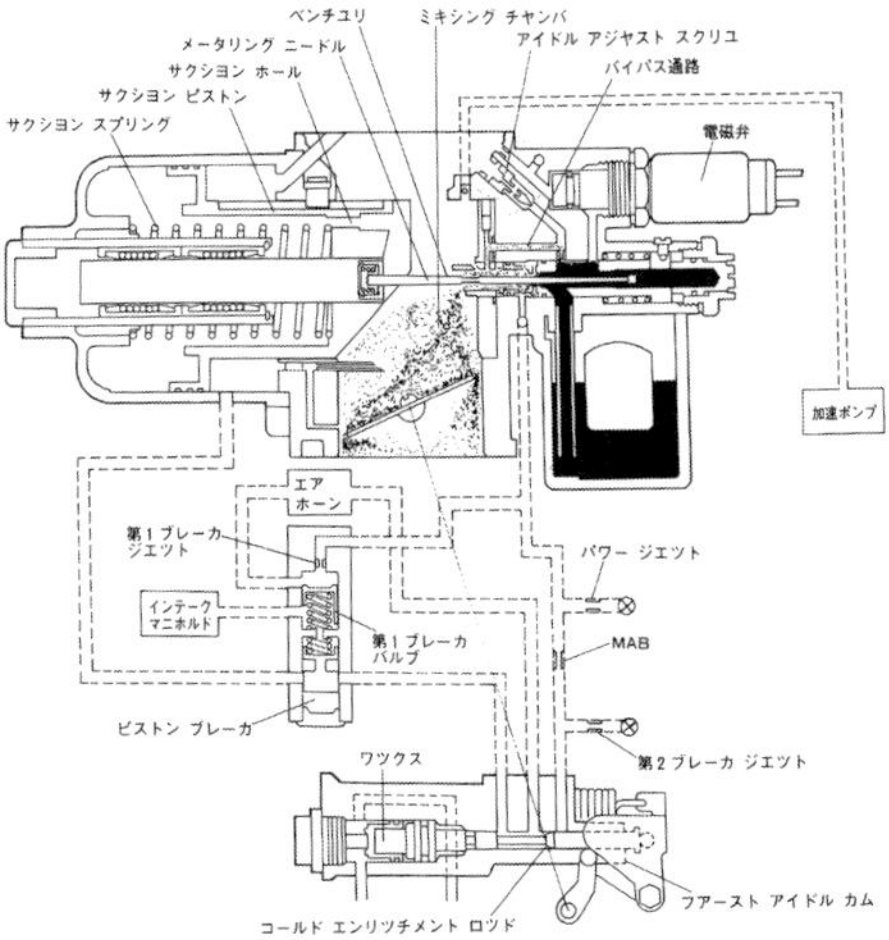

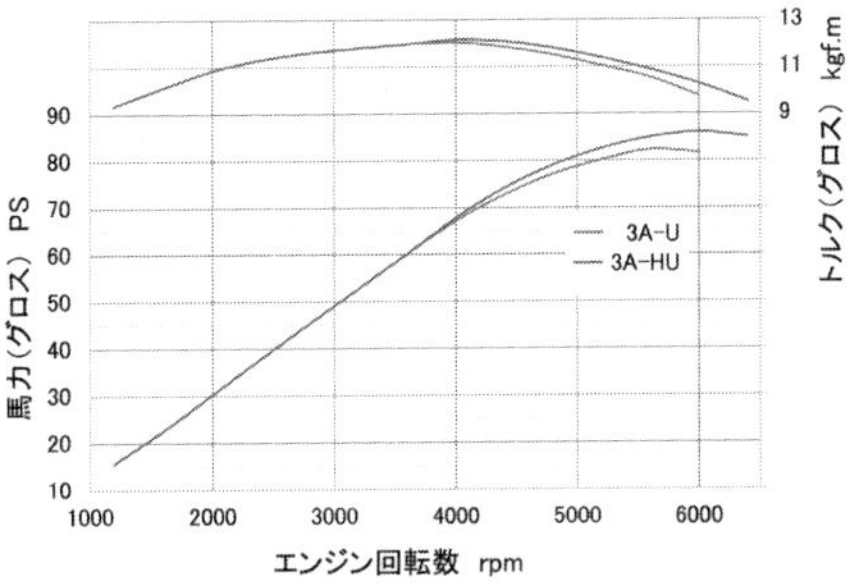

	3A-U	3A-HU	4A-EU	
燃料供給装置	2バレルキャブ	Vキャブ	EFI	
排気量	1452		1587	cc
機関質量	105	104	107	kg
最大トルク	12.0	12.3	14.0	kgf.m(グロス)
リッターあたりトルク	8.26	8.47	8.82	kgf.m/l(グロス)
最大出力	83	86	100	PS(グロス)
リッタあたり出力	57.2	59.2	63.0	PS/l(グロス)
最大出力時ピストンスピード	14.4	15.4	14.4	m/s
最小燃費率	210	205	200	g/PS.h(グロス)

図11　可変ベンチュリー式キャブレターとその効能

構造的な特徴はスライド式のサクションピストンの頂部の下流側が斜めになっていること。MFRT座談で第2エンジン部の小西正巳氏が「この設計でピストンの自励振動が抑制され、オイルダンパーをなくすことができたので、エアブリードだけで行う空燃比制御の精度が上がった（内容骨子）」と発言している。V型キャブの採用によるメリットはおもにドライバビリティの向上と思われ、出力向上は1PS程度だった。表のようにのちのEFI採用モデルにもリッターあたりトルク/出力で大差をつけられている。EFIにすると各気筒等長インマニをつけて慣性吸気効果を利用できることが出力向上に大きい。

ですが、インジェクション化によって各気筒等長インマニをつけて慣性吸気効果を使っていることもあってリッターあたりトルクがぐんと出ています。

――インジェクションにするとパワーが出るのはそれがあるんですね。

エンジン設計者　当時インジェクションで一番コストを食ってたのはインジェクターです。あんな高いものを4本も使うなんて耐え難いと。ところがこのころになると量産効果でコストが下がってカローラにも使えるようになった。ちょうどそういう端境期だったということでしょう。トヨタは車種・エンジン数の多さなどもあって排ガス対策でホンダや三菱に出遅れ、ホンダのCVCCの技術供与まで受けていました（1972年）。複合渦流方式のTTC-L（1976年図12左）で51年規制／53年規制をともに通したのですが、グループ内で開発・生産した三元触媒が実用化（1977年6月にクラウン、マークⅡから搭載、53年規制適合）してからは、DOHC4弁などが自由に作れるようになって一挙に形

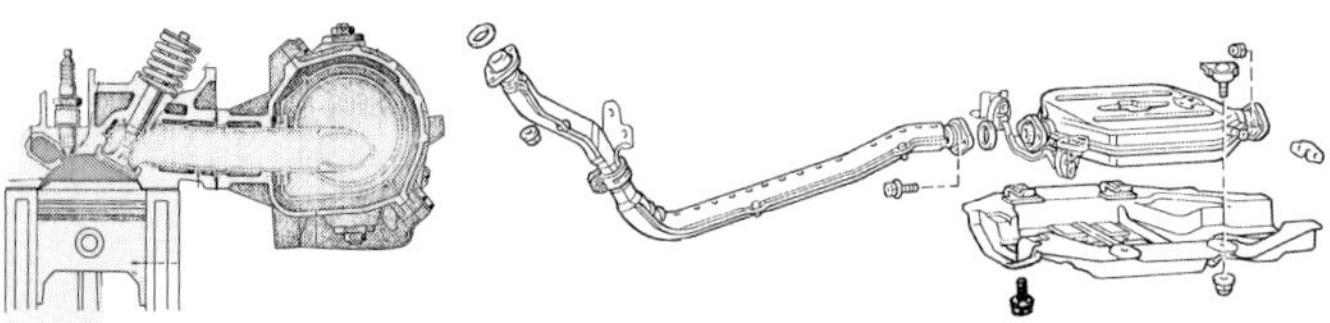

図12　トヨタTTC－Lと三元触媒

トヨタは当初ホンダのCVCCの技術供与を受けて排ガス規制を通したが、1976年1月、カローラ/スプリンター用12T型に左のTTC-Lを導入した。点火後に火炎が副室（TGP=乱流生成ポット）内に伝播し内部の混合気が燃焼、燃焼室内にガスが噴き出すことによって燃焼期間の後半に乱流を生じ、希薄混合気を燃やすというアイディアだ。当時JARIの調査室長だった林洋氏のレポートによると、三菱のMCA-JETに比べTTC-Lは初期燃焼部分の断熱圧縮による温度上昇が少ないためNOxの発生量がより低かったという。しかしトヨタは日産やマツダとともに三元触媒（右はAL20型のもの）で排ガスを後処理浄化する方式へいち早く転換、これによってシリンダヘッド設計の自由度を増して形成を一気に逆転した。

勢を逆転しました。だけどＡＬ20の排気系を見ると（図12右）触媒はエンジンから遠いし空燃比制御もまだ正確にできなかったでしょうから、ＥＧＲしたり２次エア入れたりして理論空燃比からズレたときでも排ガスが極端に悪くならないようにしてたようです。

――現在の視点からすれば理想にはまだほど遠かったわけですね。

自動車設計者　技術の進化のまさにはざまの時代だったということでしょう。

――私は当時雑誌の記事でＡＬ20型とライバル車との比較試乗を何度も行なった記憶がありますが、同時代のシビックやファミリア、ミラージュに比べてとくにネガな印象はありませんでした。傑作の誉高い５代目ファミリアに対してもうちょっと再評価されてもいいのではないかと思います。

トヨタ カローラⅡ 5ドア 1500SR（AL20型）
（1982年5月発売時発表値/MFRT実測値）

全長×全幅×全高：3880×1615×1385mm　ホイルベース：2430mm

トレッド：1385mm/1370mm　カタログ車重：860kg

MFRT実測重量：903.5kg（前軸534.5kg=59.2%／後軸369.0kg=40.8%）

前面投影面積：1.83m²（写真測定値）　燃料タンク容量：45ℓ

最小回転半径：4.8m（MFRT実測実用最小外側旋回半径5.24m）

MFRT時装着タイヤ：ヨコハマ GT SPECIAL 165/70SR13
（空気圧前後1.7kg/cm²）

駆動輪出力：64.6PS/6000rpm

5MTギヤ比：①3.666 ②2.070 ③1.376 ④1.000 ⑤0.825

最終減速比：3.727

エンジン1000rpmあたり速度：
①7.6km/h ②13.4km/h ③20.1km/h ④27.7km/h ⑤33.6km/h

MFRTによる実測性能（5MT車）：0-100km/h 12.0秒　0-400m 18.44秒

最高速度：162.5km/h

発表当時の販売価格（1982年5月発売時）

カローラⅡ 5ドア 1500SR（3A-HU型搭載）：104.9万円（5速MT車）

発表日：1981年5月14日

生産台数 ターセル：8万603台 コルサ：15万6181台 カローラII：30万8554台（いずれもウィキペディア）　1980年5月までの平均月販台数：1万1361台（3車合計）

モーターファン・ロードテスト（MFRT）

試験実施日：1982年8月23～27日（83年1月号掲載）

場所：日本自動車研究所（JARI）

あとがき

こんにちは！

お買い上げくださってありがとうございました。

本書は自動車雑誌「モーターファン・イラストレーテッド」誌に連載中のインプレ記事「福野礼一郎のニューカー二番搾り」の2020年8月19日試乗ベンツGLA／GLBから2021年7月14日試乗VWゴルフⅧまで12台分をまとめて収録したものです。

もう一度すべて読み直して見ましたが、加筆・訂正を行ったのはごく一部です。

本書に掲載した4シリーズの回で元連載も通算第100回をむかえることができました。私は「ひとつのことを10年続けて初めて『経験』といえる」と日頃から思ってますから8年4ヶ月なんてまだまだですが、ともかくこれまでの100回のすべてを単行本に収録することができたのは、ひとえに皆様のおかげです。ありがとうございます。

振り返ってみますと、単行本第1巻は本書と同じモノクロ四六版で黄色の帯の「福野礼一郎のクルマ論評2014」（＝黄色）でした。2014年3月15日の発行です。

第2巻「クルマ論評2」は青の帯。2015年3月31日発売。

2016年と2017年は「新車インプレ2017」＝2016年4月30日発行、「新車インプレ2018」＝2017年7月1日発行のA4変形版オールカラームック本だったでしたね。クルマの写真に寸法を書き入れて掲載したあれです。本文のインプレに加えて、カラー写真でライバル車とパッケージ比較するというあの方式が自分的には単行本化の理想形だったんですが、この2冊の売れ行きがあんまり良くなかったということで（amazonプライムでタダ読みできるのに誰がカネ払って買うんじゃや！とは内心思ってましたが）第5巻は四六版モノクロ単行本に強制先祖返り、書名も「クルマ論評3」に戻って2018年9月5日に発行しました。帯は赤でした。

さすがにもうここで単行本も最後だろうと思ってたのですが、

モノクロに戻ったのに皆様が買ってくださったおかげでなんとか販売部数が採算分岐点をクリア、2019年10月21日に「クルマ論評4」(=オレンジ)、2020年10月16日に「クルマ論評5」(=緑)を続けて上梓することができました。

ここまで8冊。

ご購入いただいて書棚に並べてくださってる皆様には途中の凸凹でご迷惑をおかけしましたが、ともあれモノクロ四六版がこれで6冊並ぶことになって、「毎年秋発売の年鑑本」としての体裁もなんだか整ってきました。

本当にどうもありがとうございます。どんだけ感謝しても足りません。

昨年版同様、本書の後半部には「モーターファン・イラストレーテッド」誌のもう1本の連載である「バブルへの死角」の4回分、2020年8月25日に執筆したホンダ・シティ前編から2021年3月28日に執筆したトヨタ・ターセル/コルサ/カローラⅡ後編までの8回分を収録しました。

こちらは前後編を合体させて1車1本とするために本文を少し割愛し、訂正しています。

「モーターファン・イラストレーテッド」誌の編集長からは「座談内容が上から目線だ」「いまの技術的視点に立って旧車をけなしてる」などと厳しい意見もいただき、いったんは連載打ち切りを通達されたりなんかもしたのですが、自動車エンジニアの意見は決して上から目線などではなく、同じ設計者としての立場からの自省の意味を込めた発言であって、その内容は奥深く洞察に富んでおり、またこれまでまったく指摘されてこなかったような事実の発見もいろいろあって、私などが書き散らしている二番搾りなんかより10倍面白いとずっと思ってきました。頭を下げてお願いし、ページを半分に切られたうえ、いまも細々と連載を継続させてもらっているのですが、ともかくこの旧車座談会だけで1冊の単行本シリーズにできる内容は十分にあると思っています。ただ本書をいまお手元にあるこのボリューム感にするためには16ページ×20折=320ページ、ざっと15万文字分の原稿が必要で、毎号4ページ=平均7500文字の二番搾りの原稿1年分12本だけではその6割にしかなりません。そこで埋め草として「バブルへの死角」を使わせていただいてるということで、ちょっともったいない気もするのですが、逆にいえば「バブルへの死角」が埋め草になってくれてるからこそ本書シリーズが毎年発行のアニュアルレポート的書籍として成立できているというわけですから、なにとぞご理解いただければ幸いです。

まあ私のワンパターンのインプレばっか320ページも読まされたら誰だってうんざりしますから、私としても大いに助けていただいているわけですね。

長引くコロナ禍で逆に新車の販売台数が増加したという報道などもお聞きになっているかと思います。実際のところはどうなんでしょうか。ひさしぶりに国内の自動車販売台数の統計をのぞいてみることにしました。

日本自動車販売協会連合会（自販連）のデータによると、2020年度（2020年4月〜2021年3月）の乗用車（普通乗用車+小型乗用車）の販売台数は249万5463台。うち輸入乗用車は25万5518台（10・2%）です。乗用車全体で販売実績は前年度比91・3%でした。

ただし2019年度277・3万台、2018年度287・7万台と、2016年度以降は販売台数が300万台を切る数字が続く横ばい傾向でしたから、コロナ禍で大減速したというほどでもありません。逆に報道の通り2021年1月〜8月の統計は前年同期107・9%の169万9509台と、販売が上昇に転じています。高値を維持してきた株価の影響などもあるのかもしれません。

軽自動車でもほぼ同様の傾向で、全国軽自動車協会連合会（全軽自協）のデータによれば2020年度（2020年4月〜2021年3月）の軽乗用車+軽貨物販売台数は175万7653台と前年度比94・7%だったものの、2021年1月〜8月の販売台数は前年同期比108・5%の118万6098台で、元の販売台数に復帰してきています。

メーカー別ではどうか。

日本車から見てみましょう。

ヤリス、ルーミー、アルファード、カローラ、ライズ、シエンタ、アクア、ハリアーとヒット作を連発してきたトヨタは、乗用車各メーカーが販売台数を軒並み低下させたなか2020年度に148万1970台を販売、ここ5年間続いてきた150万台レベルをキープして国内シェアを大きく上げました。我々が想像する以上に国内市場はトヨタの圧倒的一人勝ちの様相です。いまや新車販売の2台に1台がトヨタ車。軽を含めても3台に1台。乗用車の国内市場は「トヨタとその他大勢」という市場状況なのです。

大きく離された第2位は、期待のフィット、フリード、ヴェゼルがいずれも想定より売れず、27万3018台＝前年度比84・7%に落ち込んだホンダ。

ノート以外にヒットが出なかった日産は、前年度比71・7%の23万139台へ急落しました。元CEOが日本国をコケにしたあの不愉快な事件の勃発が2019年12月31日ですから、2020年度の日産車の販売台数には企業イメージの低下も大きく影響しているはずです。逆に言えばあんなことがあっても23万台も売れたんですから、お客様はありがたいです。

これまた企業イメージがよくない三菱の数字（前年度比70・3%＝2万7298台）を足しても販売台数は25万7437台で、乗用車販売2位の座には届きません。

評論家の評判はいいけれどMAZDA2も3もあんまり売れてないマツダ。国内4位です。2020年度は14万542台＝前年度比85・1%と低調でした。

勝手な印象でいいますと、確かにクルマはいいですが、ヨーロッパ式に統一した車名、どうもこれがマツダ車の販売のアシを引っ張っている気がして仕方ありません。いま売れてる上記のクルマの車名を見れば、日本で売れる日本車の車名がどういう傾向なのかは明らかです。

ドイツのビッグ3の車名、車名というよりもはや分類記号ですが、あれは「どんなジャンルの幾らのクルマであってもとにかくオレらが売るのはブランドだ」という姿勢です。これが成立するのは、どんなクルマにどんな名前つけようとだまって右から左へ売れるという世界頂上ブランドだけでしょう。日本ではマツダの名前に残念ながらそこまでのブランド力はありません。アクセラやアテンザ、カペラやサバンナやコスモやファミリアといった親しみやすい車名のほうが身の丈に合っているというのか、日本市場ではずっと得をするのではないかと思います。こういってはなんですが地元とヨーロッパばかり往復してると、だんだん世間の空気が読めなくなるのかもしれません。

軽自動車界は打って変わって激戦です。

タント、ムーヴ、タフト、ミラが好調のダイハツ54万9409台、スペースシア、ハスラー、ワゴンR、アルト、そしてジムニーで対抗するスズキ53万9396台のガチ勝負が続いてますが、さすが双方ともコロナなど関係なく2020年度も販売台数レベルをきっちり守り抜きました。

平均1万2000台／月を売る軽単独トップセラーの怪物＝N-

BOXが牽引するホンダも、32万9430台で前年度比92・2%の成績で第3位でした。

軽自動車で案外好調なのはルークスが売れてる日産。前年度比101・3%の20万8179台を売って軽シェアを11・8%に上げました。

乗用車市場が一強他弱で固まった反面、軽自動車は乱戦模様、軽シェアを伸ばしたホンダと日産は、日本市場ではほとんど半分軽自動車メーカーになりつつあるというのが国内メーカー国内販売事情です。その両社がいずれもいち早く国内のオンライン自動車販売を開始したのも興味深い動向です。ただし私は試乗なしでクルマを買うのは絶対に薦めません。

こうしてみると、販売台数競争で話題になるような日本車にはヤリスとノート以外まったく乗ってないという我らが二番搾りの偏向ぶりも明らかになるわけですが、まあ「俊英編集者+老害自動車評論家によるエリート自動車趣味人のための趣味の連載」ですからお許しください。毎月毎月トヨタ車乗ってたらアタマおかしくなりますから（笑）。

日本で売れる乗用車の1割しか占めてないというか1割も占めているというか、とにかく1割を占める輸入車の販売傾向に目を移しましょう。

日本車と比較するため、こちらも基本的には日本自動車輸入組合（JAIA）が発表した年度別集計データを使いました。

先ほども書きましたが2020年度（2020年4月〜2021年3月）の輸入乗用車販売台数は25万5518台。これは前年度比87・4%です。ここ7〜8年の統計をみると、輸入車販売は毎年28〜30万台レベルで推移してきていますから（2013年度、2017〜18年度は30万台超え）コロナ禍の影響は輸入車の場合はかなり大きかったと言えるでしょう。

しかし2021年に入って販売が上昇に転じたのは日本車と同じで、1〜8月累計では2020年の14万9862台に対し17万5311台と前年同期比117・0%の販売を記録しました。コロナ前の2019年1〜8月期は19万2287台、2018年同期は19万4287台でしたから、9割くらいまで復帰したことになります。

輸入車のブランド別販売ランキングは皆さんご興味のあるところでしょう。

長年にわたって日本における輸入車販売の首位を走ってきたの

はもちろんVWですが、BMWに次ぐ3位が指定席だったベンツが16%台だった輸入車シェアを17%~20%へと拡大しBMWに並び追い越したのが2011~12年度。さらに2014年度は新車の自社登録など、なりふり構わぬ数字戦略で6万台を売りまくってシェア22%でVWを猛追します。ところがご存知の通りVWは2015年9月18日に発覚したディーゼルゲート事件で自滅、2015年度は前年度比80・6%に沈んで、これによって輸入車のヒエラルキーが大きく入れ替わりました。

以後ベンツは2019年度まで毎年6万台を販売し22~23%のシェアを維持、2位BMW、3位VWに2万台以上の大差をつけて首位を独走しています。

2020年度は輸入車全体に数字が落ち込みましたが、ベンツ5万5557台=21・9%、BMW3万6383台=14・3%と両社ともシェアを死守したのに対し、VWは3万2212台=前年度比70・7%に終わり、シェアを過去最悪の12・7%まで落としました。毎年ざっと2・5万台を売ってきたゴルフがモデルチェンジ前で1万台しか売れなかったことが大きいでしょう。またいっとき1・4~1・5万台/年を売って輸入車ランキングでゴルフに続く2位だったポロも6806台しか売れず第7位でした。ただし本書でも褒めたTクロスがポロの立ち位置に入れ替わって入って8930台を売り、3位ゴルフに続く4位の座を取っています。

ここまでのいろいろな例で見ても、クルマの売れ行きというのがクルマの出来とはなんの関係もないということはみなさまにも明らかだと思いますが、ポロの代わりにTクロスが売れたのは結果的に「みなさん正解!」としたいです。

車種別販売ランキング（こちらは統計上1月~12月の暦年での数字）で面白いのは、ベンツにはBMWミニ（=全車合計）についで1万673台を売って2位になったAクラス以外には700台/年以上売れているクルマがないということです。実はベンツはどの車種もまんべんなく売れてるんですね。

シェア3位のVW、そしてVWの沈下で結果的にシェア2位に上がったBMWがともに販売ランキング20位までの中に3車種づつしか入れてないのに対し、ベンツはAクラス（2位）、Cクラス（9位）、CLA（10位）、GLC（13位）、Eクラス（15位）、Gクラス（19位）と6車種も入ってます。お店を広げてなんでも並べ、来た客は絶対帰らせないというトヨタ、ダイハツ、スズキ的な商売で、日本車の商法をよくお勉強した結果でしょう。

ベンツの販売上位車のラインアップをみると、あまり出来の良くない横置きシリーズがベンツの拡販にいかに貢献しているのか明白ですが、対してBMWの横置きFF車は12位に1シリーズ、16位に2シリーズがランクインしてるだけで、シェアに対するFF車の貢献度がベンツほど高くないことがうかがわれます。

販売台数だけから邪推すれば、日本のベンツのお客さんはベンツのマークさえついてるならFFでもFRでもあんまり気にしないのに対し、日本のBMWのお客さんはBMW=FR車というイメージが強いのかもですね。

車種数を拡大して売る日本式商法の成果が現れているのは、販売台数20位以内のランキングに入った車種がA3（14位=4800台）とQ2（17位4118台）しかないアウディも同じです。2020年1月～12月は2万2912台を売ってシェア4位=9・0%。

しかしあれだけのラインアップをずらり並べて月平均2000台以下という数字では、販促・販売、メンテなどにかかる人件費や設備費用を考えると国内ディーラーはかなり苦しいでしょう。むかしのVWビートルやローバーミニのような1本商売が一番販売コストがかからないのです。

輸入車販売ランキング第5位はここが指定席のBMWミニ。

6位はこの5年でニューモデルを続々投入しブランドイメージを大きく上げているボルボです。しかし国内での販売台数ではなにをやってもミニを抜くことができず、万年6位の座に甘んじています。輸入車は価格とブランドイメージの天秤で販売成績が大きく左右されると思いますが、ブランド力のコストパフォーマンスでボルボが独ビッグ3にかなわないことは確か。日本ではドイツ製品のイメージはいまだにゆえなく高いですからね。

ボルボが伸び悩んでいるうちに車種数もニューモデルもともに多くないが堅実に売っているジープが、すぐ下まで迫ってきているのが興味深いところです。ラングラーは2020年暦年で557台を売ってランキング11位、レネゲードも3881台を売って20位。自動車マスコミの内部偏見ではブランドイメージが高いとはあまりみなされていないジープですが、いえいえ市場では不動の存在感、とくにアメリカ製に関しては出来もいいと思います。

日本における輸入車販売ランキング8位以下は5000台～1万台／年のレベル。プジョー、ポルシェ、ルノーの激戦です。順位はもちろんニューモデル効果によって入れ替わります。2020年度は大健闘で前年度比116・2%の1万2010台を売ったプジョーが3年連続8位をキープ。
　9位は7309台に終わったポルシェ。10位ルノー＝6293台。こうして改めてみると意外にもルノーはプジョーの半分なんですね。ただし2021年1～8月のデータでは208／2008効果で前年同期比163・1％のプジョーとともにルーテシア効果でルノーも前年同期比140・4％に販売台数を伸ばし、ポルシェを逆転して9位につけています。
　2020年度の注目は初めて5000台を超え127・2％の成長を達成したシトロエン。C3エアクロスさまさまですね（本書おススメはC3のみですが）。2021年に入っても同社は161・7％の成長を達成してます。
　みなさんはこの一年でクルマ買いましたか？

福野　ではここからは二番搾りの試乗助手だけでなく昨年・一昨年に続いて本書の編集もやってくれた「モーターファン・イラストレーテッド」編集部の萬澤さんと、昨年に引き続いて座談です。ちなみに萬澤さんは以前は山海堂の社員で、自動車技術の単行本を作る編集者でした。本書には今年度版も「福野礼一郎選定 項目別ベストワースト2021」を掲載してありますが、この座談の内容も反映してあります。

萬澤　本書では二番搾りの連載の12台をご紹介しているわけですが、それ以外に乗ったクルマも含めて、福野さんがコロナ禍2年目の今年、印象的だったクルマはなんですか。

福野　Bセグメント車がフルモデルチェンジ時期に入って新型車が一斉に出てきたこともあって、印象的なクルマはBセグに集中していた感がありますね。昨年出たポロには失望しましたが、208、ルーテシア、Tクロス、日産ノート4WDは200万円台という価格の割にどれもいい出来でした。インプレにも書きましたが、居住性、乗り心地、振動・騒音、操縦安定性など総合的にいって、これならでかくて重くて古くなってきた各社Cセグをあえていま新車で買うメリットがないかなと。

萬澤　ルーテシアが4気筒1・33ℓターボ131PS／240Nm／1200kgで236・9万円というのは衝撃的で、しかも出来もなかなかですから、インプレに福野さんが書いた通り「ヒエラルキー大破壊」でしたね。でもそのあと3気筒1・2ℓターボ100PS／205Nm／1160kg／249・9万円のプジョー208に乗ったら、軽量を生かしたこちらの加速感と操縦性の良さ、軽量にもかかわらず乗り心地やNVもいいことにさらに驚いて、フランス車すげえなと思いました。売れてるのも納得です。

福野　20年間古いプラットフォームでなんとか競争力のあるクルマを作ろうとして悪戦苦闘してきたその積み上げが、ニュープラットフォームもらった途端に昔年の恨みを晴らしたかのように一気に花開いた、まさにそういう感じでしたね。クルマ好きがクルマ好きのために作ったクルマという雰囲気が各所に漂うのも好印象です。その点ポロはAクラス同様、自動車新興国向けワールドカーとして客層を見下し、わざとミーハーに作ってることにまったく共感できない。まさに対照的です。

萬澤　ポロと同じメカのTクロス＝3気筒1・0ℓターボ116PS／200Nm／1270kg／286・7万円は車重が重くて値段も高いですが、NVや操安性の印象ではポロの名誉を挽回した感じがありましたね。かっこもいいし。

福野　Tクロスはクルマの出来栄えからするとC3エアクロスやキャプチャーよりもあきらかにいいですね。我々の試乗というのは、普通に市街地と高速をクルマの流れに乗って走ったときの「第一印象的評価」に過ぎませんが、クルマというのはバランスの産物なんで、208がいいからといって2008の評価も高くなるとは限らないし、C3がいいからC3エアクロスが自動的によくなるとも限らない。逆にポロの評価は確かに最低だったけどTクロスは一転してよかったなどということも普通にあります。ここは皆様、我々のインプレをお読みいただく上での要注意点ですね。クルマは乗ってみるまでわかりません。これは毎月我々が身に染みて感じていることです。

萬澤　上記のBセグ各車に共通した好印象はエンジン＋変速機です。静かで、ショックレス変速なだけでなく、踏み初めからのピックアップがすごくよくて加速感が気持ちいい。いまはもう排ガスで1・5ℓ以上のエンジンはターボでもみんな骨抜きじゃないですか。その中でBセグ各社の1ℓ〜1・3ℓターボはホントに元気がいい。ディーゼルゲート以前のVWの1・2／1・4TSI、フォードのエコブーストなんかをちょっと思い出す感じです。やっぱり軽量ボディの効果は絶大というのかなんというのか。

福野　というかアメリカに出してないからでは？

萬澤　あ。そういうことですか。

福野　じゃないかと思いますよ。ディーゼルゲートでだまされて怒り狂って、1ppmでも基準を外れたら絶対許さないと言ってるのはようするにアメリカだけですから。

萬澤　ひー。じゃあアメリカに出さないエンジンは…。

福野　もちろん真相はわかりません。ただ我々が「加速が気持ちいい」といってるのはようするに低中回転域での部分負荷での話ですから、ほんのわずかの差であってもとても大きな差に感じるんです。まあそれが「一般走行を対象としたインプレ」っちゅうもんで、別にここでエンジンの全性能全真相を見抜こうとしているのではないわけですから、乗用車のインプレとしてはそういう評価基準で100%正しいと思ってます。

萬澤　今年注目のゴルフⅧ。欠点らしき欠点もなくオールラウンドに上手にまとまってて、福野さんも「さすが1軍が作ってるなー」と（笑）。

福野　8年前の2013年5月に乗って大感激したゴルフⅦ＝4気筒1・2ℓターボ105PS／175Nm／1240kgの1・2TSIトレンドライン（リヤTBA）259・9万円がなくなって、ゴルフⅧのベーシック仕様1・0eTSIは3気筒1・0ℓターボ＋BSG／110PS／220Nm／1310kgで291・6万円（リヤTBA）に値上がりしちゃった。しかも乗ってみると今回はマルチリンク＋1・5ℓターボ＋BSG／150PS／250Nm／1360kgで370・5〜375・5万円の1・5eTSIのほうが順当に出来が順当にいい。ということになると我々的には「一番お薦めのゴルフ」の値段が一気に100万円上がっちゃったということになります。そこがね。

萬澤　Ⅶの1・2は良かったですもんねえ。1・4TSIは気筒休止のリカバリーがよくなくて操安性も重ったるかったから1・2＋TBAはお買い得だとずっと思ってきましたが、Ⅷの1・0eTSIにはあそこまでのお買い得感は感じませんでした。プジョー208買った方がいいなあと。

福野　3気筒1・0ℓターボ＋BSG＋DCTの印象そのものは非常によかったですけどね。もしTBAがもっとファインチューニングか、あるいは1・4eTSIのマルチリンクがそのままついてて300万円ちょっとで買えるんだったら結構納得かもしれませんが。ゴルフⅧは後席居住性や後席快適性がⅦより向上したから、リヤに家族やお客様を乗せる機会が多い方にはBセグよりおすすめだし。

萬澤　現状では291・6万円の1・0eTSIの後席乗り心地よりも、249・9万円で買える208の後席乗り心地の方が上ですよねえ。でも私もVWのBSGはすごくいいなと思いました。

マイルドハイブリッドはスズキのエネチャージの12V仕様がいいなと前から思ってましたが、電圧が48Vに上がって出力も10kWまで高まると、より威力が体感できるように感じました。

福野　最初はちょっと馬鹿にしてたんですが、乗ってみて威力に驚きました。特に1・0ℓ。

萬澤　あとで聞いたら1・0ℓはVGターボ（可変ジオメトリ式）を採用して日本上陸したとか。これで早閉じのミラーサイクルの効率を高めているそうです。

福野　なるほど。いずれにしてもこういう簡易なモーターデバイスでも、30km／hからふっとアクセルを6〜7割まで踏んだときの加速の「つき」がぐんとよくなる。ダウンサイジング・ターボ初期の時代に感激した市街地と高速巡航での追い越し加速の俊敏性がUS排ガス通したエンジンでもちょっと戻ってきてる感じがするし、バッテリーも小型軽量でいいからEVみたいに車体が重くならない。まさしくこれぞ「二番搾りインプレ対策デバイス」だなと。

萬澤　ははは。ホントそうですね。

萬澤　読者の方から「日産のディーラーでノートの2WDと4WDを乗り比べてみたら、福野さんが書いてた通りまったく別のクルマくらい加速感も操縦性も4WDのほうがよくてびっくりした、同乗してたセールスの人まで『こんなに違うとは思わなかった』と驚いてた」というお便りをいただきました。

福野　あの4WDは素晴らしい。以前から萬澤さんに「エンジンで発電して地産地消でモーター回して走るシリーズ式ハイブリッドはバッテリーが小さくていいし回生でエネルギー回収もできるからこれぞ最強」と言われて納得してたんですが、それに加えてノート4WDは前後モーターの駆動力制御で操縦特性の味付けだけではなく、加減速時の車体ピッチ制御もやってしまう。そのアイディアと実効果に感心しました。

萬澤　三菱のアウトランダーPHEVとシステムとしては似通っていて、もしかするとその制御も関連しているのかもしれないと思いました。

福野　三菱のアイディア？

萬澤　はい。いえ、定かではありませんが、ありうるなと。

福野　だんだんインプレにもEVの比率が増えてきましたが、ノートのようにモーターなら制御は自在。逆にいうとEVの走り味は制御で大きく左右されるんだなということをホンダe、MX30、アウディeクロスなどに乗って改めて感じました。テスラ・モデルSに乗って以来、モーター駆動にすることでこれだけ加速にジャークを出せるなら、他のすべてはどうであっても許せるくらいに思ってきたんですが、そういう走り味もようするに考え方と電費意識とクルマ作りのセンス次第、EVだってぼんやり作れば今まで通りぼんやりしたクルマになるんだということを思い知りました。

萬澤　私も乗れば乗るほど自分の中のEV神話は崩れていってる気がします。福野さんは以前から「クルマはメカと制御で決まるが、それを決めるのは人間だ」と言ってますが、EVもその例外ではないということでしょうね。

福野　EVばかりになったらクルマはどうなっちゃうのかとおっしゃる方がいますが、パワートレーンが何になろうと、助手席や後席に人を乗せて自分で運転する機械であるということを踏まえて、志高く意識強く作るならこれまで通り傑作車になるでしょうし、なにも考えずに脊椎反射と流行と成り行きで作れば、これまで通りつまらないクルマができる、そういうことでしょうね。

萬澤　つまらないクルマの話ということなら、今年もまたつまらない仕掛けやつまらない操作系に悩まされましたねえ。個人的にいうとボタン式／スライドスイッチ式のセレクターレバー、あと電動パーキングブレーキの自動オン／オフにはどうしても馴染めません。慣れの話だとは思うのですが、何台乗っても慣れません。

福野　インプレの中でも書きましたが、操作系がめちゃくちゃになったのはサプライメーカーの暗躍・売り込みのせいが大きいでしょう。「クルマはかくして作られる」という連載では10年間で120社以上のサプライメーカーを取材して歩きましたが、毎回メーカーのチーフエンジニアが同行してくれるという体制だったので、先方のメーカーは取材半分そっちのけ、応接間や会議室に新商品をずらーっとならべてチーフエンジニアへのプレゼンに各社必死でした。

萬澤　そうなんですか（笑）。

福野　その経験から、クルマに採用される新技術の多くはサプライメーカーの売り込み品なんだという実態がわかってきました。知ってる限りの話で言うと、サプライメーカーが納入する部品の納入価格の「値上げ」というのは実際問題ほとんど不可能で、同じメカの同じ部品なら納入価格は何年間もずーっと変わらないというのが常識らしい。コンベンショナルな油圧ダンパーの納入価格がいまも1本5～600円なのかどうかは知りませんが、基本的には部品代は値上げできない。とするとサプライメーカーはなにか新しいデバイスを開発して売り込まないとやっていけないわけです。ダンパーの話で言えば、油圧ダンパーは600円でも、仮に電制のエアサスかなんかを開発して、もしその効能が認められ採用になれば1本1万円でも1万5000円でも買ってもらえるかもしれない。サプライメーカーはある意味、新発明の開発・提案に生き残りを賭けているわけです。これは変速機や駆動系、サスなどのメカだけではなく、インテリアのスイッチや操作系を作ってる内装メーカーについても同じ。1BOXの後席シートの折り畳みメカなどもあれはサプライメーカーの開発品ですからね。

萬澤　ちなみに採用を決めるのは誰ですか。

福野　最近は専門メーカーに内装コーディネート丸投げのケースも多いですが、ハンドル1本スイッチ1個の話なら、チーフエンジニアの一存でほとんど採用決定でしょう。

萬澤　チーフエンジニア一人落とせばサプライメーカーとしては売り上げ何10億円の売り上げの違いになってくるわけですね。それじゃあ新車がでるたびにおかしなスイッチや操作系がどんどん採用される道理ですね。

福野　もちろん骨のあるチーフエンジニアもいるんですよ。しっかりした考えを持っていて「こんなものいらん」「くだらん」と言える人もいる。日本車はカップホルダーとか物入れとかシートのフルフラットとか、そういう利便性の仕掛けに新発明は多いですが、ATのセレクターとかハンドルとかペダルみたいな基本の操作系に関してはヨーロッパ車にくらべてコンサバですよね。それはやっぱりチーフエンジニアが「そこだけは譲れない」というしっかりした考えを持っているからだと思います。

萬澤　ということはヨーロッパ車では案外サプライメーカーの売り込みに簡単に乗っちゃってるということでしょうか。

福野　ヨーロッパの商売は100倍えげつないですからね。一般的には買収・饗応だって当たり前なんで。いずれにしてもスイッチ1個ハンドル1本つかまえて「さすがベンツは」「やっぱビーエムは」ってブランド談義をするのはやめた方がいいです。もうそういう時代じゃないですから。

萬澤　まあみんながクルマのことを考えてクルマを作ってるんじゃないということですね。

福野　いやもちろんクルマのことは考えて作ってるんですが、考えるポイントですよね。我々は結局インプレしながら「乗って走って気持ちよく快適で楽しいクルマ」を探しているわけでしょ。それをもって「いいクルマ」と呼んでいる。でもそんなことはクルマ作りの設計と開発の目的意識の中の片隅にあるほんの一角にすぎません。強度・耐久性、コスト、各国市場での商品力、各国法規やアセスメントへの適合性、燃費経済性、排ガス、生産性、衝突安全と予防安全、SDGsなどなど、クルマ作りに際しては考慮し達成しなきゃならないことが山積しています。作りやすくて安いのに故障せず壊れず、商品性が高くて安全で燃費良く、よく売れるクルマを作らなきゃと毎日毎晩思いながら何十年も一途に頑張ってきた社員が「これからはいいクルマを作ろう!」という章男社長の大号令を聞いて「え、なに、いいクルマつくるの?」って驚いたという話がありますが、これがぜんぜん笑い話じゃないというのがクルマ作りの真相です。

萬澤　「福野礼一郎の二番搾り」はまだまだ続きます。ゴルフⅧのあともコルベットC8、スズキ ワゴンRスマイルに試乗、ベンツSクラスやランクルにも乗ってみる予定です。皆様お楽しみに。本書をお買い上げいただきましてありがとうございました。

福野　ありがとうございました。

福野礼一郎（ふくの・れいいちろう）

東京都生まれ。自動車評論家。自動車の特質を慣例や風評に頼らず、材質や構造から冷静に分析し論評。自動車に限らない機械に対する旺盛な知識欲が緻密な取材を呼び、積み重ねてきた経験と相乗し、独自の世界を築くに至っている。著書は「クルマはかくして作られるシリーズ」（二玄社、カーグラフィック）、「人とものの賛歌」（三栄）など多数。

福野礼一郎のクルマ論評 6

発行日	2021年11月18日　初版 第1刷発行
著者	福野礼一郎
発行人	伊藤秀伸
編集人	野崎博史
発行所	株式会社三栄
	〒160-8461 東京都新宿区新宿6-27-30 新宿イーストサイドスクエア7F
販売部	電話 03-6897-4611（販売部）
受注センター	電話 048-988-6011（受注センター）
編集部	電話 03-6897-4636（編集部）
装幀	ナオイデザイン室
DTP	トラストビジネス
印刷製本所	大日本印刷株式会社

SAN-EI Corporation
PRINTED IN JAPAN 大日本印刷
ISBN 978-4-7796-4506-8